哲学

爱的

Liebe

—

EIN
UNORDENTLICHES
GEFÜHL

[德] 理查德·大卫·普莱希特 ⊙ 著

赵昭 ⊙ 译

民主与建设出版社

·北京·

只 为 优 质 阅 读

好
读
Goodreads

献给卡洛琳

告诉我，什么是爱情！

英格堡·巴赫曼

目 录

对金星情有独钟的男人和仰慕着火星的女人
为何撰写爱情类书籍并非易事

本书关注的是男女两性①以及发生在他们之间曼妙而奇特的事情：爱情。

爱情是人类社会经久不衰的主题。没有风流佳话的小说难以成书，而无关风月的电影更是寥寥可数。虽然我们并不总是"谈情说爱"，但爱情对于我们每个人都意义非凡。尽管在人类历史的长河中，儿女之情并不总是引人注目，然而如今，它却被赋予了无与伦比的重要意义。没有甜蜜爱情的宣言做担保，体味除臭剂就不会成为货架上的热销商品，而流行歌曲所咏唱的主题也不会再有什么比它更重要的了。

从"为什么会有男女之分？"到"我该怎么做才能挽救我的婚姻？"，"爱"的话题是如此宏大，以至于它几乎涵盖了一切，它似乎

---

① 即与性欲、快感、激情、迷恋、感官刺激和生殖相关的男女之间的爱。（若无特别说明，本书中注释均为译者注）

是无边无际的。人们可以为一个眸色凝灰的女人沦陷，也可以爱上泰加森林中的满月之夜； 可以因为一个人的习惯而与之坠入爱河，甚至可能对一个将牙膏管挤压整齐的人怦然心动； 人们可以喜爱暹罗猫和带血的牛排，喜爱科隆狂欢节的沸腾和佛寺神龛的幽静，钟爱谦虚、跑车和上帝。人们可以单独地、分别地喜爱着他们，也可以同时喜爱其中的几样，甚至一切。

然而在所有这些可爱的和值得被热爱的事物中，这本书只关注一件事：情侣之间的两性之爱。

没有人能就爱情本身著书立说，而本书也并非包罗万象。仅仅是女人和男人的话题（以及女人和女人，男人和男人）就已经是困难重重了，因为两性之间的爱原本就令人费解。尽管它是才华横溢的文人墨客们所乐此不疲的话题，却鲜少为聪明伶俐的哲学家们所探讨。

尽管两性之爱对我们非常重要，但自柏拉图以来，西方哲学就一直将它视为难登大雅之堂的俗乐。只要哲学家们坚持用理性来定义人类，那么爱情就不过是一场意外，一种只会给迷茫的头脑造成不幸后果的混乱情感。感情早已被剥夺了担任我们灵魂的主人的资格，因为人们并不能证明它是有理可循的，所以人们对此宁愿缄默不言。哲学史上广为人知的特例业已证实了这一规律，弗里德里希·施莱格尔、阿图尔·叔本华、索伦·克尔凯郭尔、弗里德里希·尼采、让-保罗·萨特、罗兰·巴特、米歇尔·福柯或尼克拉斯·卢曼都就爱情这一话题阐述了不少引人深思的观点——然而直到今天，如果有哪位哲学家举办了一系列关于爱情的讲座，那么他便会遭受到质疑并被学术界的同僚冷嘲热讽，原因在于哲学是一门非常保守的学科，其内部的保留传统是根深蒂固的。迄今为止，关于形式逻辑学或康德范畴问题的哲学书籍很可能远多于关于爱情的书籍。

然而反过来，没有人会真的认为形式逻辑学的问题要比人类的爱情问题更重要，但爱情的问题似乎又很难用哲学的观点去剖析。卡尔·雅斯贝尔斯说："爱情是绝对意识中最不可理解、最无根据、最不言而喻的现实。"它似乎浑身滑溜溜的让人无从下手。那么这事儿交给心理学家便可以手到擒来吗？或者，正如最近展现出来的新潮趋势那样，化学家和生物学家是否会更了解它？他们知道它如何产生又为何总是那么容易消逝吗？在这一过程中，它到底对我们产生了什么影响呢？

爱情也许是自然学科和人文学科交叉点上最重要的话题。它既不能通过逻辑，也不能凭借哲学中的"终极辩护"来诠释。但是，人们是否因此就应当将这一研究领域委托给统计学家、民意调查、心理实验、血液分析和激素测试呢？

对于他们而言，爱情的成本或许过于高昂了。在那些狡猾的爱情和婚恋关系管理顾问看来，爱情太过重要和复杂。不计其数的相关从业人员所产生的影响力难以评估，但的确令人生畏。所有那些机智的恋爱小贴士都在告诉人们，如何借助秘密计划找到契合的伴侣，如何给爱情保鲜，如何成为一个激情四射的爱人并永葆激情，而所有的床帷枕席之间的房中秘术，什么床上手艺和"爱的艺术"也都被其描绘得唾手可得。而在弄巧成拙的大脑研究中，数以百计的文章向我们展示着为什么女人用右脑思考，而男人则用左脑思考；为什么男人在冰箱里找不到东西，而女人不会停车；性爱带给男人的是快乐，因此他们总是对金星心驰神往，而女人则借此去寻觅爱情，或者至少是专属于自己的火星①，因为哪怕只是一块小小的巧克力就足以让女人感到快乐。因此人们所要做的是挑选一本合适的书籍去阅读，这样才能最终了解自己和他人。一切都会因此有所改观，即使不是在现实生活中，至少也会在书本中。

事实上，我们所知的并不多。男女之间互相吸引和倾慕时的思想比政治中任何意识形态的问题都更加僵化。尽管它对我们很重要，但在爱情中，我们喜欢满足于对真相的一知半解。鉴于这一主题爆炸性的重要意义，我们期待一切简单明了的答案为我们解释清楚，男人和女人究竟是什么样的，尽管我们在日常生活中所要面对的只是个体间不同的性格，而非两性的对立。

然而，在大多数情况下，我们对这一答案的挑剔程度仅次于我们对手机铃声的挑剔，而仅仅是对铃声的选择往往就需要我们耗费很长时间，直到我们认为我们找到了一个合适的。

面对这一切，现在是时候把两性以及爱的问题从各种新旧世界观和束缚中解放出来了。这一要求的标准实际上已经很高了。海因里希·海涅就曾质疑道："尽人皆知何为棍棒，然而爱为何物却无人知晓。"也许人们并不能对爱情提出自己的观点，因为爱的本体从某种角度上来说是不存在的。哲学家柏拉图和伦理学家拉罗什富科分别用"诸神的疯

---

① 此处化用了西方谚语"女人来自金星，男人来自火星"。引申为男性渴望流连于众多女性的温柔中，而女性却倾向找到唯一的男性伴侣。

狂"和"鬼魂"等词汇概括了它,这也许已经足够让它更具象地为世人所了解了。

在爱情的世界中,丰富的想象激发了强烈的情感,这是爱情与艺术和宗教所共通的。在爱情中,想象中的奇幻世界与我们息息相关,它通过直观的感官体验而非理性和知识拥有了自身独特的价值。因此,人们可能会认为,只有在文学作品中,爱情的这种具有弹性的逻辑才能占据一席之地,而按照一些哲学家和社会学家的说法,文学甚至被认为是爱情的缔造者。但是我们真的已经和诗人一样看到了它的最终归宿了吗?

在《我是谁?》一书中,我仅用了一支手电筒就在一个关于爱情的小片段中照亮了这片幽暗的夜空中的一隅,然而在这里我却很惊讶地发现了一个星系并探测着一个对我们来说既熟悉又陌生的宇宙。因为爱与其他任何东西相比都更与我们每个人密切相关。另外,爱情在一定程度上,仿佛是隐藏在恋人之间的不完全公开的游戏——这当然是件好事。毕竟我们的热情和痴迷、我们的激情和我们面对爱情无条件地妥协,这一切不是想说清楚就能说清楚的。也许爱情就是这样,剪不断,理还乱。

那么针对如爱情这样私密的、未被揭秘的、美妙而充满幻想的事物,本书将如何布稿呢?不得不承认的是,本书并不能帮您提升房中秘术,也不能帮您解决诸如性高潮困难、妒火中烧、失恋以及对伴侣失去信任的问题。它既不会增加您的吸引力,也不包含任何与二人世界中日常生活相关的聪明建议。但也许它可以帮助您进一步了解一些曾经从未被您意识到的事情,让您有兴趣探测一下那个我们人人(几乎)都想沉醉其中的疯狂国度。也许您或多或少会和我一起思考一下您的性角色行为和社会角色行为，以及审视一下那些被您认为是理所当然和习以为常的反应。当然，是在未来您对此有兴趣之后。

而这正是我所认为的当今哲学的意义之所在。它不再致力于揭示伟大的真理，而最多是致力于对事物之间新出现的内在联系进行阐释并使其变得可信。这可不是什么微不足道的事儿。然而，作为爱情的辩护人，如今哲学家们却面临着激烈的竞争。相关主题的书刊作者中不仅有心理学家、人类学家和人种学家、文史学家和社会学家，近年来还有越来越多的化学家、遗传学家、进化生物学家、大脑研究人员和科学记者也加入了撰写此类书籍的行列。

其中涌现出大量有趣的见解。然而通常情况下，他们都如同生活在同一个生物群落中不同的动物一样彼此独立，很少碰面。"人是动物""人是化学物质""人是文化的产物"——不同的情况下，对于什么是爱的回答往往也大相径庭。关于忠诚，关于结合，关于感情的波动，关于两性对彼此的迷恋的问题，每次都有着完全不同的解释。

更令人惊讶的是，在现实生活中这些答案似乎以某种方式与彼此交叠在一起，这仿佛是一个不争的事实。如果每个人都在谈论"爱"，那么这一事实难道还不能表明，对爱情的阐释实际上是殊途同归的吗？但是，社会学家和遗传学家之间的交流总是仿佛鸡同鸭讲，那么如何在这样的鸿沟上建起一座交流的桥梁呢？睾酮和苯乙胺、自我意识和繁殖冲动、群体选择和期望预期之间的共同点在哪里？一个事物如何与另一个事物联系在一起？存在从属关系吗？或根本毫无效果，只是并列的论点？还是这一切都可以追溯到其他东西？

当我们翻阅专业文献时便不难发现，不同学科主权下对爱的定义往往是壁垒明显的。当社会学家对化学解释下的爱情置若罔闻时，化学家在研究爱情时则对社会学的相关解释弃之不顾。或许在自然科学家之间以及社会科学家之间分别存在着一个基础性认知，然而在这两个基础性认知之间却被一道几乎无法逾越的鸿沟分隔开来。

正是这种差异激发了我的兴趣，因为在我看来此种差异原本不应该存在。当我还是个孩子时，动物学就对我产生了持续性的吸引力。于我而言，与其他任何学科相比，动物学都更能为我们揭开世人存在的神秘面纱，因此我的大部分所谓的宗教经历本质上是动物学式的。然而，如今我经常批判性地阅读生物学解释，因为它的大部分前提条件是不明确的，而它的公理也并非无可撼动的，尤其是在研究爱情的课题时，生物学家们宣扬的各种稀奇古怪的事情都令我无比反感，而在他们笔下，没有什么比男人和女人的事情更加离奇了。

毫无疑问，诸多针对人类性欲的生物学见解在未来都将面对十分惨淡的前景，然而高举生物学大旗的心理学家们却对此深信不疑并加以推广。

哲学思维的训练有助于对此形成批判性思维。人们可以说：我从自然科学的角度对人文思想产生了兴趣，从人文科学的角度又对自然感兴趣。对于自然科学中毫不掩饰的简洁明了和人文科学中机智谨慎的"推敲斟酌"，我都一视同仁。我不属于任何团体，也不需要为任何人辩护。我不认为只有借助某种权威才能了解真相。我既不是一个认为自然科学可以剖析人的一切的自然主义者，也不是一个完全摒弃自然科学知识的理想主义者，在我看来两者缺一不可：轻视自然科学的哲学是空洞的，而罔顾哲学的科学是盲目的。

然而无论有着什么样的承诺，所谓的可靠的"爱情科学"实际上并不存在。即使当下炙手可热的脑科学研究也并不可靠，因为女性大脑中用来思考的区域与男性的并无不同，就连黑猩猩也用相同的大脑区域来思考。从解剖学上来看，女性与男性的大脑几乎无异，并且在生理构造上非常相似。否则，具有典型的"男性"特征，从而能够出色地停车的女性就会精神混乱，而善于倾听的男人可能就是病态的。

在寻找爱的问题的答案时，我将尽力将多元的学科成果结合起来。读者在《我是谁？》一书中会再次遇到一些哲学家熟悉的面孔，但同时也会结识一些哲学界的新秀，比如朱迪思·巴特勒、吉尔伯特·赖尔、威廉·詹姆斯或米歇尔·福柯。此外读者也能更全面地了解一些生物学家，比如威廉·汉密尔顿、德斯蒙德·莫里斯、罗伯特·特里弗斯和理查德·道金斯。与此同时，一些社会学家也将出现在读者的视野中，如艾里希·弗洛姆和乌尔里希·贝克。在这里我需要重申的是，我们并不是在选择"最重要的"爱情思想家，所有在本书中提到的人物并不能为我们的课题代言，尽管他们十分重要，但也只是时不时地出现在我们的探讨当中并为这一课题服务。

要理解生物学视角中的爱情，人们就必须对进化是什么以及它是如何发生的有所了解。这意味着对当今出现的各类有关两性问题的兴趣点和研究方向所立足的生物学理论基础的检验。本书的第一章至第五章探讨了性别角色的生物学和文化基础：这些特征和属性从何而来？它是源于我们的动物性遗传，还是源于石器时代，抑或是产生于当下？（第一章）我们的基因遵循着什么程序，它对我们有什么影响？（第二章）什么是典型的女性性行为，什么是典型的男性性行为？对此人们了解多少？（第三章）女性大脑的工作方式与男性有所不同吗？（第四章）文化在女性和男性的自我认知和世界观中到底占据了多大的比重？（第五章）

从第六章到第十章是本书的第二部分，这一部分着眼于爱情本身。首先，它涉及生物学意义上的爱情。为什么会有爱情的存在？爱情是否有可能原本并非"意在"男女关系？（第六章）我们将尝试去理解这种混乱的情感。无论如何，爱不仅仅是一种情绪，那它到底是什么呢？当我们恋爱时，我们的大脑会发生什么呢？当情欲变成爱情时又会改变什么？我们了解到与来自山区的鼠类亲族相比对，草原田鼠对它们的配偶忠贞不贰，而化学又与田鼠和人类有什么关系呢？然而，与个人认知中的自我形象（第七章）和童年早期的印记（第八章）相比，男女之间的差异则鲜少与化学因素相关。我们了解到，爱的渴望不仅表明了亲密和结合的意愿，还展现了激动不安甚至是间歇性的疏离，因此爱情并非大公无私的，也并非一种完全与众不同的伴侣关系（第九章）。它将各种不同的渴望和想法捆绑在一起，在日常的交际中，他们之间采取了一种相当固定的"代码"的格式。爱情是一场满怀期许的游戏，或者更准确地说，这是一种因可被期待而被人们期待的期待游戏（第十章）。

本书的第三部分探讨的是个人和社会的可能性以及当今爱情中的问

题。为什么浪漫的爱情对我们变得如此重要？（第十一章）是否还有"真爱"的存在，浪漫在其中是否早已沦为消耗品？（第十二章）简单了解一下当今的家庭生活中的困难就会发现，调和现实与理想是多么不易（第十三章）。最后，本书简要总结了这种极度混乱的情感的起源以及与它打交道时所面临的困难（第十四章）。

2008年12月

于卢森堡家中

理查德·大卫·普莱希特

第一部分

男人和女人

第一章

黯淡的遗产：
爱情与生物学有何相干

第一节

一个差强人意的主意

生物学家们通晓一个规律：高大健壮、宽肩浓眉的多金男性，与丰满有致、肤质细嫩的年轻女性，通常会更受异性青睐。是的，整个高卢几乎都沦陷在了这种想法里，只有一个勇敢的小村庄，至今还在顽强抵抗[①]。

可如果择偶仅依照上述标准进行，为何实际情况却复杂得多？人们在选择伴侣时，为何会违背自己的择偶条件？他们的恋爱对象，甚至配偶，并不总是外貌出众的人。有些男人钟情于丰乳肥臀的女人，而有些女人则迷恋纤腰瘦弱的男人。如果在两性关系里，丑陋的外貌即原罪，为何繁衍进化至今，并非人皆貌美，而最终孕育出更多后代的，也并非那些美丽与富有之人？

[①]此处语料取材于法国著名系列漫画《阿斯泰利克斯历险记》。故事发生在公元前 50 年，主要讲述的是阿斯泰利克斯（法语：Astérix）和他的朋友奥贝利克斯（法语：Obélix）依靠药水、智慧和勇气，完成一个个艰巨的任务，挫败恺撒的阴谋，保卫高卢最后未投降的村庄的故事。其中阿斯泰利克斯尽管身材矮小，却对女性非常有吸引力。

多年来，生物学家一直在解释我们的择偶倾向及其深远影响。他们了解它在生物进化中的作用。我们认为谁美、想追求谁，甚至与之结合，取决于明确的自然规律。这可以通过三个相互关联的生物学学科来解释：生物化学、遗传学和进化生物学。

这样的生物学解释无疑蕴藏着巨大的吸引力。进化无情的力量驱使着人类不断前进。终于，我们厘清了爱情的混沌。在永恒的非理性中，我们找到其隐藏的逻辑，并发现了自身反常行为背后的客观原因。一大批相关研究因此涌现出来，科普作者也成群结队，将畅销书不断推向市场。原本严肃的杂志媒体，也用揭示着"爱的密码"或"爱的公式"的主题做封面文章。2005年，《明镜》周刊在其封面文章《恋爱的猴子》中写道："人类被自己的进化遗产所束缚，受基因和荷尔蒙的支配，于是在既定的本能生活中徘徊。"时至今日，"爱情"这一话题早已不是文艺专栏中辞藻华丽之物，而成了报纸、期刊中严肃的科普专题。今天，生物学家们接管了爱在科学领域的解释权，这在过去实则是相当荒谬的。进化生物学、大脑和荷尔蒙的研究，成了研究爱情这门学科的基础。然而，在数以千计的自然学科研究成果下，爱的密码真的就此被破解了吗？

进行综合研究的此类事物的学科被称为"进化心理学"。它试图向我们解释，人类的本性和文化的诸多方面是如何从我们进化的历史需求中演变而来的。这一学科对畅销书中所展现的各种现象，诸如男人为什么不善于倾听、女人为什么不会停车等问题提供了有趣的解答。而美国和德国的科普作者则从一个更严肃的角度告诉我们，为什么我们是坐在地铁里的猛犸象猎人，以及为什么我们的西装下所隐藏的是驯鹿的毛皮。

欲望和爱情实际上是一种行之有效的化学性意念，它为人类的生殖和繁衍所服务。而在这一切背后所隐藏的是我们无能为力的灰暗领域——基因的神秘力量。

这一判定着实令人着迷。为人类的各种行为就此找到一个合理的解释，或者至少圈定一个合理的解释范围，这难道不是很好吗？这也许很好，但也许并非如此理想。当一些人试图窥探组成灵魂的碎片时，另一些人却以此为耻！原因在于如果一切都可以用自然科学恰如其分地解释清楚，那么人文思想和文化研究将被置于何地？我们是否可以完全抛开爱情的哲学、心理学和社会学，抑或我们是否可以对它们已有的丰富的形式进行整合并铸造为进化心理学中的全新的闪光点？

根据美国爱情和情侣研究专家戴维·巴斯的说法，进化心理学"完成了科学革命"并搭建起"新千年的心理学基础"。在他看来，吸引力、嫉妒、性、激情与两性结合等常被我们理解为人类文化的问题，实际上无非动物界中诸多特殊情况中的又一特例。无论是尼日尔象鼻鱼的交配游戏，还是德国大城市中的求婚仪式——对他们的描述性词汇和解释都大致相同。在人类学家所洞见的各民族和文化中普遍存在的种族特性之处，进化心理借助戴维·巴斯的理论对这种"无止境的文化多样性的神话"进行了祛魅，从而推动了世界范围内"性与爱情行为的平等"。

与"进化心理学"这一如雷贯耳的术语相比，其提出者如今是加州科学院中一位默默无闻的研究员。在1973年《科学》杂志中的一篇专业论文中，迈克尔·吉塞林首次使用了这一概念，彼时的他担任着加州大学伯克利分校的教授职位。吉塞林坚定地认为，用进化生物学的手段和方法来探究整个人类心理学的想法，实际上曾经正是达尔文的构想。

现代进化论之父查尔斯·达尔文在他的第二部著作《人的起源》（1871）中不仅解释了人类自身的起源，还从生物学的角度解释了其文化的起源。从而使得道德、美学、宗教和爱情都具有了自然的起源和明确的意义。此后，达尔文的同时代人和继承者们热切地接过这一接力棒，将进化论中适者生存的全新理论应用于社会和政治斗争的环境中来。"社会达尔文主义"取得了广泛胜利，特别是在英国和德国。从"适者生存"到"强者生存"，这只是社会达尔文主义迈出的一小步，然而在此之后，它的发展历程是很明晰的。在第一次世界大战中，这种观念骤变为所谓的"天赋人权"，但这似乎还远远不够，于是这种观念进一步地突变为种族主义理论，出现了集中营和大屠杀，为实现纳粹的优生计划而"消灭无价值的生命"。

这场灾难带来了严重的后果。在此后的二十多年间，战争逐渐平息。然而对人类文化相关的生物学解释也随之噤声。直至20世纪60年代中期，进化生物学家朱利安·赫胥黎如一记惊雷惊醒了英国的公众。而在德国和奥地利，前种族理论家、国家社会主义者康拉德·劳伦兹也开始无所忌惮地发声。时至20世纪60年代末，创造一个新的开端的时机已经成熟。生物学家们普遍认为，曾经的社会生物学研究大体上依旧差强人意。人们将所有可疑的研究从种族主义理论的樊笼中解放出来。在经历了如此灾难后，人们对于政治也试图谦逊温和地表达出自己的立场。此后，吉赛林和进化生物学家爱德华·威尔逊分别提出了"进化心理学"和"社会生物学"的概念。威尔逊所提出的概念在20世纪70年代和80年代被广泛接受，但自1990年以来，前者却被认为更令人信服且与时俱进。

社会生物学家和进化心理学家的思路大致如下：如果我们想了解生物在进化的过程中是如何相互竞争的，那么达尔文"适者生存"的格言便是迄今为止的最优解释。那些能不断适应环境变化的生物就是所谓的"适者"。和适应力较差的物种相比，只有那些最善于适应环境的物种才能将它们宝贵的基因延续至今。

如今这一观点的核心内容鲜遭质疑，它仍然垄断着对进化论的解释。进化心理学家由此推断，人体最重要的特征一定在进化中形成了自身的优势。但引人注目的是，不仅是我们身体的特征，我们的精神和心理也应当如此，因为它同样赋予了我们存活的优势：我们的感知、记忆、解决问题的策略和学习的行为必然对我们的生存概率产生了积极的影响。否则，要么这一生存概率会被完全改变，要么人类就会彻底灭绝。但既然事实并非如此，我们便可大胆地推测：我们最好的精神和思维特质已经传承了下来，而我们的心理与环境也非常适配。然而，这里所说的环境作为一个转折点，实际上并非指我们当下的时代，而是现代人在生物学意义上诞生的时代：石器时代！

与石器时代相比，当今的现代环境所存在的时间还过于短暂，因此它在我们心理的生物学进化的历程中毫无话语权。大脑中掌控我们行为的"模块"实际上是相当古老的，但它仍然造就和决定了今日的我们。如果男女在某些特定的情况下存在着巨大的差异，那么社会学家和心理学家通常会将这种差异视为由学习过程、文化印记和社会化所塑造的产物。然而，在进化心理学家看来，两性之间这种不同的思维方式只不过是早期人类始祖通过进化所留下的遗产。因此，一系列根本性的差异，例如，对性的态度，只有在研究了进化过程中所产生的"思维机制"后方可被理解。就两性问题，威廉·奥尔曼将它同汽车做了类比：要了解"出租车和赛车之间的区别"，需得"先了解这两种汽车的基本要素，例如引擎和减压装置"。

然而，尽管我们很了解当今汽车的种类和周遭的摩登男女，但是对于石器时代的"引擎"和"减压装置"，我们到底又了解多少呢？

第二节

人类动物学

马耳他位于一个风景宜人，但略显贫瘠的地中海小岛上。当人们在丁里悬崖陡峭的海岸上散步时，也许会偶遇一位耄耋之年的绅士，他光亮的额头上戴着一顶棕色的帽子。在整个20世纪里，他可能是唯一一个传播此观点的人：人类所有的行为都无法逾越生物学的范畴。

他就是德斯蒙德·莫里斯。1928年他出生于英国，后来在伯明翰大学和牛津大学学习动物学，但很长一段时间里他并不清楚自己究竟要以何为业：动物学还是艺术。就某种程度而言，他原本应该既是动物学家也是艺术家，但更准确地说，这两种职业他都想尝试。他的博士学位论文与刺鱼（一种本地淡水鱼）的繁殖仪式相关。30岁时，他又让黑猩猩在油画布上作画，并随后将这些画作放在伦敦当代艺术学院中展出。从那时起，他推出了有关动物行为的电视节目。1959年，莫里斯成为伦敦动物园的哺乳动物馆长。在这里，他撰写的一本著作，让他在日后声名煊赫。

《裸猿》问世的时间恰到好处。英文原版的封面图片预先展示了柏林二号公社①的著名摄影作品：这张照片呈现了三个裸体人物的背面形象，一个男人、一个女人和一个孩子。在德文版的封面上，这一照片中还增添了一只类人猿。在1967年时，这样的图片仍然被怀疑是色情写真。于是毫无疑问，《裸猿》一书被奉为邪典，并在年青一代中广受推崇。而在其简介中，我们便窥见了这一现象的原因：“这本真正具有革命性意义的书籍，将从根本上改变我们的思维方式。任何读过它的人都会用一种全新的目光去看待一切：邻居和朋友、妻子和孩子以及他们自己。现在，他们将以本书所教给他们的宽容，微笑地看待诸多日常的以及原本难以理解的事物。”

　　几乎在一夜之间，莫里斯和他潇洒的妻子雷蒙娜成为摇滚文化的流行巨星。这位漫步在动物学中的艺术家或者说极具艺术气质的野心勃勃的动物学家，将他的作品售出了1000多万本——有史以来全世界最畅销的书籍之一，而这位理智又反叛的性革命教父随后又于1969年出版了新作《人类动物园》。根据莫里斯的说法，如今人类已经因各自的文化而画地为牢，从而退化为动物园中有行为障碍的动物。只有反叛而创造性地回归到生物学中，我们的文明才不会走向彻底的崩溃。

　　乍一看，莫里斯似乎是一个革命先驱，他用《裸猿》揭开了20

①二号公社：1967—1968年柏林的一个左翼政治公社。1967年8月，七名成人和两名儿童搬进柏林夏洛滕堡的一个公寓，从而启动了二号公社。

世纪60年代保守的性道德面纱。然而在《人类动物园》里，他早就预见到了绿党运动①。随后我们便会发现，莫里斯的作品中对巨大的行动自由和创造力进行赞美的背后，隐藏的是一种古老的思想：对人类的生物宿命论的畅想。尽管人们可以借助莫里斯的书去谴责那些教会的道德守护者和资产阶级的道德使徒，但是，认为人完全是由生物学预先决定的思想，既不乐观也并没有进步意义；恰恰相反，这一思想把人的"本质"定义为贪婪的、好色的、迷恋权力的、残暴的、自私的和被动的。

莫里斯认为，人类重要的本能首先是天生的，其次才是一种来自石器时代的遗产。凭借这一观点，他成为生物学式世界观的天才代言人。1973年，他回到牛津大学，研究人类行为的先天基础。他的导师，荷兰人尼古拉斯·廷伯根是当时最重要的行为学家之一。彼时，"行为学"正经历着空前的繁荣。同年，廷伯根与康拉德·劳伦兹一起获得诺贝尔奖，后者刚刚发表了他的哲学评论。与莫里斯的著作一样，《镜子的另一面》也雄心勃勃地试图从生物学角度阐明和解释人类文化。倘若劳伦兹的观点言之有理，那么适用于生物学中的规则也将同样适用于文化，从而人类所有的行为都可以用本能和生物学知识来解释。在该书的最后，劳伦兹甚至对文化

---

①绿党运动："绿党"是由提出保护环境的非政府组织发展而来的政党。20 世纪 60 年代末期，欧洲从极端的民主意识、性解放等的自由理念中，逐渐形成一支绿色政治运动队伍，以环境保护、反核、可持续能源等作为其政治诉求，同时在体制内与体制外做抗争与改革的活动。这就是所谓的绿党运动。

进一步演变的趋势做出了颇为悲观的预言——当然，这也并不一定会促使读者转而去相信那些大胆无畏的论点。当莫里斯最终对他的裸体猴子的命运充满信心时，劳伦兹则在迷你短裙所折射出的无耻中看到了文明的毁灭。

对人性永恒而清醒的剖析往往只有极短的半衰期，原因很简单，要确定人如何"被自然"塑造，就必须了解人类的本质。劳伦兹和莫里斯都将人的自然本性的形成归因为过去而非当下。这一认知使得对人类本性的探究变得困难重重。无论是性还是在社交上，攻击性还是在情感取向上，创造性的好奇心以及饮食和个人卫生习惯，甚至在宗教信仰上，人类本应与石器时代时的样子无异。然而，由于我们对石器时代知之甚少，所以对它的充满艺术的幻想和狂放不羁的即兴创作是没有限制的，而德斯蒙德·莫里斯也正因如此将自己展现为旧石器时代中的超现实主义的大师。

在进化生物学中，存在于人类身上的一个巨大的谜团就是女性的乳房。与其他哺乳动物和类人猿相比，大部分人类女性的乳房明显更大。莫里斯也知道，这种尺寸不仅不是分泌乳汁所必需的，甚至与乳汁的产生毫无关系。于是他用大胆的笔触勾勒出这样一番景象：女性的胸部和嘴唇负责从正面发送性信号！当早期的人类还是生活在丛林中的猴子时，它们主要会对异性背面的性信号做出反应。然而，根据莫里斯的说法，当类人猿学会了直立行走之后便开始发生了正面的交配行为，而由此触发的性刺激会从背后顺势转移到正面。根据莫里斯的说法，由诱人的误导性信号而导致的正面交配也使男人和女人在情感上更加亲密。他们彼此凝望着对方的眼睛，从而加强了"配对"的意愿并最终决定实行一夫一妻制。

当然，这个石器时代惹人发笑的故事纯属无稽之谈。人们不必用"为什么有些男性也会有丰满的嘴唇"的追问质疑莫里斯难以令人信服的动物学观点。对此，我们可以从唯一实行一夫一妻制的类人猿"长臂猿"着手，它们总共有15个品种，且每一种长臂猿的乳房都很娇小。与此相反，倭黑猩猩喜欢任何可以想象到的体位，包括"传教士体位"。它们恪守着一夫多妻制并且不会形成任何严格的配偶关系，除此之外，雌性倭黑猩猩也没有硕大的乳房。

因此，莫里斯关于乳房的理论只不过充当了进化心理发展初期的一个有趣的注脚。但即使在今天，由于缺乏对史前时代的了解，进化生物学家们拥有着天马行空的创造性和想象力，所以依然不乏有人对莫里斯的这一理论兴致盎然。美国科学记者威廉·奥尔曼就对莫里斯的理论十分感兴趣，于是他随之也提出了自己的设想："女性进化出傲人的双峰很有可能是为了吸引性伴侣而采取的一种'策略'，借此她们可以将伴侣紧紧地握在自己的手中。"由于肿胀的乳房是受孕的特征，所以她们向男人发出信号，表明他的伴侣不再有受孕能力。此时，如果男人去寻花问柳，那么作为他"配偶"的女人会因失去保护而形单影只。即使这似乎并不符合实际，以至于这种信号对于她们的男人会失去意义，但随着全年不断增大的乳房，女性会不断地发出"我怀孕了"的信号。因此，男人们遵守他们的"生殖协议"，与妻子待在一起并帮助她们养育后代。然而这种"策略"如何在进化的过程中发展成为一种身体特征，可能永远是一个谜。因为按照目前的遗传学研究状况来看，该"策略"既不能遗传，也不能以任何方式对身体产生影响。因此，巨大的乳房有利于促进忠诚并鼓励人们养育子女的想法就显得十分滑稽。

如今的进化心理学家的举措令人哭笑不得：他们四处搭建起通往石器时代的指路牌并对此加以解释。作为一个小小的反对意见，我只想问：谁说生物的每一个特征都必须拥有特定的功能？难道某些特定的或偶然的特征，在既不妨碍母体本身，也不侵害人类生存的情况下就不足以保存至今吗？在下文中我们将着重探讨这一观点。例如，与史前时期相比，肉类消费量的增加可能对女性乳房的变化产生了一定的影响。众所周知，吃肉会刺激荷尔蒙的产生。因此，在重度食肉的社会中（如美国），女性乳房的平均尺寸都会较大，而在以素食为主的社会中（如南亚），女性乳房的平均尺寸较小。这与做爱的姿势、一夫一妻制和其他生物学的进化功能完全无关。

任何人如果想要通过将现代人简化为人类以往发展中"更简单"的形式来对其加以诠释，那么他通常要面临着以下四个主要困难：第一个困难，自然界中所产生的一切——包括人类——是否真的可以用生物学来解释？生物学家和自然科学家们普遍会在自然界的四周寻找逻辑。但逻辑本身并不是自然界的一种属性，而是人类思维的一种能力。因此，人们可能会问：假设自然界中的一切背后都存在一个符合逻辑的答案，那么这真的是合乎逻辑的吗？

第二个困难在于我们是否能准确地了解石器时代人类生存环境的状况。生活在雨林中的人类始祖是否同生活在草原上或海边的人类始祖面临着相同的挑战呢?

　　第三个困难则是将生物行为与文化行为相分离的巨大困难,特别是我们对数万年前的时空知之甚少。

　　第四个困难是要去证明,我们所认为的与生俱来的特征和行为,是否一如进化心理学家所相信的那样,是为了适应石器时代的环境而产生的。

　　所以,作为本书主题的一部分,我们必须回答一个问题:爱情,在石器时代是怎样的?

第三节

更新世时期的爱情

更新世时期与人类的出现息息相关，它是地球新生地质时期的倒数第二个阶段，距今约180万年到11,500年。更广为人知的可能是"冰河世纪"这个名字，因为在更新世中出现了多个寒冰期。

在更新世早期，东非和南非出现了两支早期的史前人类，即能人和鲁尔多夫人。所有的迹象都表明，他们似乎都是从南方古猿进化而来的，尽管这种亲缘关系尚不明确。后来，直立人出现在稀树草原上，从非洲扩散到欧洲和亚洲。在欧洲，著名的尼安德特人——这个四肢发达但头脑绝对不简单的家伙——极有可能就是他们的后裔。他们在40,000年到30,000年前灭绝，原因尚不明确。众所周知，所有人类物种在缓慢进化的过程中都学会了使用工具，例如手斧。后来不知何时他们还学会了生火。

自1997年在埃塞俄比亚发现人类已知最古老的祖先伊达图智人以来，现代人类首次出现的时间从大约30万年前非洲直立人的灭绝提前至大致10万年前。那个时代中可能总共只生存着几万史前人类，渐渐地，来自非洲的智人在地球上扩散开来。早在他们之前，直立人就对更为寒冷的栖息地进行了开发。他们是狩猎和采集者，以植物、水果、种子、植物根茎、蘑菇、蛋、昆虫、鱼和腐肉为食。直到他们发展的后期，他们才在所分布的几个区域中进化为真正的大型猎人，像尼安德特人一样，他们在中欧捕食野牛、新生代猛犸象和毛犀。

大约在直立人和非洲智人灭绝以后，我们的祖先才在中欧定居下来。当最后一个冰河时代退去后，石器时代的人们逐渐从渔猎转向农牧业。然而，在他们所生存的不同区域中，生存法则、猎物和气候都大不相同。例如，我们的一些先祖几千年来一直以捕鱼为生，而另一些则以狩猎和采集为生。

他们的生活方式和文化发展情况也有着天壤之别：他们有的生活在山洞中，有的居住在棚屋里，有的则栖息于穴坑里。在草原和沙漠、山谷和山脉、海岸和岛屿等不同的地方都有人定居。如果正如进化心理学家所说的那样，存在决定了意识，那么不同的客观存在对意识形成的挑战就大不相同。在热带雨林中采集水果或从山间小溪中捕捞鱼类，与在雪地上狩猎猛犸象大相径庭。对一些人来说，寒冷便是最大的威胁，而对另一些人来说，他们从来不会感到寒冷。有些人不得不保护自己不受野生动物的侵害，而另一些人生存的环境里几乎没有任何天敌（试想一下婆罗洲的红毛猩猩，它们喜欢从树上下到丛林的地面上来，但它们的同类——苏门答腊岛上的却从来不敢这样做——因为苏门答腊有老虎，而婆罗洲没有）。

一些史前人类可能世代生活在同一片区域，而另一些则随着动物群落迁徙到数千公里之外。有些原始人是食人族，有些则会埋葬死者，为死者举办葬礼。有些人的头脑和智慧天生为在茂密的雨林中寻找出路而生，而另一些人则用它凝望着一望无际的草原。

简言之，更新世是一个时间跨度极大且内部完全异质的时期。在此期间，各种不同的史前人类在几经更替最终截然不同的栖息地中生存，像大多数猿类一样，他们在小群体或家族群落中生存。然而，我们对这些群落的生存法则知之甚少。如果真的像加利福尼亚大学圣巴巴拉分校的勒达·科斯米德斯和约翰·图比所相信的那样，"我们的现代头骨蕴藏着来自石器时代的精神意识"，那么我们的确就要面临着一个几乎无法解决的难题。这就正如著名的肯尼亚古人类学家理查德·利基所说的那样，"人类学家面临的严酷现实是，在一些问题上可能并没有答案。如果说要证明他人和我拥有同等的意识水平已经是困难重重，且大多数生物学家都试图回避确定动物的意识水平，那么我们该如何追踪已经死亡很久的生物的自我意识的信号呢？在考古记录中，意识是比语言更令人难以捉摸的"。

从进化心理学家的角度来看，这一消息着实令人沮丧。然而更加令人震惊的是，进化心理学家对于解释人类在石器时代的行为的热情似乎并未因此消减。当涉及男性和女性、性和亲密行为的问题时，他们理所当然地认为男女有着不同的"思考器官"。威廉·奥尔曼曾这样写道："在史前人类的时代，男女双方在性方面面临着完全不同的问题。因此，男性和女性的大脑发育也有所不同，以至于男女在对选择配偶、对不忠行为做出反应以及对性欲的标准都有所不同。"假设他的这一观点是正确的，那么动物的大脑也理应在雌、雄两性中有所区别。从黎明到黄昏都忙于照料幼崽的母狮，应当与领导狮群并且只是偶尔照顾其后代的雄狮在脑部构造上不尽相同。然而，动物王国中雄、雌两性的大脑并未显现出明显的差异。奥尔曼所说的"大脑中的性器官"大抵不过如此。因此，除了繁衍后代的欲望，我们的"爱与性冲动"也来源于石器时代的看法仍然只是一个大胆的推论。

爱情，似乎也是进化心理学家不愿染指的问题。奥尔曼在其《地铁里的猛犸象猎人》一书中的确有一章是关于"爱情的演变"的，但他并没有谈论爱情——而是把关注点放在了性爱上。根据奥尔曼的说法，性是石器时代最重要的事情："那些不这样做的人——例如，把所有的时间和精力都花在了烹制猛犸象烩菜上，或者把性欲全部发泄在了树上——便不会留下任何后代。"

虽然进化心理学家轻而易举地畅想着我们祖先的性行为，但他们倾向于回避"爱情"这一话题。然而，如果我们今天正在经历一个石器时代般的程序并且在大脑中存在这块古老的"模块"，那么爱情不也属于这个"程序"的一部分吗？而我们的大脑中是否存在着一个"爱情模块"呢？若果真如此，它的目的又是什么呢？

诚然，进化心理学家确信，我们的大脑在处理后代问题以及两性关系之间的确存在着一个"爱情模块"。但是人们谈及这一模块时究竟想要了解些什么？毕竟，到目前为止，我们还没有发现任何尼安德特人所写的情诗，也没有发现任何变成化石的恋人。

但是，我们真的掌握了与我们祖先的性观念和性倾向相关的有力证据吗？一些用石头雕刻或用黏土塑造而成的臃肿的新石器时代女性，乳房丰满且骨盆宽大。于是它们有着诸如"威伦多夫的维纳斯"这样生动的名字，但我们只能推测它们的功能。与当时诸多令人惊叹的精巧动物形象相比，艺术家们对女性形象的塑造显然就朴素得多。这些石像与生活在石器时代中的女性所具有的相似之处也因此显得既不刻意也并非有意而为之。此外，只有在距今一万年的更新世中才出土了这些石像，按照进化心理学的说法，这个时代对我们的生理已经完全不再能产生任何引人注目的影响了。

来自石器时代的遗产让我们对祖先的性行为、伴侣行为和爱的感情知之甚少。因此，进化心理学家唯一能做的就是着眼于当代文化，其生活方式可能与早期的狩猎——采集社群中的生活方式类似。但即使是未受到"原始先民"的影响，今天的情况也极难探明，因为如今狩猎和采集文化中的生存条件可能与一万多年前的毫不相干。19世纪后期的殖民主义可能会窥探每一处偏远的角落，摧毁所有部落文化、传播疾病、奴役民众或破坏他们原有的生活环境。然而时至今日，几乎所有所谓的原始部族都生活在保护区中、观光客必去的"人类动物园"中或被慈善机构救助。

从古人类学的角度来看，保存至今的狩猎和采集文化可能并非其原本的模样，但它们仍然为进化心理学家提供了诸多信息。例如，新泽西州新布朗斯维克市罗格斯大学的美国人类学家海伦·费舍尔，她曾报道了狩猎采集群落中短暂的一夫一妻制。在原始先民中，夫妻相处的时间只有四到五年，这也是他们共同养育幼子所必需的时间。之后，他们便会分道扬镳，寻找各自新的目标群落。对海伦·费舍尔而言是合情合理的，借此她推测，我们的祖先当年很有可能具有同样的行为，因此人类本质上只是"序列式一夫一妻制"。从这个角度来说，人类的行为实际上只是短暂的忠诚。但在子女还年幼时，所展现出的对婚姻的不忠实际上就像终身的一夫一妻制一样反常。实际上，与其说是"七年之痒"，不如说是"四年之痒"——不信你瞧：美国的离婚统计数据表明，大多数离异的夫妻实际上是在结婚大约四年后分居的。如果这种结果并不是石器时代的遗留产物，那么只有当男人和女人共同拥有一些田地和牲畜时他们才有可能白头偕老，并以婚姻的形式相互"占有"。然而，这一变化直到更新世才发生，因此进化心理学家认为它与我们大脑中的"爱情模块"并没有任何关联，因为我们的大脑早在石器时代时就已定型了。难怪我们的本性更接近类人猿的习性，而非新石器时代时西方文化中出现的一夫一妻制。我们透过类人猿洞悉了人类的本性。唯一的问题是——长臂猿、褐猿、大猩猩、黑猩猩和倭黑猩猩，这五种灵长类动物中，到底哪一个真正影响了人类的发展？

第四节

迷雾中的桥梁

我们先祖的思维精神并没有变成深埋于地下的化石。我们进化过程中唯一的见证者又不会和我们说话。它们在数百万年前与我们分离并进行了自己的进化：长臂猿、褐猿、大猩猩、黑猩猩和倭黑猩猩。但是，生物学家和心理学家说，它们的最后一个共同祖先在大约700万年前，没有选择不断迁徙到开阔草原中刚形成不久的大裂谷中，而是选择与我们一起留在原始森林中，但即使如此，我们依然能从它们身上学到很多东西。对它们的家庭意识和相互帮扶的行为的研究让我们看到了人类道德的起源："如果你帮助了我，那么我有朝一日也一定会帮助你"——这种想法似乎起源于类人猿。而罗伯特·特里弗斯于20世纪70年代提出的"互惠利他主义"，也由荷兰灵长类动物学者弗朗斯·德瓦尔通过众多的研究和专业典籍最终得以证实。

向类人猿学习，意味着我们可以对我们行为的起源有所了解。然而我们毛茸茸的表亲们到底向我们透露了多少复杂事物中的秘密呢？

答案是：它们所透露的简直少得惊人！这不仅是因为褐猿、长臂猿、黑猩猩、倭黑猩猩和大猩猩的性行为与人类有所不同，而且在性行为方面它们彼此之间也存在着巨大的差异。例如，长臂猿奉行着严格的一夫一妻制，和配偶生活在一片精挑细选的领地中并与之结为终身伴侣，因此寻找合适的配偶可能需要花费它们数年的时间。

然而其他四类类人猿似乎并没有这种新石器时代的忠诚。褐猿就在交配和繁育中展现出惊人的变通和弹性。当雌性倾向于寻找领地时，雄性则在较大的区域间穿梭或迁徙。在寻找领地的过程中，雌性褐猿依然能像生活在小规模的松散族群中一样独立妥善地抚育幼崽。如此宽松的生存规则，使得褐猿的社会行为至今仍然存在诸多谜团。

而大猩猩则有固定的社群结构。它们生活在所谓的后宫式族群中，只有一个占主导地位的雄性具有交配权。然而，这些群体的规模从4只到40只不等。无论是雄性还是雌性，当它们成年后基本上都会离开这个族群。

相比之下，黑猩猩的族群规则相对宽松。虽然在它们的族群中也有一只占统治地位的雄性，但其他雄性也可以与多只雌性交配。有时雄性会将它交配的雌性看护起来。有时它们甚至会一起躲进灌木丛里，从而与其他黑猩猩隔离开一段时间。因此在它们的社群中似乎并不存在一个固定的交配规则。平均而言，黑猩猩的族群成员容量比大猩猩的族群成员容量稍大，即每个族群中有20到80名成员。

倭黑猩猩对待性的态度则是另一番景象。与它们的表亲相比，它们更善于交际并更乐意和数量众多的同类生活在一起，性几乎成为它们最喜欢的消遣活动。它们日复一日地以各种可以想象到的姿势交配。无论在族群中的地位如何，每只倭黑猩猩都可以自由自在、为所欲为。所有的迹象都表明，倭黑猩猩正是用这样的方式来缓解紧张的。与黑猩猩相比，它们每时每刻都表现得相当平和。

从基因上来看，黑猩猩和倭黑猩猩与我们大致相同。按照不同的研究结果，它们与我们在遗传物质上有1.1%到1.6%的差异，而黑猩猩与倭黑猩猩之间的基因差异也大致如此。如果基因是了解我们血统的关键，就不得不承认，黑猩猩、倭黑猩猩和人类这三个物种彼此之间的基因差异是相似的。那么，我们应该考虑让谁成为我们性行为的参考模板呢？灵长类动物研究人员弗朗斯·德瓦尔认为，人类介于"强化等级制度"的黑猩猩和"弱化等级制度"的倭黑猩猩之间。他说，"拥有两种人猿特征"的人类是十分幸运的。

与之相反，威廉·奥尔曼在上文中提到的《地铁里的猛犸象猎人》一书中大胆地给出了一个明确的答案：对他而言，在通往人类的道路上，黑猩猩比大猩猩更加接近人类。

迄今为止发现的最完整的南方古猿"露西"便是有力的证据。露西生活在大约300万年前的埃塞俄比亚。它身高90公分，非常娇小，体重可能不超过30公斤。尽管露西的雄性同类目前只出土了残存的遗骸碎片，但它们的体形肯定更大一些。奥尔曼甚至说它们"是目前看起来的两倍大"。这种"雄性和雌性体形上的巨大差异表明，露西和它的同类生活在与当今的大猩猩相似的族群中"。它们的"性生活"也与"当代大猩猩"相符。

然而这一推断可靠吗？在我看来未必如此。一方面，并没有确凿的证据显示南方古猿的体形是如今所发现的两倍；另一方面，黑猩猩族群中如此巨大的差异是否也存在于与之行为相异的褐猿族群中呢？无论是大猩猩还是褐猿，雄性的体重平均是雌性的两倍。顺便说一句，这两个物种之间并不存在直接的血缘关系。

对奥尔曼来说，这件事情的脉络似乎很清楚：我们先是准大猩猩，然后变成准黑猩猩。令人震惊的是，奥尔曼在此期间以高超的蒙骗手法将一夫一妻制混入我们的起源史中：两性在体格上的大小越接近，他们就变得越倾向一夫一妻制。然而这与倭黑猩猩和黑猩猩的行为完全不符！除此之外，如果人类两性仅仅因天生体格大小相似就遵循一夫一妻制的话，这与其说是天生如此的，不如说是美国清教徒式的幻想。弗里德里希·恩格斯已经认识到，除非人类是从鸟类进化而来才会本能地遵循一夫一妻制："如果严格的一夫一妻制是道德的模范形式，那么更加优胜的道德荣耀应该归属于自交的绦虫。绦虫在其50至200个前庭或身体的每一个部位都有一个完整的雌性和雄性性器官，因此每一个部分都可与它自身相交配。"

从对类人猿的观察中推导出人类的性行为和择偶行为往往同用

咖啡渣来解读动物学别无二致。①这一诀窍似乎在于自然研究者总是试图挑选出与人类最相似的猴子。在很长一段时间里，黑猩猩尤其受到研究者的青睐。对于像康拉德·劳伦兹这样的保守生物学家来说，黑猩猩便是对人类野蛮、阴险和痴迷于权力的天性的有力证明。倭黑猩猩在20世纪80年代得到了更好的研究，但隐藏在研究中的更多的是为性与和平的辩护，而非真正的人类天性。

今天即使在这些雨林居民的帮助下，从石器时代的原始迷雾中探寻我们的性和爱情行为的起源也是一件相当不稳定的事。因此进化心理学不太可能像戴维·巴斯所希望的那样，以这种方式完成对"人类精神机制的定义"的解释。荷兰灵长类动物研究员弗朗斯·德瓦尔写道："没有人能脱离文化而生存，因此如果没有文化的影响，我们的性行为会是什么样子就无从得知了；原始的人性就像圣杯：一直被寻觅却从未被找到。"

在我们的论题中存在着一个棘手的问题，即爱与性几乎是不可分割的。令人震惊的是，在巴斯600页的经典著作《进化心理学》中，他在用180页的篇幅来阐释人类的性行为的同时却只用了两页来描述爱情！"爱情"在这本书中仅被描述为"也许是双方表达结合意愿最重要的迹象"。

然而这一定义实际上是有失偏颇的。它真的可以解释人们称之

---

①咖啡渣是一些国家用来占卜的原材料。用它占卜的方法主要是观看喝完咖啡后，残渣所形成的图案，以预测未来。此处意为毫无根据的猜测。

为"爱情"的这种"精神机制"吗？诚然，爱情常常伴随着结为连理的意志，爱一个人往往就是想与其厮守终身，但人们也可能会将爱情和更进一步的结合视为徒劳的。例如，人们预感到或明确地知道，尽管二人之间感情尚存，但他们实际上并不般配；或者由于已有伴侣，人们盼望着这样的情感羁绊尽早消散，所以不愿再有任何爱的结合；等等。综上所述，接下来的这一表述就显得并不严谨，它可能是半真半假的："爱情中的基本活动是与伴侣之间在性、经济、情感和遗传等资源上产生连接的标志。"然而在这个解释中，对两性之间究竟为什么会萌生情愫的原因却连只言片语都难以找到。作为一门"解释精神机制"的科学，难道不应该至少试图解释什么是爱吗？但巴斯没有做这样的尝试。尽管正如那句格言所说，"人们并不谈论爱情是什么，而是在假设它是什么"，但没有任何感情和幻想能如同爱情一样在人们心中占据如此巨大的空间。

两性之间的爱之所以是无法被理解的，原因可能出在进化心理学所选择的研究方法上：用这样的网我几乎什么都捕不到，更别说捕鱼了！疑惑也就此产生，也许两性之间的爱情与文化演变的关系过于密切，以至于任何从自然历史的角度对爱情加以解释的尝试都必将失败。

也许早在人类的本能形成之前，我们大脑中的很大一部分早已在遥远的史前时代完成了进化。但是，如果不了解人类文化演变，很多重要的东西就仍旧处于迷雾当中。因为正如"人文主义"进化心理学的先导者、动物学家和科学政治家朱利安·赫胥黎在20世纪

60年代激动地写道："社会心理的进程——换句话说，进化着的人类——正处于一个全新的进化阶段……这一阶段中的人类与史前生物阶段的人类有着本质的不同，一如这一阶段与无机进化阶段和前生物进化阶段有着根本的不同一样。"

即使我们精神思维的进化毫无争议地是由祖先对他们的身体和心理环境的适应所引发的，但诸如嫉妒或择偶等现象，在当今的时代中并不是人类社会中毫无变化的常量，而是随文化而改变的变数。北极圈因纽特人的性道德与伊图里原始森林中的班图斯人的性道德并不相同，就像居住在白雪皑皑的洞穴中的尼安德特人的伴侣关系并不一定与3万年前卡拉哈里的伴侣关系完全一致。因此，在爱情和性中，什么是可接受的或不可接受的，不仅取决于个人，也取决于他所生存的集体，这是他过去所适应的"环境"中的一部分。

因此进化心理学家在迷雾中架起的桥梁无非一些容易理解的故事罢了。而大多数想要从生物学的角度来解释人类的心理学家也都不太喜欢"文化"这个词，这一点也就不令人感到惊讶了。因为文化只会让一切变得复杂。它是模糊的，而生物学是清晰的。然而接下来的一章将对此提出质疑，即二者也可能是相反的。文化是相对清晰的，而生物学是模糊的。

根据进化心理学家的说法，两性关系始于性——但这种关系似乎永远停留在了这样的开端上。爱仍然局限于母亲和孩子之间，而促使男女走到一起的实际上只是一种"结合的意愿"；而它与两性间不断澎湃再生的性欲相比实际上是一种相对较弱的情感黏合剂。

但是这种决定了诸多事物的性欲究竟是从何而来的呢？为什么进化心理学家坚信不疑地认为它对男性和女性施加了完全不同的影响？根据进化心理学家的说法，任何想要了解人类及其性行为的人都必须首先学会理解我们基因的秘密使命。因为它的"程序"推动着我们前进并告诉我们该做什么。

真的是这样吗？基因中所隐藏的工作原理是什么呢？要回答这个问题，我们必须深入进化论的核心和基因的功能世界中。这是相当理论化的一个章节，关于爱情的问题几乎不会在此提及，这可能会让缺乏耐心的读者感到失望了。我们如何解释基因这一规则？这个问题向我们透露了关于人类及其心理的非常重要的事情。在此有一个非常严重的误解需要纠正。我建议对此兴趣索然的读者可以直接跳过这20页去阅读下一章。在那一章中，我会很实际、很具体地讲述我们的性行为和对伴侣的选择。其他的读者，现在我诚挚地邀请你们进入第二章。

惠而不费的性行为：
为什么基因并不自私

第一节

断指天才威廉·汉密尔顿

在一些人虔诚地信仰上帝的同时，另一些人则对基因神秘的魔力深信不疑。在他们看来，基因是万能的。它们是"建筑指南""设计底稿"，是构成我们的"原材料"。基因为万物立法：我们的健康、我们的外貌、我们的性格，尤其是性吸引力以及两性的共存，都牢牢地镌刻在基因中。

无论是进化心理学家的专业文献，还是科学记者撰写的通俗读物，都将我们所有的行为归因于我们的遗传信息。而遗传信息被视为生命的神秘代理人，并决定了我们对伴侣的选择和性交时的偏好。

发现了基因神秘的驱动力是生物学的幸运，如果没有这一发现，进化心理学将不会存在。如果石器时代的事情依然是一个未解之谜，那么基因就应该成为一个重要的参考点，从这个参考点出发可以清晰地了解我们的行为，因此这一参考点是至关重要的。而生物学家几乎完全不同于神学家的是，他们对巧合及不可预测性不屑一顾。

1970年，诺贝尔奖得主雅克·莫诺在他的著作《偶然性和必然性》中将生物学解释为一个由机缘所支配的领域，这使得生物学家和教会的代表都深感不安。因为生物学家所寻找的是规律性和规则。虽然地球上生命的出现和动植物物种的进化可能处于一种无结构的混沌当中，但这种杂乱无章无疑也是有迹可寻的。

在莫诺的著作问世六年后，一位名叫理查德·道金斯的年轻英国动物学家在他的著作《自私的基因》中阐明了这一点。在那之前，这位35岁的牛津大学新学院的讲师还是一张白纸。然而几乎在一夜之间，他成了生物学全新意义的制造者。道金斯是一个坚定的无神论者。像许多宗教界人士一样，对秩序、意义和包容一切的释义的渴望驱使着道金斯。近来，他因《上帝的迷思》一书为更多的读者所熟知。他仿佛在用《旧约》的方式来试图让全世界相信，他有一个比宗教所信奉的主宰者更强人的上帝，即基因中的上帝：它们是无所不能的，并对万物负责，从子宫到棺木，它们贯穿于人类的生命轨迹当中。在动物界和人类社会中它们所显现的意志别无二致。

然而，从基因的角度来看待，进化的想法并不是理查德·道金斯原创的，即使这一想法现在到处都与他的名字联系在一起。真正将基因置于世界中心的人比这位畅销书作家大几岁，他是一位公认的行家，也是一位古怪的天才。

1936年威廉·汉密尔顿出生于开罗。他的父亲是一名来自新西兰的工程师，母亲是一名医生。汉密尔顿的童年是在英格兰和苏格兰度过的。当空战在英国的上空肆虐而汉密尔顿的父亲在家里为保家卫国研制手榴弹时，他的儿子却沉浸在博物学的浩瀚书籍中，同时还在收集着蝴蝶。有一天，汉密尔顿在他父亲的书房里发现了炸药并开始摆弄它，随后的爆炸差点夺去了他的生命。在最危急的关头，他的母亲截断了他右手的手指才保住了他的性命。数月之后，汉密尔顿才康复过来，从这场事故中死里逃生。

后来汉密尔顿来到剑桥大学学习生物学。那曾是一个热血激昂的年代，彼时他所学的专业被激动亢奋的氛围笼罩着。1953年，就在汉密尔顿初来乍到的那一年，美国人詹姆斯·沃森和英国人弗朗西斯·克里克在剑桥大学破译了基因的双螺旋结构和核酸的分子结构。在此之前，这两位研究人员并不被认为是他们行业的领军人物，甚至连他们研究化学的同事都嘲讽他们是"科学小丑"。但沃森和克里克很快就让他们知道谁才是真正的跳梁小丑。遗传的基本过程在生化层面中已被破译，因此基因的研究取得了重大的胜利。

于是汉密尔顿随即加入了这一新的研究潮流。从一开始，他就致力于解决以下两个问题：基因在进化过程中扮演什么角色？如何尽可能精确地用数学计算出这个含义？达尔文的进化论亟须遗传学基础，因为如果动植物的物种能够适应它们生存的环境，那么这种适应必须有一套方法——一套基于遗传规则的方法。

当时的主流理论所研究的是适应性对动植物个体带来的益处。与此同时，这些理论还把动物家族、族群、牧群或畜群的健康纳入了考量范畴。然而汉密尔顿却怀疑这一做法的正确性。

值得注意的是，汉密尔顿是在一个和生物学相去甚远的领域中提出了这一独特的想法。他在伦敦政治经济学院完成了他的博士学位论文。八年来，他试图用数学方法计算出进化过程中的遗传规律，并让这一过程显出经济上的意义。严格地说，身处经济学家之中的汉密尔顿所关心的不仅是生物学理论，还有遗传的经济理论。其基本理论是这样的：基因致力于让自己得以存续。而实现这一目标的唯一机会，就是将自己从一个生命有限的有机体中遗传到另一个有机体中。一个生物的基因越是尽可能多地在下一代中存续，那么对于这一物种来说就越好。在遗传实践和选择伴侣时，这意味着基因的任务是尽可能地繁殖或帮助近亲繁殖。众所周知，同一物种中近亲之间的基因最接近。

和伦敦经济领域中的其他人一样，汉密尔顿将这条规律转化为数学定律，并将整个事情置于严格的成本和收益的经济学原则之下。如果汉密尔顿是对的，那么基因实际上就是数学家和经济学家。按照他的说法，我们基因的收益与成本之比必须大于1除以亲缘度系数。

举一个简单的例子：从基因的角度来看，如果我有两个孩子，那很好，但也有可能出现的情况是，我没有自己的孩子，我的基因仍然会感到欣慰。例如，我可以在育儿方面给予我的兄弟（50%的基因相同度）更大的帮扶从而让他生育和抚养五个孩子。在第一种情况中，上述公式所得到的值为2，但在第二种情况下，它甚至可以达到2.5。重要的是，在近亲的帮助下，我体内的大部分遗传物质得以存续。根据汉密尔顿的说法，这也是为什么动物和人类对亲族乍看之下展现出的是非利己性的行为：因为他们在不知不觉中计算着他们基因的成本和收益。

汉密尔顿于1968年发表的博士学位论文引起了轰动，但彼时他的名声仅限于学术界。[①]当时公众正在讨论的问题恰恰与他的研究相反，即社会对性别角色和社会化的影响，这使得汉密尔顿的经济生物学就像一条骑在自行车上的鱼一样显得无比另类。此外，他还是一个糟糕的讲师，写作拖沓也不会教学。尽管他的名声在20世纪80年代和90年代忽然不断增长，但对大多数人来说，他依旧是个怪胎。汉密尔顿曾在哈佛大学和圣保罗大学担任客座教授，在密歇根大学安娜堡分校担任教授，是美国艺术与科学学院荣誉会员和伦敦皇家学会会员，最后在牛津大学担任教授。

老年时，汉密尔顿对稀奇乖张的理论的热情达到了高潮。当听说这位进化生物学大师表示，他要去追踪艾滋病暴发的根源时，大师的同事们纷纷不解地摇着脑袋。在汉密尔顿看来，这种疾病的暴发可能是因为20世纪50年代非洲的西方医生在小儿麻痹症口服疫苗中使用了一种受污染的血清，而这一观点的灵感是他在阅读《滚石》杂志时产生的。于是为了验证这一理论，汉密尔顿去了刚果。

---

①汉密尔顿的博士学位论文为《社会行为的遗传演化》（*The Genetical Evolution of Social Behaviour*）。

对于一个进化生物学家来说，雨林的实地考察并不稀奇，但汉密尔顿的这一离奇理论遭到了各方的误解和嘲笑。然而实际上类似的匪夷所思的事情总是层出不穷：化学家莱纳斯·鲍林认为维生素C可以治愈癌症；天文学家弗雷德·霍伊尔认为流感来源于宇宙；而与达尔文同样主张自然选择原理的阿尔弗雷德·拉塞尔·华莱士，晚年却为通灵术所吸引。然而问题的关键在于，汉密尔顿并非老了才变得如此古怪。实际上，他出访刚果的使命由于其最终的致命后果，使得这与其他那些奇怪的想法完全不能相提并论。汉密尔顿在刚果感染了疟疾后，回到了英国。2000年3月7日，他在伦敦一家医院去世，享年64岁。

在他去世时，汉密尔顿以略微疯癫的形象成为一代人的偶像。然而他的观点是在优秀的修辞学家和更有魅力的表演者的推广下才得到了普及。对于社会生物学家和进化心理学家来说，他是一个沉默的巨星和无名的英雄。他的伟大之处在于，他既不是从单个动物或植物物种的直接利益，也不是从一个种群、畜群或族群的利益角度来解释进化的过程，而是仅仅从基因的角度来解释它。对此汉密尔顿引入了"广义适合度"（inclusive fitness，又译为"内含适应性"）这个富有魔力的词。这种广义适合度是个体的繁殖成功，加上他们的行为对其遗传亲属的繁殖成功的影响的总和。

如果汉密尔顿是对的，那么达尔文关于物种起源的著作将必须从他一无所知的基因的角度被重写。因为适应环境的不是物种，而是我们的遗传物质。如果我是一个基因，那么我会渴望尽最大的可能生存于一个健康的有机体中，这样我就不会过早死亡。我无比渴望尽可能多地使其复制自己，因此我会一直寻找潜在的性伴侣。隐藏在我心底对亲缘关系最为亲近的人的深爱会牢牢地攫住我，因为他们的遗传物质自然而然地也与我同呼吸、共命运。如果我有能力并且取得了成功，我的遗传物质就会取代其他的遗传物质。我正在成为进化过程的重要部分，是的，我正在用我的坚定不移推动着整个故事不断向前发展。

如果这个理论是正确的，它就为进化心理学打开了通向所有人类行为的大门。我们的性欲、心理特征和性格特质中最顽固的条条框框就会突然被抛到一边。"从基因的角度所做出的选择为进化生物学提供了许多新的见解，"美国进化生物学家戴维·巴斯兴奋地说，"因为广义适合度理论对我们理解家庭心理学、利他主义、帮助、群体形成甚至攻击性具有深远的影响……诚然，它会被理解为进化生物学中包罗万象的理论。"

面对这样振奋人心的消息，人们可能仍然会问道："基因实际上是如何做到这些的？"因为，基因肯定是不会思考的。它们没有自己的兴趣、意图、目标和计划。它们也不遵循任何战术和策略。它们没有嗅觉、味觉、感觉和视觉，它们是没有大脑的。即使基因被置于聚光灯下时显得一无是处，但它那不为人知的全能力量究竟从何而来？那些相关的论文真的科学吗？也许汉密尔顿只是一个现代神秘主义者？抑或是全能而无所不知的神圣基因的传教士——哪怕基因除了延续自身也没有其他更加崇高的意图？

第二节

基因神秘学

　　帮助汉密尔顿的理论取得前所未有的突破的人是上文中提到的理查德·道金斯。他于1941年出生于肯尼亚内罗毕。和汉密尔顿一样，他也是在战争中出生的孩子。他的父亲曾在英国的军队服役，直到1949年才从非洲返回英国。道金斯在牛津大学学习，并于1966年获得动物学博士学位。当汉密尔顿发表他的理论时，道金斯还只是加州伯克利大学的助理教授，当时伯克利大学是美国学生运动的大本营，这片校区也是新社会思潮和乌托邦的根据地。然而他们保守的对手也盘踞于此。任何相信是社会而非生物学造就了人类的人，很快就遭到了伯克利大学的迈克尔·吉塞林和他的"进化心理学"的反驳。

　　在这场骚乱平息之后，道金斯回到了牛津，他坚信生物学和心理学的重大转折点即将出现。然而成为教授的梦想从未出现在他身上。25年来，尽管他在公众眼中享誉世界，但他始终只在新学院担任普通教职。他的著作《自私的基因》普及了汉密尔顿的理论，并将其扩展为一个包罗万象的文化理论。在这本书成为世界畅销书籍后，诸多作品也在效仿它之后大获成功。当然，学术界对道金斯的这本著作仍然持怀疑态度。因为道金斯没有用自己的实验来支持他的理论，也没有提供任何证据。自从获得博士学位以来，他就没有再进行过生物研究了。1995年，在匈牙利裔美国软件亿万富翁查尔斯·西蒙尼的赞助下，牛津自然历史博物馆授予了他一个职位，其职责就是以通俗易懂的方式讲解自然科学。

在性格上，道金斯在很多方面都与他的精神领袖威廉·汉密尔顿完全相反：他是一位极具魅力的演说家，一位出色的风格主义者，也是一位引人入胜的老师。但他们的出发点几乎完全相同。和汉密尔顿一样，道金斯也是从基因的角度进一步阐述进化史的发展的。他用创造性的语言将动物和人类的有机体简单地描述为基因的"生存机器"——这只不过是一种由基因建造的工具，借此基因可以将自己非常有效地传递下去。用道金斯自己的话来说："什么是自私的基因？当我们不受拘束地谈论基因时，就好像它们有意识地遵从着生命目标——对于这个问题，我们必须保持谨慎，为保险起见，我们得让上述较为随意的话语用具体的表达方式表达一下——所以我们可以问这个问题，什么是单个基因的意图？从本质上讲，它通过帮助对其生存和繁殖的身体进行编程来做到这一点。"

这一信息背后所隐藏的含义是不言而喻的：你什么都不是，你的基因才是一切！因为，正如道金斯用他那军事化的语言所写的那样："生存机器一开始就是基因的被动的容器，它们所提供的只是基因的保护墙，用来抵御对手发动的化学战……"

20多年来，道金斯的基因战斗理论逐渐家喻户晓。许多生物学家喜欢嘲笑这位牛津大学讲师的激进主义。然而，许多人认为进化是基因的主战场。道金斯身后涌现了大量的通俗文学作品，它们为人类被重新定义为基因野兽而欢欣鼓舞。在这种新的、声称是真实而科学的观点的鼓舞下，几乎很少听到对道金斯疯狂观点的反对意见。最后，人们似乎可以重新理解和解释人类及其文化了。

今天人们可能会惊讶于这种亢奋。因为"自私的基因"的理论的弱点是不容忽视的。而这一切都与动物和人类的现实生活没有太大关系。因此，令人惊讶的是，在理论上被认为是合理的事情在实践中根本行不通。如果道金斯是对的，那么从长远来看，在动物王国和人类社会中所出现的一定都是最好的基因。但是很明显，没有充分发挥其繁殖潜力的生物还是不断地出现并存活了下来，这又该作何解释呢？如果我拒绝与每一位有魅力的女性做爱，或者，如果一位女性拒绝尽可能多地生育子女，那么我的基因难不成会熄火吗？自愿放弃交配权和生育机会并非人类所独有的特权。

汉密尔顿用其数学公式和理论提出的广义适应度原则，虽然是商学院中的生物学家的心血结晶，但它其实与现实严重不符。相对关系仅在整个动物王国的少数物种中发挥作用。蠕虫、甲虫、虱子、鲤鱼、盲虫和树蛙并不知道它们的亲族是谁，它们也不会育雏。遗传物质的收益与成本之比应大于1除以亲缘度系数的这个公式，与它们的意识和潜意识格格不入。基因在它们的近亲面前，没有任何动静，陷入了睡眠或沉寂的状态。它们不关心它们的亲族。山雕会将它们的弟弟妹妹赶出巢穴以避免分享，雄性鳄鱼会吃掉它们的幼崽，因为它们不承认那是自己的后代。而诸如大象或类人猿中的亲族关系在自然界中更像是例外，而非准则。然而即使是类人猿和人类，也并非始终都在恪守这一准则：亲戚之间没有强制性的亲密和爱。的确，兄弟姐妹大多就在我们身边，但成年后相处不好的兄弟姐妹也并不罕见。难道这是因为基因出现了紊乱？为什么朋友往往比血缘上的亲戚和我们走得更近？照顾好闺密的孩子从基因的角度出发意义何在？为什么我要亲切有爱地照顾我的继子，而不是去寻觅一个有生育能力的年轻女性？

科学的转折点出现在20世纪90年代。大约在那个时候，汉密尔顿和道金斯致力从事的进化心理学正处于其发展的黄金时期。与此同时，许多生物学家不满于现状，不断地寻找着新的解释。他们清楚地知道，复杂的进化过程不能简单地在基因水平上得到诠释。因为基因远没有被赋予这样神奇的力量。它们也不是整个生物界的草稿或建筑图纸，而只是保证其正常发展的一个重要资源。

道金斯最重要的批评者之一，进化生物学家理查德·列万廷举了一个简单的例子：一个袋子里有数百万粒小麦种子，农民将其中一半的种子播种在肥沃的土地上，并给它们施肥和浇水，同时他将另一半种子撒在一片荒地上。那么这些小麦种子又将如何生长？在肥沃的田地里，麦穗大小不一是正常的，因为尽管田间所有谷物的生长环境相同，但它们的基因不同。有些种子"天生"比其他的种子更强壮。而在另一边，贫瘠的土地上的小麦长势如何呢？结果它展现出一幅与另一片田地完全相同的图景：在这片贫瘠的土地中依然有一些麦秆比其他麦秆更结实。这一结果也与它们的基因有关。但是，如果将两块田地进行比较就会发现，肥沃的田地中的小麦总体而言要比贫瘠的田地中的小麦长势喜人。尽管在试验田1号地和试验田2号地中，小麦长势的差异都100%源于各自的遗传因素，但这并不意味着试验田1号和试验田2号之间的差异也是由遗传导致的！

列万廷用这个例子表明，生物体的发育不仅仅取决于基因这一个因素。一个有机体的形成和生存同时涉及各个层面。与基因一样重要的是个体因素，有时也包括生物生活的群体因素。因此，尽管基因仍然是代代相传的"数据载体"，但它既不是唯一触发进化过程的因素，也不是这一过程中决定性的标准，因此它的魔力被大大消减。演化过程中与基因同样重要的，至少还有物种所置身的"舞台"，以上述例子来讲，就是肥沃或贫瘠的农田。

所谓的舞台，指的是一个物种的栖息地，也是它赖以生存的社会环境。有时是群体或亲族对这个环境造成了影响，但有时也可能是碰巧与另一个群体共享栖息地。200万年前在北美洲有一种鸟——一种与鸵鸟大小差不多的长腿猛禽——处于食物链的顶端，这种鸟叫骇鸟。当南美洲大陆通过大陆桥与北美大陆连接在一起时，骇鸟从北方飞向南方，成了南美大草原上其他鸟类的竞争对手。因为它们捕食的猎物与其他鸟类相同，于是在很短的时间里，骇鸟在这场竞争中败下阵来并走向灭绝，而这一切和基因完全没有关系。

今天，进化生物学对于进化过程的解释主要着眼于这几个方面：基因、基因与细胞的交换以及环境条件。进化生物学认为，基因只是承载进化的车身，而不是推动其发展的引擎。还有许多因素也决定了一个生物的生存。当外部环境威胁到一个生物或物种的生存时，无论它们的遗传物质有多优质都将派不上用场了。在掠食者面前，基因的反抗就像要对抗火山爆发一样不切实际。总之，基因是构建有机体所必需的信息。然而，这种构建的过程发生在生物与环境的交互中，这种交互越成功，动物或植物在这一过程中适应性越好，那么它的基因存活下来的概率就越大。因此不是基因决定了生物的存活，而是生物对环境的成功适应决定了其基因的存续。

在所有与进化相关的理论中，这种观点可能是当今最为专业的研究领域所广泛接受的。那时取代理查德·道金斯的是哈佛大学教授斯蒂芬·杰·古尔德，遭受了多年癌症的折磨后，他在2002年与世长辞。当然，在古尔德引人注目的大作背后倾注了无数同人的工作灵感，他们设计了丰富的模型，并从多个角度解释了发展史。

按照古尔德的说法，进化的过程不仅是出于选择和适应，还受到各种阻碍和限制。生物或物种在发育中遇到的障碍可能是遗传因素导致的，但也可能是受到了环境的限制。一个被迫生活在小岛上的物种的进化方式与在大陆上的植物的进化方式是不同的。这有时有利，有时却是不利的。就在几千年前，大象还生活在地中海的几个岛屿上，但它们的体形几乎不比雪山救援犬大。由于大象无法离开它们生存的环境，所以它们不得不靠岛上贫乏的食物生存，于是它们的体形在进化的过程中不断缩小。生物学家用了一个有趣的词——"岛屿侏儒症"——来描述这一进化现象。很明显，雌性的侏儒象并不总是青睐最高大和最壮硕的雄象。否则克里特岛、马耳他、撒丁岛、西西里岛和塞浦路斯的大象可能早就饿死了。相反，小巧的身形反而成为性感的代名词，于是侏儒象毫无悬念地被人类屠杀灭绝了。

在通览了当代进化生物学的研究现状后人们不难发现，道金斯的观点已经过时了。当然，更令人惊讶的是，社会生物学家和进化心理学家仍然坚持"自私的基因"的理论。但仔细观察后就会发现，这一结果也许并不令人惊讶。只要我们坚持将人类的行为单纯视为由基因的诉求、意图和目标所带来的产物，那么生物学就可以用一种相当简单的方式来诠释人类：那些被我视为我所独有的冲动、品质和想象力的东西，实际上只是自己体内基因时隐时现的意志而已。

另外，进化心理学家们并未从全新的观点入手。恰恰相反：各个方面的理论一起构成了这一学科的理论基础，这就使得原本看起来清晰可测的东西变得难以评估。这可能也是进化心理学家非常顽固地坚信进化论中基础性假说的原因，而这个基础性假说目前在业界越来越不被接受。当然，我们并不能指望著名的科学家们现在就引咎辞职并致歉："我们的理论基础已经消失了，我们搞错了！"不过，进化心理学的错误也可能是很有价值的。因为进化论中全新的理论为进化心理学家们解决这一重大问题提供了一个非常有意思的出发点，就是人们所谓的文化。这一点将在后面进行讨论。

无论如何，任何为进化论的研究现状据理力争的人都不必再纠结于这样一个问题：像基因这样无意识的东西，怎么会有自己的意图，又怎么会根据可靠性、效率和成本效益来指导生物的性行为。很明显道金斯提出的"自私"基因只是一幅草图，但他却将这幅草图当作一个事实来对待。他一次又一次地试图证明基因的"利己主义"。在他看来基因不仅是利己主义者，还是深谙讨价还价之道的商人，他们会依据两个标准来检验一切：成本是多少？价值是多少？事实上，这听起来好像生物学是经济学的一个分支，在这个分支中，基因总是特别引人注目。

但这个想法是正确的吗？我们的基因难道不是所有交易者中最狡猾的吗？

第三节

资本的再生

　　进化生物学和经济学理论之间有着一种古老而不朽的爱情，这并不是以1968年威廉·汉密尔顿在一所经济院校中所撰写的博士学位论文为开端的。早在120年前，当达尔文写下《物种起源》时，这场大火就在英国这个由维多利亚女王所统治的资本主义社会中熊熊燃烧了。彼时流亡于伦敦的卡尔·马克思曾打趣地说道："达尔文是如何做到在自然界中的各种犄角旮旯里都能发现英国社会的缩影的？"怀着对达尔文著作的无限敬意，马克思非常细致地观察到，达尔文在他的进化论中不仅使用了诸多的社会学术语，还使用了不少经济学术语。

　　例如，著名的"为了生存而斗争"（struggle for life）一词就源于英国经济学家托马斯·罗伯特·马尔萨斯。他在数百年前把人口统计学的发展引入人们的视野中，引起了极度悲观的灾难性氛围。1821年，马尔萨斯便预言，超负荷的地球将无法养活如此之多的人口。

在工业革命中兴起的资本主义和进化论中适者生存的全新理论，在语言上有着密切的关系。当然，我们不能认为达尔文的观察和理论是错误的，仅仅因为这些理论符合维多利亚时代的社会秩序中某些特定的社会观念。然而，不幸的是，达尔文的表述和所描述的图景助长了许多误解，而其中的一些误解甚至延续到了今天。

事实上，自然界中的成本和收益处于持续的收支平衡的想法是由达尔文提出的。而美国社会生物学家、新泽西州立新罗格斯大学教授罗伯特·特里弗斯的观点则是，万事万物都只计算成本和收益。当特里弗斯不再研修数学和历史后，他最终选择了学习生物学。20世纪70年代，他成为哈佛大学的讲师。就像牛津大学的道金斯一样，哈佛大学的特里弗斯对汉密尔顿的广义适合度的理论也充满了兴趣。

与各位生物学前辈相比，特里弗斯对经济学家们的行话情有独钟。社会生物学家接受了达尔文的观点，认为竞争是推动所有生命进一步发展的决定性引擎。而竞争的不可避免则引出了第二个观点，即"军备竞赛"和进步。进一步观察就会发现，自然法则并不能直接证明生物在不断向前发展。例如，恐龙曾经完美地适应了环境，并且存活时间成功地跨越了三个地质时代。而与恐龙相比，人类好像也并未更好地适应自然环境。因此人类是否会达到恐龙那样的成就是令人生疑的。事实上没有任何证据表明，在自然界中智力占据了根本性的优势。一亿多年来，比恐龙聪明的哺乳动物完全活在恐龙的阴影之下，只有在一次偶然的自然灾害中，它们获得扭转局面的机会。即使在今天，与甲虫相比，哺乳动物的数量也并不多，在我们看来甲虫是相当愚蠢的，但我们又不得不承认它们存活得非常成功。值得注意的是，许多动物在进化过程中甚至发生了退化，比如蝾螈。

相比之下，特里弗斯将自然界描述成一个不断扩张的国民经济体。其中的每一个生物都是一个聪明的商人。这一观点对后世有着深远的影响，以至于进化心理学家戴维·巴斯把人类的性行为理所当然地归于经济学当中："在每一门经济学的基础课程中，我们都了解到，没有人在拥有了宝贵的资源后会随意地将它们分配出去。因为在我们的进化过程中，女性进行性行为之后往往要面对的是极高的投资风险，所以那些精心挑选伴侣的女性能从进化的过程中获利。倘若我们的女性祖先不够挑剔，那么她们就会付出极高的代价。"

在下一章中我们将详细讨论这一可疑的说法的真实性。但如果你相信特里弗斯和进化心理学家的话，那么我们的性行为实际上只有经济意义。简言之，在他们看来性行为无非为人父母之后获得的投资回报。从这个角度来看，所有的生物的基因本质上都是资本家，他们希望（从异性那里）获得优势，开发资源，尽可能少地投资并获得高回报。按照这一理论的说法，这就是推动进化的引擎！利己主义和资本主义不断地推动着进化的前进，人类的一切行为都是从中衍生而来的。我们"天生"就是吝啬鬼和骗子、投资银行的金融家和基因的投机者、我们孩子基因的股东等。我们所有的行为——因此也包括爱——都发轫于此，只有从这个出发点出发，我们的所有行为才能解释得通并得到更深层次的含义。那些让我们高兴、陶醉、感到刺激和欣喜若狂的东西，只不过是一种错觉，它诞生于邪恶的动机中所隐藏的各种目的。自私和资本主义是我们真实的本性，这就是我们在世界各地都能发现它们的原因。

在进化心理学的所有思想中，性别及其行为理论是最有争议的部分。例如，纪律很好地解释了人类的攻击性行为。但进化心理学家十分严肃地试图将社会性别的刻板印象解释为先天和普遍的特征，并最终将其解释为基因之战的角斗场。接下来，我们即将探究他们在过去30年中收集的大量证据。

第三章

仓廪丰裕的伯劳鸟，
岿然不动的角斗青蛙，
女人和男人想要的究竟是什么

第一节

投资

　　"灰伯劳鸟"不是什么由埃德加·华莱士①的小说改编而成的电影的名称，而是来自雀形目家族的一个健壮的大家伙。作为一种繁育习性稳定的鸟类，它们生活的领域遍布整个欧洲、北美以及中亚的草原和高山。当天气变冷时，它们通常会回归到温暖的南方腹地。灰伯劳鸟不但喜欢吃老鼠和鼩鼱，也喜欢吃较小的鸟类和体形较大的昆虫，如大黄蜂或甲虫。天气好的时候，它们会在空中捕杀猎物，但当空气能见度低时，它们就只能饿着肚子在地面上徘徊。进食结束后，它们通过摩擦树枝来清洁自己的喙。乍一看，它们就是一种普普通通的鸟。然而对于进化心理学家来说，它们却是一个超级巨星。

　　在动物世界中很少有动物和灰伯劳鸟一样是个暴徒，它们所

_____

　　①埃德加·华莱士（1875—1932）：英国犯罪小说作家、编剧、制片人、导演。由他的小说所改编的电影中有两部电影的名称都和"Der Würger"相关，这个词在德语里既指刽子手、谋杀者，也可指伯劳这种鸟类。

捕杀的猎物甚至有的和自身大小差不多。它们总是保持着一副示威的姿态，尖叫着展开尾巴并竖起全身的羽毛。它们怒不可遏地保卫着自己的领地，即使是老练的鹈鹕和大鸢在面对这个鸟类世界里的侏儒怪的攻击时，也不得不退让一步。猎物时常会被伯劳鸟穿刺在桑树和山楂灌木丛的尖梢上，或者它会用它们来装点树杈。一旦一只雄性伯劳鸟发现了它心仪的雌性，它就会开始飞行表演：在空中高调地盘旋着，然后优雅地滑翔落回地面，以此来不断示意雌性参观那些被它穿在树枝和尖刺上的猎物，并借机为它这优势满满的储藏室做宣传。一旦雌性被雄性说服，就会逐渐丧失自己生存的独立性，并最终将自己完全托付给雄性加以照抚。然而这雌性将为这一切付出代价：从这一刻起雄性将昂首挺胸地落在高处的树枝上，而雌性只能颤抖地蜷缩在巢中的一角，乞求威严的配偶施舍它一点儿食物。

人们不难猜到，进化心理学家对这种神奇而精于算计的鸟类充满了兴趣。所以毫不奇怪的是，以色列动物学家在20世纪80年代就已经发现了雌性在择偶时最重要的标准：雄性是否拥有储藏大量食品的储藏室。这一储藏室越是被猎物塞得满满当当，并且越是被布片和羽毛装饰得精美别致，雄性就越是能令雌性怦然心动。和拥有充足仓储的同类模范相比，那些库存不足的雄性就相形见绌了。对此像戴维·巴斯这样的研究人员激动地说："雌性会考察所有的雄性，然后选择拥有最丰富库存的雄性。"

那么，在人类世界中女性的情况也是如此吗？她们不也在寻觅这世上尽善尽美的养家者吗？对于雌性伯劳鸟来说是理所当然的，在人类女性眼中也是经济实惠的——这种行为已经深深地烙印在了我们生物进化的历程中。因此，女性的贪婪是有悠久的历史的。在内心深处，女性与雌性灰伯劳鸟是一样的。无论他的外貌如何，性格是友善还是粗鲁，只有那些拥有丰厚战利品和资源的男人才会为女性所选择。科学哲学家约翰·杜普雷曾愤愤不平地这样写道："这个例子暗示着，女人眼里魅力十足的男人，是那些热衷于在郊外置办豪宅并为它挂上华丽的窗帘，然后再把食品储藏室塞得满满当当的人。"

　　然而正是因为这个看似还凑合的观点，令如今的进化心理学家们再次陷入了尴尬的境地。因为那些还存在于教科书上的东西在如今的生物学领域中早已过时了。2004年，动物学家皮奥特尔·特里亚诺夫斯基和马丁·赫罗马达发表了他们多年的研究成果。他们的研究充分表明，雌性伯劳鸟并不会排着队地检验"所有雄性"。在一些抽取的样本中，雌性完全是随机来选择雄性的。而物资充足的储藏室在任何情况下都能给雄性带来优势的说法其实也没有证据。唯一可以肯定的是，一个被彻底洗劫一空的食品储藏室并不吸引人。然而更重要的是，这两位研究人员发现，灰伯劳鸟并不总是一夫一妻制。雄性伯劳鸟会把领地后方最大的一块空地留给陌生的雌性，而它们的配偶则只能蜷缩在小小的巢穴里孵蛋。而雌性偶尔也会和领地附近的雄性交配，这一情况也总是在预料之中。

　　因此一切迹象都表明，雌性灰伯劳鸟似乎比人类女性更加符合贪得无厌的刻板印象。然而在这个被反复踩躏过的真理中并不存在太大的意义，更别提那种将灰伯劳鸟视为数百万种动物中与我们精神相通的表亲论调了。毕竟不同的动物中有着不同的风俗习惯，鸟类之间亦是如此。以猛禽为例，在繁殖季节中，体形较大的雌性是更为重要的供给者，而我们从中无法得出任何与人类相关的结论。而我们的近亲，类人猿，甚至没有储藏室。但是只要有需要，进化心理学家们可以随时无中生有，无论其他动物展现出的是否真的如他们所说的那样。只要愿意，人们甚至可以把人类的性行为与黑寡妇蜘蛛和螳螂等量齐观，就和他们把人类和灰伯劳鸟相提并论一样，抑或是将人类同吃掉自己幼崽的鳄鱼，或是保护幼崽免受雌性伤害的马甲鲇鱼相比较，再或者将人类和在嘴中孵卵的慈鲷进行对比。然而即使血缘相近的动物在角色分配上也大不相同。

将灰伯劳鸟视为与人类精神相通的亲戚并不能建立起一个理论帝国。但是，进化心理学家关心的当然不是这种鸟类，而是一种原则。通过灰伯劳鸟的例子应当证实的是，对于动物界的雌性和人类女性而言，择偶与结合中最重要的事情就是：寻找一项有价值的投资。

正如上一章所述，20世纪70年代，罗伯特·特里弗斯提出了将生殖作为"投资"的想法。20世纪80年代，他的这一观点对人类产生了重要的影响。按照特里弗斯的说法，男性和女性的"投资风险"差异很大。原因很简单。一个女人一生只产生大约400个成熟的卵子。而与之相反，一个男人可以拥有大约3亿个精子。因此，让一个女人怀孕对一个男人来说，是一件生物学上成本相对较小的行为：他只需要牺牲一些精子就可达到目的。理论上来说，在此之后他便可以去寻找下一个目标来寻欢作乐了。但对女性来说，情况就要远远复杂得多。她们的"原料"原本就少得多，如果卵子真的受精了，那她就不得不用九个月的时间来完成孕育。在这段时间里，卵子不再有能力繁殖并无法接受任何其他的精子。

这一切用特里弗斯的经济学术语来解释就是：女人必要投资的最小值明显高于男人，其投资的风险明显更大。因此，生殖策略以及选择性伴侣的心理在两性中是完全不同的。但如果特里弗斯所说的是对的，那么原则上，男人在任何时候、任何地方都乐于做爱。而女性只会对非常好的性交机遇感兴趣。她们必须找到一个真正优秀的男人，他要么拥有惊人的优质基因，要么是照顾孩子的最佳人选。这里特里弗斯补充说，正如我们将要看到的那样，同时满足这两个条件实际上是不可能的。

我们总是在追求最理想的生育状态：早在18世纪时，法国博物学家布封就将性欲描述成"获得认可的冲动"。当时正值资产阶级争夺权力并在社会中占据一席之地。19世纪，查尔斯·达尔文将"生存斗争"的图景转移到遗传生物学中。维多利亚女王统治下权力意识旺盛的大英帝国迎来了它的黄金时段，在对众多殖民地进行掠夺的同时，强大的日不落帝国还觊觎着世界各处的自然资源。到了20世纪末，罗伯特·特里弗斯谈到了两性之间的"性交易"。此时正是市场规律和消费者行为无处不在的全球化的新经济时代，这使得性教育和经济大环境的交叉并非有意而为之，但也绝非偶然。

英国作家乔治·艾略特说："我们所有人都以比喻的形式接受我们的思想，并在他们的指导下采取决定性的行动。"正是在这个意义上，当代进化心理学对经济学的敏感度很高。性行为是一种风险成本不尽相同的投资。即使是原始的生命历程，例如女性的性高潮，也因此具有了特定的价值。由于女性即使没有性高潮，人类的生殖行为也能照常进行，所以一定有另一个原因——也就是经济原因——为这种生物学上看起来多余的兴奋提供理由。

20世纪80年代，就特里弗斯向学界提出的理论表明，女性是一个狡猾的马基雅维利主义者：由于顾家的男性很少真正能引起女人的兴致，所以女性乐于在排卵期偷偷溜出家门，然后与一个具有基因优势的壮汉共赴鱼水之欢，而他很可能比她亲爱的且值得信赖的丈夫更能带给她性高潮的体验。为了让这位出色的情人真正成为孩子的父亲，人自然会帮女性想出一系列小法：如果女性在性交时达到性高潮，她的阴道会比未达到性高潮时吸入更多的精液。20世纪90年代，一个美国研究小组证实了这一发现。多对夫妻自愿测量了精液回流量。结果是：如果一个女人在她的丈夫射精前一分钟或者在接下来的60分钟内达到性高潮，那么射在她体内的精液就会减少流出。因此，进化心理学家的结论很清楚：女性性高潮是大自然发明的，因为携带着男性最具诱惑力基因的宝贵精子可以借此"泵入"女性的体内。而这在社会中造成的影响也令人大为震惊：平均而言，美国每五到六名儿童中就有一个并非他所谓的父亲亲生的。

人们也许并不需要询问这些实验是在什么条件下进行的，也不需要追问自愿参加此类实验的夫妇的内在动机。有趣的是，在进行这些实验时并未提供任何有关女性不忠行为的信息。但如果注意到一个重要的细节，你就会发现这个理论完全站不住脚。一夜情真的能让女性易于达到性高潮吗？基因上最具吸引力的，即最帅气也最健康的男人，真的是那个能让女人最快达到性高潮的出色情人吗？视觉品质和性艺术真的如此接近吗？这些看似机智的结论仔细想来却是漏洞百出的。男人的性技巧与他的外表、健康或睾酮水平都没有直接关系。

然而，益格鲁-撒克逊的研究人员纷纷沉迷于对"精子之战"的研究中。他们一次又一次地寻找证据，试图证明更优质的精子是如何在这场竞争中拔得头筹的。他们不断解释着精子的战术并为它们的战略命名。曼彻斯特大学的研究人员甚至认为，男性的精子会相互对抗并厮杀：有些精子会使自己的体积变大，从而阻挠竞争；另一些则会释放化学物质。尽管精子之间的斗争不断，但研究人员将这种精子的武装力量视为与其他男性的精子作斗争的证据，其他男性可能不能武装出这么多咄咄逼人的战士。作为一种推测性的结果，这类理论总是能吸引大众传媒的注意。然而，对于大多数专业人员而言，这无疑是一个幼稚的男性幻想。这场在曼彻斯特的研究人员眼中的战斗，在其他人眼中不过是一种错误的受精反应，这发生在精子与其他精子而非卵子相遇时。无论如何，精子是各类不同的"战士"的结论在科学中无据可考，每个精子看起来都几乎和其他的一模一样。

这些或多或少娱乐性的幻想恼人之处就在于，它们原本应该证明的是：在人类的性行为中，从一开始就有一场战争在肆虐，一场人与人之间毫无怜悯的竞争。然而作为一个特别发达的生物，人类将这场为存在而战的斗争艺术性地美化成一种基因和情感的经济交换。战争理论、经济理论和进化心理学就这样密不可分地交织在一起。在一个极度好战的世界中，所有人之间的战争以及两性之间的战争都是一种生物程序化的行为。那些两性之间的经济性联盟也就变得可以理解了，毕竟它们都是为自私的基因服务的。即使是资深的美国进化生物学家贾里德·戴蒙德——一个天赋极高的鸟类专家——也认为在人类中存在着一场自然的"两性之战"，"这场战争既不是笑话，也不是一个非同寻常的巧合……这个残酷的事实是人类苦难的根源之一"。

两性在生理上不同的志趣是不是一种痛苦的根源，或者这个"残酷的事实"是否可能保护人类的生活免受单一无聊的困扰？难道两性对彼此施加的吸引力不正是戴蒙德所说的"人类苦难"吗？难道这种紧张的关系与生殖和养育后代之间完全不相干？若非如此，这将意味着在没有任何生育意图的情况下相遇的男女彼此之间将压根不可能存在任何吸引力——很明显这是一个荒谬的论点，我们稍后会详细讨论。

如果人们愿意的话，我们不仅可以用生物学中的紧张、激动来解释它，还可以风趣地用经济学的概念来解释它。无论如何，人们都应该小心，不要将经济学的语言误认为是一种天然的生物学逻辑，就好像自然本身就是一门经济学科一样。只有那些了解这些构想与事实不符合的人才会谈论社交和性方面的"商业头脑"，谈论基因利益之间的"谈判"，谈论做爱中的"交易"。虽然这几乎是所有著名的进化心理学的行事作风，但如果情况并非如此则需要保持警惕和适当的怀疑。虚构的图景很快就会变成事实，而从事实中又不断产生着新的图景。难怪在这样的方式下我们所认识到的"人类行为"的前提条件通常都显得很奇怪。只是推测性的研究如今却变成了约定俗成的东西，但是进化心理学家的自信到目前为止似乎并未有丝毫减弱，也许他们手中还有另一张王牌。尽管我们在石器时代的遗传物质和自私基因的理论都陷入了迷雾之中，但数以千计的研究、民意调查和测试不可能弄错我们的性行为、我们的性欲望和选择伴侣的偏好。或许也说不定？

第二节

男人的愿望

得克萨斯大学奥斯汀分校的教授戴维·巴斯曾经在很长一段时间里都是一个郁郁不得志的社会心理学家。然而这位如今已经55岁的教授在20世纪80年代中期忽然投入进化心理学的研究中。巴斯想证明的是，男女在行为和兴趣上的差异主要是由于生理上的不同，而非社会或文化上的不同所导致的，但这一观点在早期的进化心理学研究中还纯属猜测。

与学界训练有素的生物学家不同，戴维·巴斯使用了实证研究的方法。他想要的是数据、统计学和事实。因此他执行了一项宏大的项目：在几年的时间里，他采访了来自30种不同文化的10, 047人。他的目光落在了不同的社会阶层、宗教信众和年龄群体上。于是他询问了其中的每一个人希望从异性那里得到什么。

1989年，戴维·巴斯发表了此项研究的成果。这份迄今为止最全面的数据资料，回答了世界各地的人们在选择性伙伴以及建立长期关系时的准则问题。在这份调查中，有几十种生理和心理特征可供选择，测试人员被要求对这些标准进行排序。最重要的特征被置于顶部，而最不重要的则被放在底部。结果完全符合巴斯在一开始时就设定的假设：无论是在北极圈还是在沙漠帐篷里，在世界上的任何地方人们选择伴侣的偏好都是一样的。而他们唯一的区别只是性别不同。但那些属于同一性别的人也对其他性别的人有着相同的偏好。[1]对此巴斯十分高兴，因为他证实了自己想要证明的东西：我们对性的选择标准是大脑中"普遍存在的偏好模块"，因此它是人类的基本特征。

对男人来说，这意味着他们根据"健康"的标准来选择他们的性伴侣和配偶。他们锁定的目标都有着出色的基因。男人所钟爱的始终是年轻漂亮、嘴唇饱满、皮肤光滑紧致的女性，那些双眼炯炯有神、发质光盈、肌肉线条优美、脂肪分布匀称、步态轻盈、表情生动并且精力充沛的女性始终都是他们的梦中情人。因为所有这些特质都预示着生育能力。无论她们住在哪里，年龄有多大。原则上来说，她们都会被男人们毫不犹豫地选择。

如前所述，这一原则是基于自私的基因的假说。然而，正如我们所看到的，这是一个非常粗暴和漏洞百出的结论，这也就不难理解为什么它给所有对大胆前卫的观点感兴趣的研究者们留下了深刻的印象。例如，关于男人，生物学家、激素研究员本·格林斯坦在

---

[1]这里要注意的是，"性别"在戴维·巴斯的调查中不仅涵盖传统的男女两性，还有跨性别者、同性恋者、双性恋者等。

他1993年出版的《脆弱的男性》（*The Fragile Male*）一书中断言："首先，男人是女人的养料。他将自己的基因注入女性体内的冲动是如此强烈，以至于这一原始的冲动支配了他从青春期到踏入坟墓的一生。这种冲动，甚至比杀戮的冲动还要强烈……甚至可以说，生育和分配精子是他存在的唯一理由。他的体能和杀戮欲望都是以此为目标，以此来确保只有最优质的血统才能得以传承。如果阻止他开枝散叶，他就会倍感压抑、生病，甚至可能崩溃或失控。"

格林斯坦以科学的名义所写的东西无意中刚好符合理查德·道金斯对基因理论的夸张表述。倘若他所言有理，那么每个没有子嗣的男人都会成为自杀的候选人或潜在的疯狂杀手。但人们只需要明白，即使是那些与我们的基因最相近的动物，其思维和行为也与格林斯坦笔下的人类男性相去甚远。雄性的黑猩猩和倭黑猩猩都不是只为繁衍后代而生，它们还有很多其他的事情要做。而如果一个男人唯一的使命就是尽可能多地传递他的遗传物质，那么每个男人的最佳选择是去精子库，就像歌手兼词曲作者汉尼斯·瓦德在一段歌词中所写的那样："我想我有一天会做出明智的选择/例如，把我体内的种子都送到精子库/直到看到街上的每个孩子/身上都流着我的血，长着和我一样的面孔，我才会安然死去。"

然而为什么很少有男性选择借助精子捐献来提高他们的生殖成功率呢？这在道金斯和格林斯坦看来仍然是一个谜。对此，罗伯特·特里弗斯提出了一个有趣的回答。他说，男人不愿意捐献精子的原因仅仅是在石器时代并没有精子库。出于这个原因，捐赠并不是男人与生俱来的品质。如果真是这样就奇怪了，因为在石器时代播放DVD和闲逛情趣用品商店同样属于天方夜谭，那为什么如今的男人喜欢在性用品商店购买色情DVD呢？以及为什么这么多男人喜欢情趣内衣——这可不是从石器时代继承下来的产物，他们对尼龙丝袜的偏爱又从何而来呢？

对许多男人来说，有无数个孩子是一个相当惊悚的想法，这是完全可以被理解的，因为他们没办法对这么多孩子负责，而又有多少人希望看到，在离开了父亲后孩子们不得不勉强地扛起命运的重担。显然还有比基因的繁殖更重要的事情。对滥交的克制最牵强的理由就是对性伴侣所做出的反应感到担忧。威廉·奥尔曼对那些为基因的本能所操控的男人大规模繁衍后代的行为提出了异议，但他只能想到一个反对理由，即"因为有些事情需要两个人共同完成。一个人的行为都会被另一个人的反应所影响，而另一个人可能有完全不同的欲望、需求和目标——一旦他发现他的伴侣背叛了他，他可能会以一种'非收益最大化'的方式做出回击"。

据此，已婚男性不与其他女性生育孩子，主要是因为他们的妻子不希望如此，或者因为他们自己不够富有，也有可能是因为他们害怕"竞争对手的报复行为"。而奥尔曼并没有设想过男人是否还存在着其他的动机，因为男人总是欲壑难填——其他的一切行为都无法用这一理论来解释。

如果全世界的男人对女性的特定的性特征都有着相似的偏爱，一如戴维·巴斯的调查所显示的那样，那么这可能并非他的研究出现了谬误。然而，加拿大本那比西蒙菲莎大学的一个研究小组在20世纪90年代初得出了截然不同的结论。研究人员调查了62种文化中对于美的标准。根据这项调查，进化心理学家普遍认定的美的标准，即女性必须苗条，并没有得到普遍认同。相比之下，在所有被调查的文化中，有一半的文化认为丰满的女性更有吸引力，三分之一倾向于身材苗条的女性，其中只有20%赞成当前西方社会中的苗条审美。

在这种背景下，进化心理学家所提出的假设的普遍有效性正遭到越来越多的质疑。例如，他们总是用一个非常奇怪的脂肪分布公式来进行计算，并用它向我们证明，为什么男人喜欢女性的身体部位是其易于产子的骨盆而不是臃肿的腰部。但是，拥有黄蜂般纤腰的女性真的比稍显富态的女性更健康吗？而男人总是更喜欢这种黄蜂般的纤腰吗？很显然，在饥荒和疾病流行的年代，西方世界的男人似乎更钟情于丰满的女人。例如，一提到巴洛克时期的绘画，人们就会想起画中丰满的仙女、缪斯和女神，她们都没有纤纤细腰。

除此之外，依然有一些问题没被澄清，例如，为什么许多男人想通过女性的某些性特征，如丰满而形状完美的乳房，来判断女性是否具有生育能力呢？如果一个男人既想追寻性爱体验但又想防止女人怀孕，那我们该如何理解男人会被那些生育能力特征吸引呢？在一个男人的一生中，他的性行为中只有很小一部分体现了那种寻找生育能力特征的信念，这一部分的占比甚至小到可以忽略不计。如果我们相信巴斯的调查，那么我们所面对的就不是一个已经解决的问题，相反是一个全新的谜题：如果性的贪婪、承诺的意愿和生育的意图是三种完全不同的东西，而且只在极少数情况下才会重合，那么，为什么全世界的男人显然都对女人有着非常相似的品味？

在进化心理学家看来，答案是一目了然的：因为所有这些源于石器时代的东西如今仍然以某种方式结合在一起。但问题是石器时代的男人完全没有意识到他们的性角色。没有一个石器时代的猎人知道精子的功能，以及哪个孩子是他的。我们毛茸茸的祖先当然也对潜在配偶的有利脂肪分布一无所知。尽管有种种猜测，但人们并没有将基因的因素纳入考量。如果男人在饥荒时期喜欢上了丰满的女人，可能有很多原因，但一定不是遗传物质让他们这么做的。

第三节

女人的愿望

戴维·巴斯同时也对女性进行了调查。调查结果非常有趣，与男性相比，女性显得更加复杂。被女性喜爱的男性往往是年纪稍大、有钱有势并且健康强壮的。这一点简单且显而易见。但是，女性所寻觅的又仿佛是一个悖论：她们既想要一个忠诚、充满爱心并乐于养育后代的男人，同时又对行走的荷尔蒙、众人垂涎的勇猛男人充满幻想。这样的男人并不存在，至少在生物学的意义上这是不可想象的。所以女人很复杂。事实上，没有人能取悦她们。原因在于她们的生理结构。因此巴斯得出的结论是：女性是"精神病"。她们必须筛选她们潜在的伴侣。用他的话来说就是："心理机制对于（女性）选择伴侣是必要的，它使女性能够将所有的特征结合起来，并对每个特征进行适当的权衡。"

在上文中我们已经介绍了女性在寻找具有优质基因和适合育儿的伴侣时所面临的两难处境。奇怪的是，在进化心理学家的眼里，女性和男性一样，总是在寻求最佳的生育机会。事实上，妇女的性行为更多的是为了取乐而非生育，这就与进化心理学家们的观点多多少少不太相符。因此，德国科学记者巴斯·卡斯特以一种令人耳目一新的方式写道："在这种情况下不言而喻的是，对女性而言没有什么是理所当然的。只有当她找到一个能够并愿意为了后代而投入更多精子的男人，才能降低她的成本。"根据卡斯特的说法，对于人类女性而言，每一次与异性的调情都是在为日后的大局做考虑。

人类女性总是在寻觅最优秀的人类男性，尽管这种行为不可能在石器时代就已经根深蒂固。因为我们的近亲——类人猿就没有这种行为。（在族群中）占主导地位的大猩猩、黑猩猩和褐猿只会简单地挑选一个雌性，因为并没有太多的雌性可供它们选择。倭黑猩猩的雌性天生就不挑剔。因此要了解人类女性的典型行为就必须进一步研究动物学。人们会举"灰伯劳之友"的例子来讨论。

人类进化的另一个主要见证者是角斗士青蛙（Hyla rosenbergi）。就其本身而言，两栖动物不一定盘踞于人类起源史中某个邻近的旁支之上，而是栖息在中美洲的泥沼中。雄性会在其中挖出小坑并保护蛙卵。如果雄性青蛙向雌性求爱，那么雌性会允许这个潜在的性伴侣推搡它。有时雌性会用力推搡雄性，以致雄性失去平衡向后仰然后从坑里滚出来。一旦它倒下，它就失去了信誉，因为只有站得最稳的雄性才有机会和雌性在一起。

对戴维·巴斯来说，这种"角斗士青蛙"所谓的"击打测试"对人类女性来说是一个可靠的标志："女人喜爱体形强壮的男人，因为他们散发着保护力的光芒。"如果这是正确的，那么阿诺德·施瓦辛格式的男人将成为最性感的象征，他们能成为子女最好的监护人。然而与此相反的是，这样具有普遍性的说法完全不适用于青蛙，它们只有在极少数情况下，即在资源严重缺乏的情况下，才会表现出这种行为。在人类女性中也是如此，脖子壮如犀牛的壮汉和极端的健美运动员只能迎合某些女性的审美。而温文尔雅的约翰尼·德普，据说是比那位加州州长性感得多的符号。

雌性银背大猩猩的品味并非主流。但这是为什么呢？与食物短缺时期的角斗士青蛙不同，为什么人类女性不想要最强壮的男性呢？2004年来自新墨西哥大学的美国生物心理学家维克多·约翰斯顿想要证明，面部特征中存有大量睾酮迹象的男性对女性格外有吸引力，即男性的眉毛越浓，嘴唇越窄，下巴越有棱角，他对异性的吸引力就越强。原本这也并不奇怪，因为高剂量的睾酮会有轻微的毒性，而能忍受大量睾酮的男人必然是一个特别健康的男性。但似乎有什么地方出了问题。对于一众与西奥·魏格尔[①]长相相似的人来说，很遗憾的是这个令人惊奇的发现似乎并不是很符合现实。

2007年，达勒姆大学的英国心理学家琳达·布特罗伊和她在苏格兰圣安德鲁斯大学的同事戴维·佩雷特发现了完全相反的情况。按照他们的研究，女性更喜欢具有兼具男性和女性特征的面孔；相

---

①西奥·魏格尔：德国前财政部部长。1989—1998年担任德国财政部部长。

反，绝对男性化的面貌并不是很有吸引力。该研究的研究者得出这一结论的原因在于，过于男性化的面孔预示着不忠和对后代照顾的缺席，所以男性的这一外貌特征会引起女性的警觉。这是一个很奇怪的解释，受访的女性只是在电脑屏幕上观察男人的脸，她不会和这些男人结婚或养育后代，而她们唯一被问到的问题是这些男人具体哪里有性吸引力。

这一结论背后的偏见是很严重的。这无疑就是宣称：女性实际上喜欢的是睾酮，但出于顾虑，她们更倾向于混合形式。但是，具有男性魅力的男人真的比俊美、有点雌雄同体的男人更容易不忠吗？年轻的米克·贾格尔①看起来比年轻的施瓦辛格更忠实吗？为什么许多女性喜欢男性性感的嘴唇，难道是因为这是女性气质的标志吗？仅仅依靠这样的嘴唇就能得知对方具有悉心照顾后代的品质吗？是什么让女性对男性线条优美的双手如痴如醉？而坚挺的屁股到底又隐藏着什么样的进化优势？

此外，进化心理学所塑造的最顽固的女性择偶神话就是女性对对称性的重视。没错，就是对称性！例如，新墨西哥大学的生物学教授兰迪·桑希尔说，男人的面孔和身体越对称，他们就越有吸引力。桑希尔本来是一位昆虫专家，他在20世纪80年代转而研究"强奸"的话题。直到后来，他才成为对称理论的教皇。按照昆虫界的

---

①米克·贾格尔：滚石乐队的主唱，同时是摇滚乐有史以来最有影响力的主唱之一。

观点，对称性是健康的信号。人越不对称，他的生长就越可能受到寄生虫的侵害。自20世纪90年代初以来，桑希尔撰写的论文已经被借鉴了数百次，并且一次又一次地在新的领域中被重新提及。从生物学的角度来看，他的对称性观点是怪诞的。在决定我们外表的所有因素中——包括对称性——寄生虫对外貌的影响是最小的。比如，轻微弯曲的鼻子是遗传自祖父而并非受到了细菌的影响。因此这样的结论完全没有任何依据。

要正确理解桑希尔的对称理论，我们必须了解受访对象的情况。桑希尔向这些年轻女士展示的总是由计算机设计和制作的男性面孔图像。这些照片几乎没有任何性格、魅力或激情澎湃的个人特征。剩下的只是诸如"对称"之类的枯燥标准。因此真实面孔所具有的魅力在这些图片中压根不存在。令人惊讶的是，桑希尔的研究总是以同样的方式被重复和记录。让女性受访者同真正的男性进行面对面的交流原本更具说服力，但这始终是缺失的。

从男性的心理和社会优势的角度来看，女性所谓的品味也出现了类似的强迫形象。在调查中，戴维·巴斯询问了受访者最看重的异性的性格特征。而在男性和女性眼中最重要的两个标准都是"友善"和"智慧"。没有人想要一个脾气暴躁又愚蠢的伴侣。但对于女性而言，这样的标准很可能是因为在她们看来，一个友好的伴侣比一个暴躁的伴侣更愿意为一个家庭付出。那么这是否同样意味着那些自愿丁克或已经超过生育年龄的妇女能够更好地应对脾气暴躁的家伙呢？对于进化心理学家来说，"女人"是一种高度受限的物种，一个只对生殖和养育后代感兴趣的物种。

那么对女性来说还有什么是重要的呢？上文中我们已经提到了雌性灰伯劳的游戏。威廉·奥尔曼在引用"一项针对女性医学生选择伴侣时的标准调查"时透露，虽然这些年轻女性期望高水平的生活和高度的经济保障，但她们的梦中情人更可能是有一个高薪且拥有较高社会地位的人。此项对全美女性医学生的调查可以被视为曾经、当下和未来的"女性"行为的例证。任何这样进行论证的人都可以这样写，女性"在短期关系中旨在尽可能多地在物质上消耗他们的伴侣"——巴斯将这种现象描述为"资源提取"，这种现象的极端形式是卖淫。研究表明，在快餐式的猎艳中，女性想要的是在第一次约会时就出手阔绰的情人。

的确，许多女性更喜欢那些能够让她们在金钱和权力的帮助下过上美好生活的男人。但是男人也喜欢从女人身上得到相似的东西。通常情况下，即使不考虑养育后代的成本，财富也增加了两性关系发展的可能性。正是出于类似的原因，许多女性更喜欢年龄稍大的男性，这当然是无可厚非的。然而，这个偏好点通常在四五十岁甚至更年长的女性那里发生了变化——这个年龄段的女性希望找到一个有吸引力的年轻伴侣。麦当娜和黛米·摩尔也毫无例外是其中的一员。

"安全感"和"权力"吸引了很多女性，这并不奇怪。但在巴斯的调查中，女性更看重的是另一个高于这两个标准的品质：幽默！而在这里进化心理学家并没有做出任何解释，因为我们对石器时代的幽默一无所知，也找不到一只会开玩笑的滑稽小鸟。当然，只要有一定的想象力，惯用的模板在这里也是通用的。在此我想说，幽默对祛除寄生虫也有好处！难道"笑"不能增强我们的心理防御机制，从而稳定我们的免疫系统吗？毫无疑问，有趣的人比脾气暴躁的人活得更久，从而让他们优质的基因代代延续了下来。难怪人类是唯一一个具有良好幽默感的物种。

然而我们必须进一步推动这场游戏吗？根据1993年戴维·巴斯对美国大学生的调查，男性一生平均需要18个性伴侣，而女性只需要四到五个。然而这是否可信？男女双方之间的差距如此悬殊带来了另一个谜团，即男人会觉得基因带给他的任务就是要他与所有人交配。然而世界是奇妙的：根据巴斯的说法，女人喜欢和社会地位优越的男人发生婚外情，因为他可以"提供更好的基因"。存在这样的男人吗？真的有财富和权力的基因吗？人类是否和大猩猩一样，地位越高的就越健康？我们是否应该相信巴斯的说法，即在女性的不忠里扮演"核心角色"的并不是"性满足"，而是持续更换伴侣的意愿呢？

所以我们是否可以得到这样一个临时的结论：许多男人对女人的品味大体相似，而众多女人挑选男人的眼光也大致相同。已经有不少案例证实了这一规则。大多数人都喜欢有吸引力、有趣、友好和聪明的伴侣，如果他们还很有钱，那就更是锦上添花了。这一点我们已经从戴维·巴斯那里得到了证明。然而任何把这个结论一般化的行为都是有风险的。有些女人和男人总是会选错人。有些人会发现他人在性方面极具吸引力，但从不想与之一起生活。世人既有对性的贪婪，也有理智、冷静。一些人对性格特征和身体细节有着非常个人化和具体的要求，而另一些人则仅仅因为一个微笑就会沉沦于一个陌生人；有些男人喜欢年长的女人，而有些女人则喜欢年轻的男人；有些人爱上了身患绝症的人并嫁给他们……这一切用差不多140年前的一句话概括就是："在让马、牛、狗进行交配之前，人类会仔细考察它们各自的性格和血统。但是当他们自己谈婚论嫁时，则很少为这样的琐事所累。"写这篇文章的人并不是乔装成生物学家的哲学家，而是查尔斯·罗伯特·达尔文！

第四节

非理性的文化

　　所有存活至今的人类都携带着进化的遗产。毫无疑问，进化创造了我们的身体，也塑造了我们的心灵。然而存在争议的是，遗传物质到底在多大程度上决定了我们的行为。达尔文已经怀疑这些概念实际上是不堪一击的了。而人类可能是唯一可以与自己建立联系，并创造自我形象的动物。这就让他可以偏离自然所赋予的模式。如果我们今天在世界各地都能发现相似的人类行为，那进化心理学家大概会将这一现象认定为我们的生物遗传物质的作用。事实上，对此还有很多其他的解释。例如，今天为大多数的文化所承认的一夫一妻制是男女之间最普遍接受的结合形式。无论是犹太教、基督教还是佛教，无论是在南美洲还是北美洲，在欧洲还是在亚洲的许多地方——一夫一妻制的婚姻规定随处可见。但是，今天婚姻中被奉为圭臬的一夫一妻制并不能证明石器时代的祖先也遵循着同样的规矩。尽管人类更倾向于一夫多妻，但一夫一妻制仍然是规范，它并非进化"模式"的结果，而是更多受到了文化的影响。犹太教宣扬一夫一妻制以防止瘟疫蔓延，而罗马法也对一夫一妻制的婚姻形式有着强制性的规定，这样继承权的问题就很容易被解决了。而西方基督教的婚姻道德，正是在这二者的基础上共同发展而来的。

如果说生物学提供给人类的是陶土，那么文化就是用生物学来进行雕塑的陶艺家。物质和形式之间的这些差异可能非常重要。正如之前所说的那样，许多生物学家都将男性不断地生育视为其传播自身基因的重要任务，然而这一说法在今日的德国并不适用。2008年4月，《明镜》周刊对2000名德国人进行了如下调查："什么比性更重要？"在接受调查的德国男性中，只有40%的人回答"没什么比性更重要"。如果生物学真的如格林斯坦所推测的那样对世界产生着巨大的影响并在主导着我们，如果道金斯的"自私基因"理论完全正确，那么这个结果就完全不可理解了。同时，只有22%接受调查的德国女性认为，在她们的生活中没有什么比性更重要。而更令人费解的是受访者对以下问题的回答："生命的意义在于拥有一段幸福和谐的伴侣关系吗？"63%接受调查的德国女性证实了这一点，但是这一数量相较于男性还是较少的，毕竟这一观点引起了69%的受访男性的共鸣！而只有56%的女性和48%的男性认为他们生命的意义在于养育孩子。人们这是怎么了？难道他们的生育计划都罢工了吗？

自私基因的倡导者的错误在这里变得显而易见：毫无疑问，我们的基因决定了我们的性欲。这种欲望是为生殖服务的。这是正确的，但有趣的是，欲望本身对此一无所知！它被激活有着自己的原因。我们的性欲几乎完全脱离了它们最初的生育任务。事实上，我们所处理的并不是基因、生殖、欲望之间的直线关系，而是它们之间的链条关系，其各个环节是相当独立的。换句话说，一旦欲望出现在这世界上，那么它首先一定是为自己服务的。它就像一个冒险家，一旦出发，就容易忘记它最初的任务，因为世界上还有那么多令它兴奋的事情要去经历。

人们现在可以承认，也许仅仅是出于生活环境的原因，我们今天常常压制了遗传我们基因的冲动。不是所有人都有时间和金钱来建立家庭。但这个论点并不真正站得住脚。因为如果我们的基因真的在不断地推动我们生儿育女，那么为什么我们不让我们其他的所有需求都臣服于这一原始冲动呢？我们是如何设法将我们自私的基因隐藏起来的呢？而基因和理性之间的这种对话究竟是如何在我们的大脑中发生的，为什么其结果让我们迷失了方向？进化心理学家通常也不知道这个问题的答案，而他们甚至对此不闻不问。对他们而言，文化确实有发言权，有时甚至对原始的生物本能具有否决权。但他们不知道这场"旷世大战"具体会如何发生，在这一话题中他们插不上一句话。

但我想说的是，这场生物学和文化之间的战争实际上并不存在。我们的基因并不像人们通常认为的那样完全是自私的。而他们对我们的操纵远没有进化心理学家声称的那样多。有可能我们的基因组构成在某种程度上已为文化所感染。至少我们的欲望就如同其他生物一样是由文化塑造的。正如俄罗斯哲学家弗拉基米尔·索洛维约夫在19世纪末所说的那样，"生物所在的阶梯越高，繁殖潜力越低，性吸引力越强"，但我们该如何解释这一点呢？

文化是生物学的延续。在这一点上并不存在争议。但问题的关键是，这是如何实现的？对于进化心理学家来说，通过生物学或与生物学相关的手段，文化成了生物学的延续，但对于他们的批评者来说，生物学是通过其他的手段才使得文化成了它的延续。

这么认为的原因是，数千年以来，人类已经能够活得比生物性要求的更久。对于女性来说尤其如此，她们的性活跃时间通常超出了生育所需的时间。但是这些40多岁的女性不再被进化心理学的研究囊括在内，至少不是作为性主体来研究，她们充其量是在育儿方面提供帮助的祖母，围绕在其身边的一切都只是生殖问题！在进化心理学中，有大量关于美国女大学生的研究，但几乎没有关于40多岁女性性行为的研究。然而，这样的调查将非常具有启发性，因为它所揭示的可能会与已知的性偏好模式有着很大差异。而且，这可能会让人明白，有一件事情无论如何都是无可争辩的：性不仅仅是为了基因的繁衍。如果只是为了繁衍后代，那么超过育龄期的妇女对性的兴趣无疑会立即消失。所以说，只有在基因的驱动下我们才会有性行为的推论不是完全正确的。不然在我们的生殖能力衰退后，是什么推动了我们对性的渴望呢？

似乎的确存在着一些东西与文化息息相关：尽管一些夫妇无疑能够负担得起养育子女的费用，但他们并不想养育后代。妇女在绝经后仍然性欲旺盛。即使是与我们血缘最为亲近的类人猿，在许多场合下似乎也在逃避它们的基因任务。越是仔细观察，进化心理学家就越惊讶于黑猩猩和倭黑猩猩如何以"非基因最优化"的方式行事，从而对他们提出的可以理解的解释提出了挑战。如果我们是大猩猩就好了！那么一切就会变得如此简单。雌性黑猩猩不仅常伴族群首领的左右，还会委身于族群中低级别的雄性。而雌性倭黑猩猩甚至对诸如"哪只雄性最强壮，哪只雄性从基因中受益颇丰"的问题毫无兴趣，它只是依照机会和自己的心情自由地把自己的性欲分配在不同的雄性身上。

对我们的类人猿表亲而言理所当然的事情，对我们人类来说却毫无意义。一个僵化了的想法是，我们总是在寻找遗传上的最强者——按照进化心理学的逻辑，我们所寻找的是最美丽和最健康的伴侣。但无论从心理学还是从进化论的角度来看，这都是相当不切实际的。

通常情况卜，人们首先要寻找到的是一个适配的伴侣。对于女人和男人来说，获得生育机会的并不总是最美丽或最有爱心的人。其可能是个人的原因，但也可能是生物进化的原因。在个人原因中，生孩子的意愿首先取决于一个人目前所处的生活状况。18岁时和你同床共枕的伴侣可能相当明艳动人，但当孩子影响到你的学业或职业培训时，以及当你成家之前沉浸在诸多的人生思考中时，你的基因就会立刻对你的伴侣产生抗拒。而在其他众多的原因中，有可能是你已经有了够多的孩子以至于你已经没有多少钱来养家糊口了，等等。但同样从进化生物学的角度来看，培育出最优秀和最美丽的后代的想法纯属无稽之谈。简单观察一下周遭的生活就不难发现，漂亮和富有的人并不比丑陋和贫穷的人育有更多的后代。

那么，原因何在呢？为什么在同学聚会中，三位校花级别的美女中有两位一直没有孩子？而我那个不怎么帅气，体形也完全不健硕的男同学却组建了一个有六个孩子的大家庭呢？

正如达尔文所说，人类并不会按照养牛人的理性和逻辑进行繁育。第一个原因是，人们无法控制基因的长期繁殖。我可能有四个孩子，但他们可能都不会让我成为祖父。相反的是，独生子可能让我多次抱上孙子。第二个原因是，在性和情感方面都令人垂涎的人通常非常在意养儿育女的品质。所以，他们很挑剔，有时太过挑剔了。第三个原因是，性欲很强的人不一定向往大家庭式的生活。简言之，那种认为人类基因的"最优者"占尽风头并能最好地开枝散叶的想法完全是胡说八道。

第五节

文化如何塑造我们

查尔斯·达尔文很清楚，如果他试图将他的"自然选择"的思想应用到人类身上会遇到困难。1859年，当他那本关于动植物物种起源的著作大规模出版时，许多英国，特别是德国的自然科学家和哲学家立即将这一原理应用于人类，与之相反的是，达尔文却对此保持怀疑的态度。在他隐退的12年间，他拜访了英格兰南部各地的牛、狗和鸽子饲养者。这些家畜的繁殖样本不是由坏境选择的，而是由人类选择的。"两性繁育选择"听起来是一个充满魔力的词，换句话来说就是：最优质的男性与最优质的女性结合。而也许在自然界中，发展程度较高的生物如鸟类和哺乳动物也是如此？然而现在存在的问题是：谁是饲养员？母鹿喜欢最强壮的雄鹿，雌性孔雀喜欢尾巴最漂亮、最长的雄性。因此，培育更优良的物种是自然法则，这一法则根据选择配偶的逻辑产生。达尔文对这一发现感到高兴，他提出，所有的高等动物都是通过"性选择"来繁殖的，它们总是选择在它们看来具有最优遗传物质的伴侣。然而奇怪的是，这种形式的性抉择对于一种动物并不适用。提出这个理论的动物——人类——并不适用这一规律。

达尔文所不知道的东西还在于，人类并不是唯一一个不符合这一规律的物种。大多数猴子也不会按照养牛者的逻辑进行繁殖，鸟类中也不乏例外。但在所有动物中，人类的"性选择"似乎真的是最随意的。这正是为什么如果只从生物学上进行解释会留下永久性的缺陷。无论进化心理学的伟大论点在何处提出了关于我们选择配偶的逻辑，真相都在这些论调的威压下受创而艰难地匍匐前行，其后果是傲慢和文化上的悲观主义。换句话说，如果理论与现实不相符，要么是很多人不正常，要么是整个人类完全退化了。

如果这种人类堕落的观点是成立的，那么我们就不得不追问：人类何时何地处于正常的状态？真的是在石器时代吗？那之前的情况是什么？如今大象的正常形态原本应该是什么样的？是乳齿象、猛犸象、今天的非洲象或亚洲象，还是未来的某种形态？倘若谁要是宣称石器时代是人类的正常形态和"真实本性"，那么他就是要在生物学的中间状态中寻求一个一成不变的常量，但进化没有常量，只有变化和变数。任何想要正确理解自然的人都必须认识到它是不断变化的；人类"真实本性"的固定点更是无迹可寻。仅从生物学角度来解释人类是不够的。

保守的天主教哲学家卡尔·施米特曾说过一句优美的、被多次引用的格言："凡是谈论人类的人都在撒谎。"这是一条严肃的警告，告诫世人无论是从生物学上还是从文化上都不要轻易地对人类下结论。诚然，人类大脑的某些区域在石器时代得到了进一步的进化。从那时起，我们的基因组很可能没有发生过太大变化。但是，如果认为自石器时代以来决定人类发展的一切都掌握在人类自己手中，那就太鲁莽了。这种对人类行为的一概而论的推断最令人生厌的地方就是不断宣扬人类行为的生物学本质。正如前一章所述，随着时间的推移，人类保存至今的不仅是优良的生理和心理特征，其身体上那些并不阻碍人类发展的东西也被保留了下来。人类身上的许多东西（至少在今天）在很大程度上是无用的，几乎没有任何实际优势。我们既不需要阑尾，也不需要腋毛，男人也不需要乳头。有些人体器官和组织其实是多余的，但它们是远古时代遗留下来的。其他的一些特征，例如，蓝色的虹膜，是遗传缺陷，但不会导致任何人种灭绝。

遮羞布下保存至今的相当一部分人类组织是完全没有生育能力的。然而幸运的是，它也不会招致人类的迅速灭绝。我们几乎所有的行为（除了吃、喝、睡觉和生育）和几乎所有的文化在生物学上都是无害但多余的，但只有从这一点出发，而不是从所谓的进化"功能"出发，我们才能理解这些行为和文化。哲学家伊曼努尔·康德曾感叹道，"人仿佛是由曲木制成的，没有任何东西是笔直的"，这也不能通过生物学来理解。

人为的环境对大脑的要求与自然界对大脑的要求是不同的。学校的教学不同于在荒野中辨认方向。电视和户外散步对我们大脑的影响也不相同。读书所需要的技能与手工师傅所需要的技能完全不同。这些要求是如此之高且对我们影响深远，以至于很难想象它们不会对我们的遗传物质产生影响。这个过程很难用当前的基因工具来描述，但这并不意味着它没有发生。

德国生物学家奥古斯特·魏斯曼于1883年在关于遗传的演讲中解释说，遗传物质与环境之间不会相互影响。然而，近来越来越清晰的是，我们的行为肯定会影响我们的遗传物质。一个神奇的词汇是"表观遗传学"（epigenetics）。它所研究的重点是一种机制，它监测着生物体内哪些遗传信息在哪些情况下会被激活，而哪些不会被激活。目前这个研究方向在未来大有可为。

进化不是一本数学书，不是一本带有公式的算术笔记本，以至于总是可以正确地运用在自然中；它也不是一个以军事化精确度运营的高效企业，而是一个充满巧合的领域，一个失去功效和能力的游乐场。简言之，自然不是整齐有序的，也不会试图通过一个能够解释一切的单一理论而变得井井有条。

只要进化心理学家将基因的力量视为万能的，人类文化就只是遗传的欲望在现代社会的执行媒介。而其自身文化的演变在曾经和现在似乎都是不可想象的，或者只是被视为遗传进化的副本，就像理查德·道金斯将模仿的概念称为所谓的"文化基因"一样。正如基因复制并传递它们的信息一样，模仿（文化观念）也应该复制自身并传递它们。实际上，文化并不像道金斯认为的那样简单地通过"复制"来传播。一些新的观念和变化不仅仅是随机的生物"突变"。以这种方式，人类世界和动物世界都在发生着许多新的但同时也令人兴奋的荒唐事儿。

许多鸣禽会模仿其他鸟类的歌声，例如红背伯劳。然而，它并没有简单地复制这些鸟儿的歌声，而是将它们作为可变元素吸收到了自己的歌声中。这整个过程显然没有更重要的目的。对于雌性红背伯劳鸟而言，一只听起来很像乌鸫的叫声的雄性是特别有吸引力的，但是这既不可能也没有证据证明（无论如何，我们对红背伯劳对于乌鸫的隐秘喜爱一无所知）。与之相反，乌鸫最近则热衷于模仿手机铃声，原因尚且不明。由此看来，自然的形式远多于意义，而人类的性行为也并没有什么两样。

整个人类文化是一种源于模仿和变异的文化。孩子们从父母、兄弟姐妹和朋友那里窥见了他们的行为，然后在学校里习得知识和行为。知识受到质疑和修改则毫无疑问是一种进化，但不是遗传的进化，而是另一个层面上的进化：文化的进化。

我们已经看到，基于所谓自私基因理论的进化心理学，大抵不过是一条有趣的死胡同，我们从中可以学到很多东西。男人和女人的行为并不像进化心理学家所认为的那样，异性的行为并不总是性方面的老一套，但异性的行为确实还是有区别的。进化心理学家是不是至少在这一方面还是有道理的呢？即使文化塑造了我们，它是在两个完全不同的生物指标下对男人和女人产生影响的吗？男人和女人有多大的不同？我们对此又了解多少？

第四章

我看到了你看不到的东西，
男女之间真的存在思维差异吗

第一节

有趣的书籍，可疑的研究

亚伦·皮斯曾在自家门前出售橡胶海绵，那时他只有10岁。到他21岁时，因为售卖人寿保险他已经赚得盆满钵满了。在澳大利亚，他被评为最成功、最年轻的百万富翁：他可以卖给任何人任何东西。

后来的某一天，艾伦遇到了一位年轻的模特芭芭拉·皮斯。她和艾伦一样成功，只是有着更为明艳动人的外貌。她在12岁时便成了一名模特并为丰田和可口可乐走秀。20岁出头时，她成功地开设了自己的模特经纪公司。后来艾伦和芭芭拉结婚了，随后他们萌生出一个想法：通过著书立说让自己变得更加成功。于是他们开始撰写一些自传，这些书籍涉及夫妻两性的情感问题，并讲述了他们在一起时时而快乐、时而不快乐的原因。他们得出的结论是：男女两性之间存在着巨大的差别。

当然，艾伦和芭芭拉不是心理学家、人类学家或神经科学家，他们是商人。所以无论他们在科学中找到什么有用的东西，他们都会将其打磨、拉直、扭曲，并将其完美地加工为能为他们的畅销读物所用的产品。他们所著的16本书被翻译成50种文字，销往全球100个国家。皮斯为全世界的女性和男性带来了2000万本书，按照百分比计算，他的书籍在德国发行量最多。仅仅在德国人的客厅里就可以找到至少500万本皮斯的书籍。而以这500万的德国读者为例，他们所有人都因此知道了为什么男人爱撒谎，女人总是在买鞋，为什么男人不善倾听，而女人总是停不好车。

皮斯的书都很有趣。在他的书中很多东西听起来都很有道理。然而听起来有道理的东西往往并不是正确的，但数以百万计的销售量造不了假。与此同时，皮斯集团在书籍、DVD、电视节目、教练、研讨会、培训等诸多不同的领域中都大有所为。在这些地方，人们总是能见到这两位光彩照人的作者，他们脸上似乎看不到任何岁月的痕迹。而这对光鲜靓丽的情侣在这里向人们展示着他们是如何工作的。

世界上只有一个能让这对澳大利亚人黯然失色的人，那就是一个美国人。他的16本书卖出了4000万册。他的论点是：男女有别，且是天壤之别。他最成功的畅销书籍是《男人来自火星，女人来自金星》。

而这本畅销书的作者约翰·格雷也十分与众不同。57岁的他有着一张硕士文凭。格雷允许别人称自己为婚姻和家庭治疗师。他可不像皮斯那样仅仅是一个"沟通教练"。他毕业于哥伦比亚太平洋大学，在那里他学习的是"心理学和人类性行为"。哥伦比亚太平洋大学是一所加州私立大学，因其自由授予学位而广受欢迎，但也因此被人们称为"学位工厂"而声名狼藉。2000年，这所可疑的学校被政府当局关闭。在这里想要得到一个学位也许并不需要付出太多，而约翰·格雷也许也没有那么与众不同。

和皮斯一样，约翰·格雷也经营着一个蓬勃发展的人际关系学院。和这一对澳大利亚人一样，格雷也注意到了所有的性别差异都根植于石器时代。只是格雷所谓的石器时代位于太空当中，位于火星和金星上。凭借趣味横生的逸事以及对聚会上插科打诨的笑话的独特见解，亚伦·皮斯、芭芭拉·皮斯和约翰·格雷一起向读者渗透并灌输着西方文化。自皮斯和格雷以来，数百万人一直认为男性是"具有出色定位能力的听障和视障猎人"，而女性则是"受空间限制的喋喋不休的觅食者"。在这样广泛的影响力面前，即使是西格蒙德·弗洛伊德也甘拜下风。

我们已经谈论了够多的石器时代的科学知识。而对火星和金星的进一步研究应该也是多余的。因此，对我们祖先的参考并没有太大意义，许多只是用于对已知的现代情况的重新解释。如果在很多地方都出现了"美国研究人员发现……"的字样，那么读者还可以继续看下去。尽管美国研究人员已经有了很多发现，但唯一的问题是，由谁、在什么条件下和采用什么方法来进行的这些研究呢？

从科学的角度来看，这些书籍在大学中并不热门，而是在下午档的脱口秀节目中流传甚广。唯一不妙的是，如今德国的情感导师们也不得不面对这种男女之间的角色扮演，克劳斯们和加比[①]们在养育后代和购买电影票上互相争吵。在每一本"写给克劳斯和加比的书"中以及电视节目对话的结尾都展现着这样的道德观念：他们是男人和女人——对此他们真的是无能为力！或者，他们是否完全有能力来解决问题？而在每一本书的最后都会出现一些机智的技巧和黄金法则，一个"秘密的爱情计划"或类似的令人惊叹的智慧。比如，"不要在争吵中毫无下限"和"时不时地给你的妻子带几朵花"，因为"美国研究人员发现……"

要理解这些畅销书的成功之处，人们就不得不问它们究竟有什么吸引力。首先，它们的内容很有趣且易于理解。读者可以随手翻开任何一页并立即理解其含义。然而，在更深层次上，它们迎合了我们社会的两大主要需求。其中之一是已经提到的对固定点的搜索。与文化相比，生物学似乎非常简明、合理和合乎逻辑——至少当它被故意简化和歪曲时的确如此。我们对生命科学的信念已经飙升到令人头晕目眩的高度。如果有人可以操纵基因、克隆胚胎和发明大脑起搏器的话，那么这个人或许可以告诉我们，我们究竟是谁。

其次，这些书是对刻板印象的确认。20世纪60年代末和70年代

---

① *Gabi und Klaus* 是德国王子乐队的一首著名流行歌曲，讲述的是一对情侣在分手之后女方和男方先后经历了不舍、憎恨，再到厌弃对方的故事。作者此处用这首歌曲中的两个人物的名字以代指恋爱关系中不断争吵、纠结的男男女女。

的社会动荡动摇了19世纪原有的释义模板、教会权威和父权制度，但反抗者们实际上并未提出任何真正令人信服的反对意见。他们用来反驳曾经夸张的"一切都是与生俱来的！"说法的，实际上是另一种"一切都是被培育出来的！"夸夸其谈。在此之后，一切都没有被解释清楚。

格雷和皮斯的书在这方面为我们的时代找到了一个聪明的解决方案。一方面，它们证实了女性解放运动前关于两性角色的各种陈词滥调：男人好色、好斗、有权力意识，思维是单向的。另一方面，新的咨询师们扭转了自公元元年以来的权力分配。无论男人多么不堪，我们都不必害怕他们，相反，我们甚至可以对他们会心一笑！因为女性即使喋喋不休、注意力不集中，容易在陌生的城市迷路，我们也可以嘲笑这些观点。因为我们知道她们的社交能力远远胜过男性。

在过去的20年里，随着"社会智能"这一概念的升值，女性实际上已经成为占优势的社会性别。尽管男人可能仍然是一个更好的汽车修理工，但在咨询师们看来，他们已经不再是统治者了。相反，他们不得不为在石器时代形成的怪癖而感到抱歉。因为今天，几乎所有男人擅长的事情在很大程度上都失去了其原有的意义。而这些训练有素的猎人的目光越来越漫无目的地徘徊在虚无之中。

而唯一一件当代女性所做的同10万年前一样原始的事情，就是她们始终为后代寻找着优良的基因。由于女性的荷尔蒙可能还是和史前一样，所以女性在不擅长做一些事情的同时，却可以更出色地完成其他事情。

　　来自石器时代的原始设计、荷尔蒙水平和相应形成的不同的大脑，都决定了男人和女人的不同。这就是为什么按照皮斯的说法："女人一定会发现每个裸体男人都在笑，而男人会发觉每个裸体女人都很有吸引力。"不仅在澳大利亚、欧洲和美国，在亚马孙平原、极地和哈萨克斯坦，男人们都可能会在刷牙时用脚轻拍着地面。而戴维·巴斯这样的进化心理学家，也向皮斯展示了如何从个体观察快速过渡到世界范围内的观察。除此之外，（除了基因的终极作用外）物质在女性的不忠行为中始终扮演着重要的角色，"其中包括昂贵的名牌服装、升职、珠宝和使用伴侣的汽车"。然而人类的所有共同点都来自生物基因吗？对萨伊伊图里森林中的姆布蒂人和纳米比亚的布须曼人的观察使人们对这一观点提出了质疑。

　　在澳大利亚、欧洲和美国，并不是所有将某些男性与某些女性区分开来的东西都必须归因于大脑中特定的性别"模块"。然而，进化心理学家以及他们的科普卫星都依赖于大脑研究。男人和女人大脑的不同形态似乎就应该证明两性的思维方式和感知能力是多么地不同。以至于从逻辑上讲，他们的社会利益必然完全不同。根据约翰·格雷的说法，正是由于我们的大脑，男人才会像"橡皮筋"一样在爱情中来回拉扯，而坠入爱河的女人才会像"波浪"般有着潮起潮落的变化。但这些行为不是反之亦然吗？女人和男人的爱情真的完全不同吗？女性和男性的大脑在生理上究竟相差多少呢？

第二节

性别与大脑

1995年夏天，当我第一次出访纽约时，我对波登斯书店、巴诺书店等大型书店以及第十二街区和百老汇的史传德书店感到惊讶。当时我一整天都泡在科学系的咖啡厅里，喝着咖啡，吃着布朗尼，直到傍晚时分，我才回到这个明亮、喧闹的城市。而一本科学书籍在所有商店中都十分显眼，它就是安妮·莫伊尔和大卫·杰塞尔的《脑内乾坤：大脑也有性别》。那时我刚刚对大脑研究产生兴趣，所以对这个标题感到相当惊讶：难道大脑研究人员已经对男人们和女人们的大脑如此了解，甚至都可以对此著书立说了吗？而当我注意到这本书是新版时，我的惊讶变得更加强烈——其英文原版已于1989年出版，但从今天的角度来看，当时的现代大脑研究还处在稚嫩的起步阶段。

大脑研究人员在20世纪90年代中期使用了这个很难发音的神奇词汇——功能性磁共振成像。就在不久之前，日本的小川诚二在位于新泽西州默里山的AT&T电话公司的贝尔实验室中，展示了一台轰动一时的机器：MRI扫描仪。在它的帮助下，大脑中血液的电磁质量可以被测量出来，并在电脑的屏幕上形成可视化的图像。曾经X射线、超声波和脑电图所面临的探测极限，如今已经不复存在：研究人员能够以不可思议的方式观察患者的大脑。那么男人和女人在感受和想法上的不同如今有可能被直观地观察到吗？

然而，我在纽约时手里拿着的那本书是在磁共振成像成功发明之前所撰写的。在这本书中，遗传学家安妮·莫伊尔和记者大卫·杰塞尔甚至在格雷和皮斯夫妇之前就断言："男女不仅有别，而且是天壤之别！"用这本书里的话来说就是："倘若坚称男女在爱好、能力或行为上是相同的，就无异于把社会建立在生物学和科学的谎言之上。"然而这本书的参考书目列表只有短短的两页半。尽管如此，这本书还是将自己视为所有大脑研究方法中最重要的依据。

然而人们如何在1989年就知晓，女性大脑的感受和思维方式与男性相比有着什么样的特征？人们又如何得知，这种差异在可视范围内究竟有多大，以及它在过去和现在分别是什么样的呢？

第一个以大脑研究人员的身份研究这一问题的人是19世纪末法国著名的神经解剖学家保尔·布罗卡。布罗卡对不同国籍的人的大脑进行了检查和称重。他还比较了男人和女人的大脑。令他高兴的是，他发现了二者间一个明显的区别：男性大脑平均比女性大脑重10%到15%。成年女性大脑的平均重量为1245克，而男性则为1375克。即使考虑到体形的差异，男人的大脑仍然比女人的大脑更重。

于是布罗卡得意扬扬地写到，男人似乎比女人更聪明。因为毫无疑问，"智力的发展和大脑的体积之间有一种非凡的联系"。然而，不久之后，他就失去了测量大脑的欲望。他的一位法国同事指出，这位坚定的爱国主义者布罗卡当然不想证明的一点是：德国人的大脑平均比法国人的更大。

体积较大的大脑比体积较小的大脑更聪明的推测无疑是毫无根据的。我们的大脑中有超过10万亿个神经细胞，但是我们毫无疑问只使用了其中的一小部分。比体积大小更重要的是我们非常复杂的行为模式和神经细胞与大脑区域之间的联系。因此，如果最新的研究想要表明，许多人认为女性所具有的更优秀的语言能力是大脑相应区域的灰色细胞数量的增加导致的，就似乎有点不合逻辑了。

如果大脑的体积大小并不重要，那么男人和女人之间的神经细胞和大脑区域的联系就没有任何区别吗？那句"女人用右脑思考，男人用左脑思考"的众所周知的格言还是真的吗？

人类的大脑看起来像一个膨胀的核桃仁，其密度和一个流心鸡蛋差不多。从表面上看，核桃仁的两瓣看起来非常相似。但仔细观察会发现许多不同之处。大脑的主要中心要么在右侧，要么在左侧。如果男性和女性只用大脑的其中一个半球思考，那么他们将严重残疾甚至可能无法正常生活。尽管如此，女性大脑和男性大脑之间确实存在解剖学差异。严格来说，是两个脑沟之间有着不同：一个是位于额叶和顶叶之间的中央脑沟；另一个是位于颞叶和顶叶之间延伸的外侧裂。在所有男性中，男性大脑左半球的两个脑沟都略长于女性。

庆幸的是，在经过30年的研究之后，研究人员推测出了男女大脑之间的一个区别。特别是外侧沟（Sylvische Fissur）吸引了科学家的目光。它一直延伸至韦尼克区（Wernicke-Areals）附近的语言理解区域。对于美国神经精神病学家卢安·布里曾丹来说，这一结果表明女性大脑中管理交流的区域会更大。她在自己的畅销书《女性大脑》中写道："女孩可能比她的兄弟更健谈，因为她的大脑中掌管交流的区域面积更大。"

作为两个沉默寡言的姐妹的健谈兄弟，此时疑惑向我袭来。首先，韦尼克区不是大脑中唯一的交流中心，它只是复杂的神经网络的一部分。其次，脑沟的长度不一定是障碍。毫无疑问，这个世界上既有具有沟通天赋的男性和出色的男性同声传译员，也有没有语言天赋的女性——那这又是怎么一回事呢？

很明显，人们想要借助微小的解剖学差异来表明男人和女人可能具有的不同天赋。女性通常比男性更有语言天赋，这是一种常见的假设，就像男性更擅长抽象思考一样。如果真的是这样的话，那么这就为我们的情感和思维找到了相关的理由。然而，一个朴素的真理是，这两者都不能通过脑沟来证明。

对男性和女性空间意识的测试也显示了这个问题。借助磁共振成像，人们发现，一些女性在测试中选取了"更曲折的路线"，即使用了一个额外的大脑区域，而这一区域在男性的大脑中通常不会被激活。但人们不能就此一概而论地说，男性通常更擅长空间思考。平均而言，他们在许多测试中的表现的确要好一些，但有些人在不得不想象空间中扭曲的三维物体时也被证明是失败者。

大约25年前，当男性和女性之间的另一个差异胼胝体（Corpus Callosum）被（重新）发现时，一些大脑研究人员和众多进化心理学家感到十分欣喜。它是连接大脑左右半球的一个微小但极其重要的桥梁，比脑桥横行纤维（Balken）更为人所熟知。1982年，两位大脑研究人员克里斯蒂娜·德拉科斯特·乌塔姆辛和拉尔夫·L. 霍洛威在《科学》杂志上发表了一篇文章，脑桥横行纤维这一大脑结构就此一举成名。然而，事实上，位于巴尔的摩的约翰斯·霍普金斯大学的神经解剖学家罗伯特·贝内特·比恩已经解释了胼胝体是女性和男性之间的一个重要区别特征。比恩实际上想要证明的是非裔美国人的两个大脑半球之间的联系比白人的差。然而，当他在1905—1907年于密歇根大学做访问学者时，发现了男女的脑梁也不完全相同。

德拉科斯特·乌塔姆辛和霍洛威解释说，女性的2亿根脑桥横行纤维的后端比男性的更厚。因此，胼胝体不仅形状上酷似老式的电话听筒，还具有同样的功能。借助脑桥横行纤维，大脑的两个半球之间得以相互交流。假如这两位研究人员是对的，那么他们则证实了女性比男性更富有领导力。结果是显而易见的：因为女性能更好地统一情感和理解力，所以她们具有更好的直觉。而对多重任务的处理能力可以直接归功于更好的领导力。

从今天的角度来看，德拉科斯特·乌塔姆辛和霍洛威的研究在很长一段时间内都被相当认真地对待着，这着实令人吃惊。这项研究不仅触发了对大脑歇斯底里的研究，还启发了《脑内乾坤：大脑也有性别》。然而一个被忽略的事实是，研究人员在他们的结论中只吸纳了他们最初分析的28个大脑案例中的一半。但是自20世纪80年代以来，关于胼胝体的研究并未停止。一部关于脑桥横行纤维的科学喜剧就此开始。一些人证明了女性胼胝体的后部较大，其中一些人甚至声称女性的胼胝体从整体来看都更大。与此相反，另一些人则声称在男性中发现了更大的脑桥横行纤维！还有一些人宣传——这些人至今仍是多数派——根本无法在两性之间找到任何的不同。

这一结果也并非完全令人失望。那些认为男女之间的心理差异在大脑中可以像在地图上一样绘制出来的想法实在过于天真了。像我们的语言这样复杂的现象，既不是由某条固定的脑沟，也不是由某条神经束所掌控的。我们能说、写、理解句子、掌握上下文、学习语法，或身临其境地学习外语，实际上是大脑各个部位综合运作的过程，它发生于大脑中诸多不同的中心区域里。即使我们现在比曾经更了解这个过程，但我们的语言能力仍然是由与生俱来的天赋、幼儿时期的印记、成功和失败的经历等共同塑造的。大脑在解剖学上呈现的差异，即使发挥了作用，也可能相对不那么重要。

举一个例子便可澄清这个问题：识别大脑中的心理行为，就好比外行拆开计算机，想要在许多标记着0和1的电子元件的计算机芯片上修订拼写程序一样困难。因此那些告诉我们关于男女间大脑差异的诸多书籍，实际上是相当可疑的。

目前在这个问题上给出最出乎意料的答案的人是英国人西蒙·拜伦-科恩。如果这个名字听起来很熟悉，那可能是因为他著名的表弟萨沙·拜伦-科恩，喜剧演员，电影《波拉特》的主角。但西蒙·拜伦-科恩不是一个喜剧演员，也不是一个江湖骗子，尽管他的论文很大胆前卫，他是研究自闭症领域最著名的专家之一。然而，他关于男性和女性大脑的畅销书《天生不同》却极具争议。拜伦-科恩不是大脑研究员，而是剑桥大学三一学院的心理学教授。他对男女之间的区别的解释很简单：胎儿在子宫内发育时产生的睾酮越多，其大脑就越会偏离"正常"的女性形态。当睾酮超过一定剂量后，其大脑就会变得非常男性化，甚至会导致一种疾病——自闭症。自闭症患者是很少或根本不了解他人感受的人；他们生活在"自己的世界"中。与此相反，正常的男人实际上处于女性和自闭症患者之间的中间形态。

如果拜伦-科恩的说法是对的，那么男人和女人的大脑就具有根本性的不同。但这对男人来说也并不完全是件坏事。虽然女性拥有完美的共情大脑（E-brain），但男性的睾酮和健康的自闭症也在一定程度上确保了他们的系统学（掌管行为的大脑）天赋。按照拜伦-科恩所说，即使是婴儿也表现出这种差异。1岁的女孩更喜欢长时间地注视着真实的面孔，而男孩则更喜欢盯着运动中的物体。不出意外的话，人们也许可以相信男人和女人是两种不同的动物。然而荷尔蒙又对我们在多大程度上产生了什么样的影响？它们是否让我们变得完全不同，操纵着我们，让男人和女人以不同的方式思考、感受、辨别气味以及恋爱？

第三节

荷尔蒙

传说世间最初有三种性别。男人从太阳生出，女性从大地生出，而最完整的圆球人①则从月亮生出，他是一个由男性和女性组成的球体。圆球人曾是宇宙中最完美的种族，他们拥有四只手和四只脚，两张脸面对面地生长在同一个脑袋上。这种圆球人是完美的。他们滚动着向前移动，并以闪电般的速度灵活地旋转着。这种人的精力和体力都非常旺盛。于是他们想开辟出一条通往天庭的路攻打诸神。众神之父宙斯被迫对此进行干预，以防止神界遭殃。"现在，"他说，"我要把他们每一个都劈成两半，这样他们就会变弱，但同时对我们而言却更有用了，因为他们的数量增加了并只能用两条腿直立行走。""但如果我注意到他们继续捣乱，一点也不老实的话，那我就会把他们切得更小，"他接着说，"然后他们只

---

①圆球人：出自柏拉图的《会饮》篇。在本篇中，柏拉图假托古希腊喜剧家阿里斯托芬之口讲述了这个关于"圆球人"（国内译为"阴阳人"）的故事，从而阐发自己对于爱情、教育、人性、伦理等诸多问题的思考。

能像陀螺一样单腿逃跑了。"于是宙斯像切开水果一样赶忙将圆球人切成了两半。然而从那时起，圆球人被迫分为了一男一女并用两条腿直立行走，他们渴望寻找自己的另一半。而这种对异性的冲动被称为"爱欲"（Eros）。

这的确是一个精彩的故事。大约在公元前380年，哲学家柏拉图在他的《会饮》篇中假托诗人阿里斯托芬之口讲述了圆球人的故事，而柏拉图本人很可能并不相信这个故事。然而他对真正的科学解释也是兴趣索然。与他的学生亚里士多德不同的是，他认为事物的真相不能从事物本身来理解，而只能从总体的"观念"来理解。男人和女人的想法以及他们之间的相互吸引力在他看来无法从逻辑上理解。于是，他便从这样的一个神话故事中寻求安慰。

今天，来自生物学的解释与柏拉图关于圆球人的神话背道而驰。尽管它与这个古老的故事有着一丝相似之处，但同时也有诸多不同。起初，它们之间存在着惊人的共同点。根据生物学的说法，人类最开始在子宫里时是不分性别的。虽然这听起来像是一个古老的神话，但事实的确如此：一开始，所有的人都只有一个性别——女性。而那道宙斯的切口①要到怀孕的第六周才会出现。现在，在X染色体旁边还有一条Y染色体，它在胚胎中产生了一种蛋白质。睾丸随之形成并在其中产生了性激素睾酮。而在具有两个X而不是Y染色

---

①宙斯的切口：指肚皮。在把人截开后，宙斯叫阿波罗把人的面孔和半边颈项转到截开那一面，把截开的皮从两边拉到中间，拉到现在的肚皮地方，把缝口在肚皮中央系起，造成现在的肚脐。

体的胚胎中，这种发育过程中的改变则不会出现。

在所有的化学物质中，睾酮是男人和女人之间最大的区别。虽然女性在肾上腺皮质中也会产生睾酮，但这一剂量远低于男性。最重要的是男性性激素促使其精子的发育成熟、睾丸和阴囊的发育、身体和胡须毛发的生长，以及肌肉和骨骼比大多数女性更发达。在心理上，高水平的睾酮素会激发性欲和积极的，有时甚至是主导性的行为。

所有这些特征和特性的先决条件是大脑中的受体。即使在子宫内，睾酮的供应也为男性和女性提供了新的、不同的神经细胞和神经通路。对恒河猴的研究表明，睾酮对我们的情绪、记忆力，当然还有我们的性行为都有强大的影响。睾酮、攻击性和支配行为之间的关系也仍然相当复杂。尽管睾酮水平最高的猴子并不总是在猴群中占主导地位，但是，如果它成了占主导地位的雄性，那么它的睾酮水平就会增长十倍以上！因此，我们也可以假设，在人类社会中，我们产生多少睾酮不仅由生理决定，而且在很大程度上取决于我们的生活条件。

也许区分男性和女性最重要的大脑区域是下丘脑。它只有豌豆那么大，就像我们大脑中的"小脑"一样。它位于间脑中，控制着我们的植物神经系统。下丘脑影响体温和血压，调节我们的饥饿感、睡眠需求以及我们的性行为。特别有趣的是，男性下丘脑的一个核心，即内侧视前核，比女性更发达。值得注意的是，它在攻击性行为和性行为中都起着重要作用，这两者在这里密切相关。

然而，睾酮受体不仅存在于我们的植物性情感区域中心里，也存在于具有更高脑功能的大脑皮层中。如果男性和女性在大脑解剖结构上几乎没有任何差异，那么通常所假设的两性之间的根本差异是否可以追溯到这些受体上来呢？

这个问题往往很难被回答。尽管大多数大脑研究人员推测我们的性激素会影响我们的思考能力，但他们很难证明这是如何以及在多大程度上发生的。另一个令人头晕目眩的例子是空间意识测试。许多科学家猜测，男性的平均测试结果略好的原因也是受到了睾酮的影响。然而，有趣的是，加拿大不列颠哥伦比亚省本那比市西蒙弗雷泽大学的心理生物学家多琳·木村表示，睾酮水平低的男性比睾酮水平高的男性明显具有更好的空间意识。如果这是正确的，那么进化生物学中男性从猛犸象猎人进化为狩猎和辨别方向的天才这一说法就缺乏依据了。难怪最优秀的数学家不一定总是符合一个极端男性化的人物刻板印象。即使在学校课堂上，瘦弱的数学怪胎的画风也经常与强大的矫健的机车党男孩格格不入。

因此，西蒙·拜伦-科恩的模型所展示的空间定位能力越强的男性就越有男人味的说法实际上是经不起推敲的。同样值得怀疑的观点还有，女人味十足的女性驾驶能力普遍出奇地差，但她们也因此更富有同理心。无论雌性激素雌二醇和黄体酮对思维有什么影响，它们既不会阻碍空间思维能力，也不会让人们变得敏感而健谈。

毫无疑问，男性和女性的荷尔蒙存在着重要的差异。但在这里，同样必须澄清的是，即使是男性与男性以及女性与女性之间的激素水平也存在着相当大的差异。这使得要对"男人"和"女人"做有根本性的论断来判定他们究竟应该是什么样的并不是件容易的事情。此外，我们也不应受到两性的下丘脑内的激素浓度及其受体存在着差异的误导，而草率地得出这就是男女之间唯一真正的差异的结论。它既不能证明思维的根本性差异，也不能推导出人们是如何思考的。那句"告诉我你的激素水平如何，我会告诉你你是什么类型的人"也只在有限的范围内起着作用。上文所提到的恒河猴的例子显示了我们所处的环境和我们的同胞所生活的世界对我们的激素释放有多大影响。那种认为我们的性格可以像温度计上的温度一样通过激素水平的高低来读取的想法仍然是荒谬的。高浓度的激素，尤其是睾酮，通常会造成攻击性，但它也很容易变成自毁行为。然而这究竟会在什么时候以及在什么情况下发生则是因人而异的。

女性和男性在特定的激素混合物上有所不同。而且他们的荷尔蒙生命周期也不同。怀孕或更年期会显著影响女性的荷尔蒙平衡，而类似的情况并不会发生在男性身上。这也就不奇怪为什么个体之间的性欲并不完全相同。在女性体内，控制性欲的不是内侧视前核（Nucleus präopticus medialis），而是腹内侧核（Nucleus ventromedialis）。

我们的性激素与我们大脑中最重要的连接点一样，彼此之间的差异是巨大的。然而在此处也很难说女性和男性在性行为上总是存在根本性的不同。那些时不时就要一夜风流并经常更换性伴侣的女性的行为，如果按照传统的成见来看，完全就是典型的男性化行为。与此同时，也有一些完全没有生育意愿的女性会发觉，即使她们已经处于一段幸福的关系中了，也很难抵抗一个来自非常有吸引力的男人的诱惑。相反，又有多少男人完全不同于刻板印象，在家庭生活中是慈爱的父亲，和四处拈花惹草的形象完全不搭边呢？

迄今为止，人们对男人和女人的忠诚和不忠行为知之甚少。不过也难怪，谁会愿意坦诚地向科学家提供这方面的信息呢？1953年，据《金赛性学报告》①估计，美国有50%的男性和26%的女性有过婚外情。而在1970年对8000名已婚美国人的调查中发现，40%的男性和36%的女性有过至少一次婚外情。1987年的海特（Hite）报告显示，75%的男性和70%的女性都曾有过不忠行为。无论人们如何看待这些数字，它们所揭示的似乎都多多少少地涉及美国的社会状况，而不是"人"的生物禀赋。

有趣的是，性别显然并不总是符合刻板印象。毕竟，倘若游戏规则是由我们不同的基因任务和荷尔蒙水平所决定的，那么为什么

———————————

①《金赛性学报告》：美国国会图书馆推荐的"塑造美国的88本书"之一，金赛和同事们历经多年努力，搜集了近18,000个与人类性行为及性倾向有关的访谈案例，积累了大量极为珍贵的第一手资料，用大量的访谈资料和分析图表，第一次向世人揭示了男性性行为与女性性行为的实况。此书一经出版，便引起了一场思想暴动，一位评论家将这本书引发的轰动效应与原子弹相提并论：在美国历史上，从没有哪本书用如此科学的方法和翔实的数据展示过这一禁忌的话题。金赛的研究被认为是20世纪60年代美国性解放运动的先驱。可以说，《金赛性学报告》塑造了现代人对性的理解和看法，从而奠定了金赛一代性学大师的地位。

会存在性放纵的女性和性克制的男性呢？

千千万万的克劳斯和加比的爱情故事都是我们的性化学机制不容忽视的症结，那就是它大大高估了化学因素在爱情和性中的意义。曾有人狂妄地说，"一切都是化学性的"。同理，也可以说一切都是物理的，因为没有自然的力量就没有化学。然而真的"一切都是化学性的"吗？毫无疑问，我们所有的情绪起伏都会转化为化学过程。但是是什么造就了这一切？我们的心理活动可能无法左右我们的激素水平，但如果没有心理活动，我们可能既不会爱上另一个人，也不会持久地维系一段关系。

决定我们性行为的不仅仅是下丘脑和我们的荷尔蒙。我们的性激素、我们的经历以及我们对不同异性的态度在我们日常生活的现实中几乎是密不可分的。定义我们的性行为和自我理解的很大一部分不仅可归因于生物学，还可以追溯到文化的进化。如果女性更喜欢除臭剂的气味而不是腋窝所散发的汗味，如果她们喜欢指甲干净的"有教养的"男人，如果男人更喜欢穿着高跟鞋的女人，那么我们的生理基因就会为文化所掩盖。

两性之间的荷尔蒙的不同带来了男女之间实质性的差异。但现实生活中性行为的灰色区域往往模糊了理论的清晰轮廓。然而，事情的本质是，大脑研究人员无法在大脑中找到那些生物学家所假设的性别典型行为的"模型"。这些"模型"不可能是大脑区域，也不可能是完全不同的神经通路。如果它们确实存在，那么它们是非常复杂的东西，不是简单地就能在大脑解剖学或大脑化学中得以证明的。至少在2009年，关于"性别特定行为模型"的争议具有强烈的宗教性质。"模型"更像是一个信仰问题，正如关于可能源于石器时代的男性狩猎者和女性采集者的猜测。但是，无论我们将来在这个领域学到什么或学不到什么——我们的个人经验、喜好和使用过的性别策略决定了我们的性格。然而，问题是，谁为我们的社会角色制定了游戏规则——是生物学还是文化？

第五章

性别与性格：
我们的第二本能

第一节

社会性别

"他总是看起来像坐了30个小时的火车一样，整个人都不修边幅，疲惫不堪，满脸皱纹，歪歪扭扭地走来走去，就好像被一堵看不见的墙给重重地压着，嘴巴在稀疏的小胡子下面痛苦地撇着。"作家斯蒂芬·茨威格不喜欢这个过度劳累的年轻人，但在其他许多人眼中，他都是一个受狂热崇拜的偶像式人物。西格蒙德·弗洛伊德曾惊叹"他严肃而美丽的面孔浮现着天才的气息"，奥古斯特·斯特林堡也称赞他为"勇敢、阳刚的战士"。卡尔·克劳斯和库尔特·图霍夫斯基也对他极尽溢美之词，甚至连阿道夫·希特勒也称他为"一个正派的犹太人"。①

他就是奥托·魏宁格。1880年他出生于维也纳，生前他只发表过一部著作，当时年仅23岁。很少有人像他一样精神如此分裂，他

_____

①魏宁格自己就是犹太人，他在著作中通过大量例证，深入剖析了犹太民族的性格特征（劣根性）。因此纳粹党曾断章取义地借用了魏宁格的观点来支持鼓吹"二战"中的民族清洗政策。

到底是一个疯子、一个神经病，还是一个天才？他的著作《性与性格：生物学及心理学考察》是20世纪上半叶获得最多阅读量的科学书籍之一。1933年当国家社会主义者禁止该书籍出版时，它已发售了28个版本。禁止该书出版的原因并不是他们不喜欢书中的内容，而是严格按照规定办事：本书的作者是一名犹太人。

魏宁格在维也纳大学学习哲学和心理学时名声极差，他的同学们都不喜欢他。尽管如此，他还是火速地开展了他博士学位论文的写作《厄洛斯与普绪喀：一项生物学和心理学研究》①。这一手稿一经完成便引起了轰动。当时西方社会已逐渐没落，于是这位年仅22岁的年轻人尝试在跨专业的著作中论述西方文明。理查德·瓦格纳的《帕西法尔》给予了他灵感：于是他认识到"女人从男人那里遭受到的一切压迫都必须要男人用性交来偿还"。

男人和女人上床不是因为他们自己想要。他们用生育能力偿还妻子，从而维持着生命的进程。正如年轻人所发现的那样，这是一项令人厌恶的事业，必须在男人的绝对禁欲中迅速结束。带着这样的发现，魏宁格在伯格加塞拜访了著名教授西格蒙德·弗洛伊德。然而面对这样的见解，弗洛伊德徘徊在惊讶和怀疑之间，让魏宁格感到挫败。于是他暂时隐退，改写了这部作品并准备出版。1903年6月，《性与性格：生物学及心理学考察》在大大小小的书店中公开

---

①《厄洛斯与普绪喀：一项生物学和心理学研究》，即后来的《性与性格：生物学及心理学考察》（ *Geschlecht und Charakter–Eine prinzipielle Untersuchung* ）的草稿。

发售。

这本粗制滥造的书籍成为一个信号。无数的偏见、陈词滥调和无名的怨恨在20世纪开局之际便从中毫不留情地倾泻而出。它将整个世界干脆果断地分为善与恶这两个对立的部分。善是精神、道德和理性，简言之，善是男人，而恶则是性欲和肉体，即女人和犹太人。这两者都是低人一等的，受本能的驱使，并且盲目而贪得无厌。因此善所取胜的唯一方法是通过"M"原则克服犹太人/女性。"M"代表绝对意义上的男性素质，世界需要新兴的男性。

然而魏宁格自己就不属于这一群体。深沉而凝重的思绪使他筋疲力尽，最终他拖着自己沉重的身躯来到了位于施瓦茨潘尼尔大街上贝多芬的故居中去世了。1903年10月4日早晨，一名搬运工发现这个23岁的年轻人心脏中弹。就这样他结束了自己作为一个男人的艰难一生。

毫无疑问，这是一个恐惧女人的精神病患者，一个害怕自己性取向的神经质男人，一个有着自卑情结的犹太反犹分子。然而像卡尔·克劳斯和库尔特·图霍夫斯基这样的精神领袖到底在这个人身上发现了什么？而西格蒙德·弗洛伊德为什么又对他如此钦佩呢？

魏宁格令人激动的地方在于他在生物学和文化之间架起了一座沟通的桥梁。鉴于他对生物定义的性别角色理论，这个古怪的奥地利人被视为世界上第一位进化心理学家。例如，对他来说，编织和烹饪不过是"次要的女性特征"。但在某种程度上，魏宁格的性别角色理论也出人意料地极具现代化意义。因为毫无疑问，在从事物理和数学领域研究的人中有女人，喜爱烹饪的也有男人。魏宁格并不相信脑沟和大脑中的中心带以及大脑中的进化模块，他所相信的是男女的双性特征理论。按照他的说法，每个男人和女人都或多或少带有强烈的异性特征。尽管判定男性和女性的标准一目了然，然而人与人之间的原则却并不清晰。

这个想法源于柏林的耳鼻喉科医生威廉·弗里斯，然而他对魏宁格所获得的巨大成就完全高兴不起来。因为这位年轻的心理学家和哲学家把弗里斯的观点变成了一个全面的性别理论。据此，每个人都是双性的，只有占据优势的一方（雄性原生质或雌性原生质）才能决定这个人是男人还是女人。因此，生物学研究的只是性别的生理构造，而不是社会性别角色。根据魏宁格的说法，每个人都在寻找并发现自己的性别。而个体对异性的渴望，无论是性欲还是情感，很大程度上取决于自我内部的性别组合。非常阳刚的男人喜欢非常阴柔的女人，阴柔的男人喜欢阳刚的女人。最终总会出现一个柏拉图式的结合整体——根据魏宁格的说法，这就是吸引力法则。

不幸的是，魏宁格认为两性都应该奋发努力，以便在某个时候将"W"——绝对的女性素质——从世界上驱逐出去，这一愚蠢的观点掩盖了他书中唯一的好主意：生物性别和社会性别的分离。根据这一观点，男性或女性的行为取决于我们如何适应我们的性别角色，用美国心理学家约翰·曼尼在1955年使用的一个术语来说就是我们的"心理和社会性别（Gender）"。这听起来很有趣：通过将生理和社会性别角色区分开，魏宁格为一个他本来会妖魔化的思想——女权主义开拓了道路！

第二节

我们被塑造成了这样……

历史悠久的女权主义当然没有坐等奥托·魏宁格为其铺平道路。然而，这个奥地利人以一种自相矛盾的方式启发了女权主义理论。妇女运动的历史最迟可追溯到法国大革命中对人人自由和平等的追求中。所有人——当然也包括女性，以及许多启蒙者和革命者都想要看到新事物和重大转变。随着工业革命的开展，19世纪父权社会中妇女解放运动的希望越来越大。不少早期的女性参政者都是社会主义者。当卡尔·马克思承诺工人与他们的工厂主具有平等的权利，并承诺劳动人民通过更现代的机器实现劳动自由时，妇女也应当从中受益。当然，这样的平等并没有考虑到心理角色的任何现实意义。女人就是女人，男人就是男人。这种状态理应如此保持着。唯一应当废除的就是一个性别对于另一个性别的压迫和统治。

然而，在奥托·魏宁格的"仇恨"之书后，对典型的女性和典型的男性行为的固有分类，即性别之间的鸿沟才被逐渐废弃。法国哲学家和女权主义者西蒙娜·德·波伏瓦在1949年出版的《第二性》一书中写道："我们并非天生就是女人，我们是后天被培养成女人的。"波伏瓦的作品所引发的轰动是巨大的，如同达尔文之于进化论那般具有举足轻重的意义，波伏瓦对于女权主义所做的贡献也是前无古人的，这一观点诞生于无数批评和反对声中。然而，波伏瓦不太可能读过疯子魏宁格的作品，毕竟《性与性格：生物学及心理学考察》的法文译本直到1975年才出现。然而，在两者中都可以找到一些金句。例如，对于魏宁格来说，"阴茎是使女人到死都绝对不得自由的东西"，而这一说法也是许多女权主义者会认同的，尽管她们不会认同下面这句话："女人是不自由的，最终是由于需求而受到压迫，这种需求就是男性强奸的需求"。

在魏宁格和波伏瓦之后，生理角色（性）和社会角色（性别）便被分离开来。用约翰·曼尼的话来说："性别角色这个概念用来描述一个人所说或所做的所有事情，以表明自己具有男人或男孩、女人或女孩的身份。"然而这种生理和社会身份到底在多大程度上相互分离？而这两个社会性别角色之间又有着怎样的关联？

人类是否可以随心所欲地将自己塑造为男人或女人，还是生理性别从一开始就决定了一切？进化心理学家和许多女权主义者在这里意见发生了分歧。对一些人来说，几乎一切都已成定局，而对另一些人来说，几乎没有什么是一成不变的。

保守派深信不疑的是：男孩更喜欢玩积木或乐高等技术性玩

具，而女孩更喜欢玩偶和社交类的游戏；男孩是暴躁的，而女孩则较为和善。在拜伦-科恩的婴儿测试中，女孩对真实的面孔更感兴趣，而男孩则对运动中的物体更感兴趣。至少在西方世界，从事社交性职业的女性更多，而从事技术性职业的男性更多。尽管如今人们在着装上并不像50年前那样有着严格的区分，但今天打领带的女人仍然很少见。同样，化妆的男人也是少数。

如果说职业和时尚的选择仍然可以为社会所影响，那么儿童游戏和婴儿测试则让人难以捉摸。为什么热衷于在电脑上玩第一人称射击游戏的男孩比女孩多？为什么女孩会喜欢煲电话粥？

美国文化哲学家朱迪思·巴特勒在她的女权主义经典著作《性别麻烦：女性主义与身份的颠覆》中为那些否认生理性别角色的女权主义者提供了一个逃脱困境的出路，受到了广泛评论。巴特勒不仅对生理性别的含义提出异议，对男性和女性的概念也表示怀疑。"天生"的男性气质和女性气质基本上根本不存在，它们只能被"建构"和"诠释"。也许通常男孩会对技术产生兴趣，然而这既不能使技术变成男性的专属，也不能使男孩变得阳刚。社会中无处不充斥着陈词滥调和草率的追本溯源，无时无刻不试图追踪两性观念的蛛丝马迹，说到底这是异性恋男性的幻想，这些想法无一不是荒谬的。事实上，没有人能够以中立的方式确定某物是"男性化的"还是"女性化的"。这两种概念都只能作为观念和解释存在于世。而生理性别，正如我们通常理解的男性或女性，是一种语言性和文化的"发明"。

"我所赋予他人的任何品质都只是自我解释"的想法来自法国哲学家米歇尔·福柯。法国精神分析学家雅克·拉康认为完全没有"性关系"这回事。朱迪思·巴特勒在公式中同时考虑了两者："性别不是你拥有什么，而是你做了什么。"换句话说，一个人以一种不确定的方式行事，而其他人则以某种方式解释这种行为。男人和女人每天都在展示着自己，从而不断创造出自己的性别角色。

　　性别研究和女权主义是进化心理学家的天敌。因为根据自私的基因的理论，两性的真正任务只有繁衍。无论我们在男性和女性的行为中发现什么，它都是为性和育儿服务的。因为其他一切都没有生物学意义。所以，性别和社会行为必然是相辅相成的。如果他们不这样做，他们就会像没有孩子的夫妇、异装癖者、变性者、对绝经后的女性依然兴奋的男人、接受绝育手术的年轻男性等一样在进化心理学家眼中成为一个严重的问题。为什么人类的行为会如此强烈地违背生物学规范？而对社会性别角色进行生物学解释的基础是不稳固的。但是这并不意味着进化心理学家和女权主义者都各有各的道理，他们都认为"只能有一个是对的"！所以，两者都倾向于过分强调自己的立场。"一切都是预先确定的"或"一切都是后天习得的"。

　　朱迪思·巴特勒与西蒙·拜伦-科恩或戴维·巴斯之间的差异如此之大，以至于倘若他们在同一张桌子旁列席而坐的话可能完全无法交流。当进化心理学家讲话时，他所谈论的不外乎激素、大脑模型和统计数据。但对于朱迪思·巴特勒来说，大脑中的模型充其量只是"一些结构"（construction），而关于性别角色的统计数据则是一种"语言游戏"。当拜伦-科恩和戴维·巴斯说"女性"和"男性"时，巴特勒一定会问他们是什么意思。而对于这个问题，进化心理学家只会笑着摇头回答道：这有什么好问的？

对于进化心理学家来说，典型的两性行为是石器时代遗传下来的"生物学模块"，对于女权主义者来说则是现代的"社会建构"。从历史上看，这两种思想流派同时起源于20世纪60年代末期，这并非绝无妙趣。1968年的辩论动摇了许多曾经认为是理所当然的东西。两性问题显然也需要重新被考量和审视。现代女权主义研究、社会生物学和进化心理学都是从同样的困惑中应运而生的。"解剖学不是命运的代言人！"女权主义者猛烈地抨击着生物学世界观。"当然是的，自然决定了我们的性别行为。"进化心理学家反驳道。

这两种学科之间缺乏相互理解的原因很容易得到解释，这两种理论都有一个哲学上的弱点。生物学观点的错误在于对"自然"过于幼稚的理解。当我们说是自然决定了我们的性行为时，我们首先需要知道什么是"自然"。但无论我们如何看待"自然"，它始终是人们想象中的东西。我们所有关于自然的想法都不是现实的摹本，而是人类的解释。我们根本不了解自然"本身"。我们所知道的只是我们为它创造的形象。

这正是像朱迪思·巴特勒这样的女权主义者的出发点：一切都

是释义，一切都是描述！这当然没有错，但这同样也有一个问题。在生物学的每一处陈述背后探寻个人解释和文化模式早晚会出错。从理论上讲，我可以用这种方式把关于世界的每一个陈述都解释为一种"语言游戏"，这当然也包括我们对自己的解释。事实上，20世纪80年代和90年代的法国哲学界的一些领军人物就是这样做的。他们对人类逻辑、思维模式和假设事实的"解构"长期以来一直风靡在哲学界。不得不说，幸亏哲学家最终厌倦了这个游戏，他们的观众更是如此，这才使得"解构主义"如今不再流行。

人类是否天生就被赋予了固定的性别角色——这一问题真的被人们严重高估了吗？那些断言没有任何东西是天生如此的观点，与坚信我们的性别身份是由生物属性所决定的想法，是一样愚蠢的。事实所在之处往往是二者的折中处，即被预先设定的只有我们的性别，而不是我们的身份。也许人们可以在这一点上达成一致：性别是生物学上预先确定的（可变的）东西。相反，"身份"则是一种"行动"。它是由习惯、感觉和自我概念所创造的。如果我的性别是预先确定的，那么它就应该由我来决定，是去"体现"它还是不去体现它。

对此，一些女权主义者会表示赞同。然而，对于进化心理学家来说，这种性别和身份的分离恐怕是性别理论中最大的漏洞。社会性别与生理性别仅仅被松散地联系在一起的事实是不能被他们接受的。难怪在西方文化日益多样化的性别角色中他们看到了一个问题，尽管这并不是一种堕落。让他们感到不安的是，人们对我们这个光怪陆离的社会的审视已经偏离了正轨，而我们更喜欢将目光投向远方更广阔的世界中去。男人和女人真的毫无相似之处吗？如果我们随处都能观察到两性非常相似的行为，那么这真的只能是由"文化"所造成的吗？

第三节

萨摩亚

　　她是她那个时代最著名的科学家之一。她的40本书籍被翻译成多种语言，28所大学授予她荣誉博士的学位。她是一位女性，她向我们展示了我们对性别的概念只是众多可能中的一种，而且在西方文明中，这种情况在男性和女性中大有不同。在1000多篇论文中她已经对此加以佐证。尤其是对她的拥护者而言，她是1968年运动的偶像。而这个偶像又是如此戏剧化地坠落了。

　　玛格丽特·米德1901年出生于费城的一个政治开明的家庭中。她是家中五个孩子中最年长的一个。在纽约哥伦比亚大学求学时，她是名师弗朗兹·博厄斯的得意门生之一。这位纽约的德国民族学家享誉世界，而正是他成功地证明了印第安人是从亚洲经白令海峡移民到北美洲来的。后来他研究印第安人、因纽特人和波利尼西亚人的文化。在玛格丽特·米德23岁时，博厄斯就把她送往了位于太平洋中的小岛萨摩亚。波利尼西亚岛是西方幻想中神话一样的存在，是纯真的天堂，也是性幻想的目标。博厄斯给她的课题是：萨摩亚女孩的青春期和美国女孩的一样吗？于是米德独自在萨摩亚开展着她的研究。她借住在一个萨摩亚的美国家庭中。每天一个小时的语言课帮助她更好地理解了她的受访对象。随后米德找了25个年轻的萨摩亚女孩并对她们进行了为期半年的采访。

在米德的书中她得到了一个出人意料的结论：萨摩亚女孩的青春期与西方世界中的截然不同。按照米德的说法，年轻的萨摩亚女性与自我、与男性、与自然生活得十分协调，是一种近乎天堂般的和谐。20世纪20年代，美国少女青春期所经历的角色冲突、压迫和恐惧对萨摩亚少女来说是陌生的。原因很简单：萨摩亚的男人并不压迫他们的妻子，而是平等地对待她们，在那里的生活几乎是无忧无虑的。

这一发现使米德的老师弗朗兹·博厄斯异常兴奋。正如今天一样，这个问题在20世纪初也激发了人们的思考：人类的行为究竟是天生的（nature）还是后天培养的（nurture）？今天的进化心理学家是一群激进的达尔文主义者和社会达尔文主义者。然而，他们的反对者，如博厄斯，却对彼时行为研究中一门尚为年轻的学科充满了好感，那就是行为主义。博厄斯以一种非常现代的观点论证说，如果所有的人类角色行为都是与生俱来的，那么就不应该存在重大的例外。但为什么世界各地的文化如此不同呢？玛格丽特·米德的《萨摩亚》一书正好完美地配合了博厄斯的概念。这本书中所有的证据都表明，文化可以是完全不同的，特别是在对于男人和女人的角色理解上。

玛格丽特·米德因此声名大噪，成了学界新星。随后她前往了新几内亚，在那里她研究了土著居民的文化。她再次发现，那里的性别角色与美国社会中的截然不同。许多科学家所认为的男女的"自然"行为在诸多不同的文化中都消失不见了。在巴厘岛和南太平洋的7种不同文化中，无论米德走到哪里，她都注意到了文化的差异所造就的性别行为的不同。随即科学界认可了她的研究。于是她成为世界著名的纽约自然历史博物馆教授和美国人类学家协会的主席。

　　然而在她去世仅仅3年后，也就是1981年，她的名声就面临着一场严重的滑铁卢。起因是新西兰人类学家德里克·弗里曼的一本书。弗里曼是一位经验十足的萨摩亚研究专家。在米德抵达波利尼西亚岛的15年后，他也踏上了这片土地，并于1940—1943年在那里度过了3年。他在那里当过教师，学习过当地的语言，甚至获得了酋长的头衔。1943年他自愿加入新西兰军队。然后他去了婆罗洲。20世纪五六十年代，他回到了萨摩亚，在那里的大学任教并继续研究当地人的生活。令他吃惊的是，他在萨摩亚几乎找不到任何可以支持玛格丽特·米德的说法的证据。对于弗里曼来说，萨摩亚是一个男性主导的文化。米德对萨摩亚社会中的感性和浪漫主义的观点在他看来是无知和偏见的产物。他40年的研究成果极大地动摇了米德在学术界的声誉。一场争论随之而来，可以说是人类学史上最为浩大的一场争论。弗里曼的专著对米德并不友好。在他看来这个年轻的学生并没有掌握真正的话语权，她只是在自欺欺人，她在萨摩亚人身上所看到的只是符合她自己世界观的东西。

　　弗里曼正中要害。实际上玛格丽特·米德在研究之初就明确提出了她所期待的结果："我们必须证明人性具有极强的适应性，文化的节奏比生理节奏更具说服力……我们必须证明人类性格的生物学基础会在不同的社会条件下发生变化。"难怪米德能在这种愿望下找到她所寻找的东西，除此之外，她从来没有打算去发现其他任何东西。

　　对于许多进化心理学家来说，玛格丽特·米德的理论的解体是件大快人心的事情。如果不是通过诡计和天真的信念，人们怎么会相信世界各地的两性文化都与西方世界的文化截然不同的鬼话。事实上，令进化心理学家们欣喜若狂的是，几乎在所有地方，角色和规则都是相似的。

　　然而，值得注意的是，在面对米德的不足之处时，她的批判者所展现出的先入为主的态度与当年米德对萨摩亚文化所持的先入为主的态度并无二致。毫无疑问，人们对当年在萨摩亚的年轻的玛格丽特·米德过于苛刻了。她在20世纪20年代的发现自然是经不起20世纪70年代和80年代的科学标准的检验的。但米德的研究所展现的科学性意义并不仅仅在于她对萨摩亚的研究。在她后来的作品中，她在各个方面都更加精确、细致地体现出了差异化原则。将米德关于年轻萨摩亚女孩研究的书籍批评为科学界粗制滥造的拙作也并不能使与之相反的命题得以证实，即世界上所有文化中都存在非常相似或相同的性别行为。

第四节

自我概念

米德的案例向我们表明，性别行为越是固定死板，进化心理学家就越是欣慰。只要不是数十亿人都仿佛是一个模子刻出来的，那么数以百万计的人表现得和刻板印象一样就不是什么令人费解的事情。如果世界各地的女性表现得都像女性，而男性的行为举止也都像男性，那么这一定是有生物学原因的。毕竟，如果数亿人几乎总是扮演相同的社会角色，这一事实如果不从生物学的角度去解释，那么其意义究竟在哪里呢？文化又为什么要为我们规定这样或那样的大众角色榜样呢？

从一个极其普遍的角度来看，这一说法听起来的确很有说服力。但是，如果我们想一想我们的性别行为是如何产生的，我们就能感觉到自己当然不是简单的生物程序。当我们还是个孩子的时候，我们就知道我们是男孩还是女孩。在不知不觉中，我们很早就开始认同自己的性别，并从父母和兄弟姐妹、幼儿园和学校那里观察着自己的性别行为。我们一点一点地练习我们的性别角色。

有时我们会照搬我们周围看到的一切，但有时我们会与之抗争并反抗它。通过这种方式，我们用复制或划分界限的方法确立自己的性别身份。一些男孩喜欢模仿他们母亲的行为方式，而一些女孩则模仿他们的父亲。我们看待父母的方式以及我们与他们的关系可能会比任何生物学程序更能塑造我们一生中的性别角色。

试图以简单粗暴的方式证明这一点的人是前面提到的约翰·威廉·曼尼，他是巴尔的摩约翰斯·霍普金斯大学的教授，也是社会性别概念之父。这位心理学家在1967年开始一项大胆的实验时已经年过四十。一次失败的包皮环切术使2岁的大卫·雷默严重致残。在绝望中，他的父母求助于他们在电视上认识的曼尼。随后这位杰出的心理学家决定介入这场悲剧。他坚信只有社会才能决定我们对角色的理解，所以他建议大卫的父母把儿子当作女孩来抚养。于是大卫变成了后来的布兰达。当睾丸被移除后，他的阴茎剩余物被整形成了阴道。在科学界和媒体的注视下，布兰达出落成了一个典型的女孩。曼尼大获全胜，女权主义者们也对他赞不绝口。然而后来曼尼也经历了他的"萨摩亚"。当布兰达进入青春期时，她很快意识到自己并不被任何一方所接纳。男孩们嘲笑她，女孩们同样不愿接受她为自己的同类。当她得知自己命运的真相后，布兰达坚决反抗自己既定的性别角色。她想回到原来的性别，再次称自己为大卫，并接受了激素治疗和多次手术。然而生命中的幸福并没有到来。最终在38岁时，大卫·雷默结束了自己的一生。

大卫·雷默的一生是一个悲剧。只有进化心理学家才会暗自窃喜，他们满意地点头：自然的性别角色是不会被破坏的。然而，人们从中也完全可以得到不同的结论。很明显，布兰达的问题首先在于，他是不被他人接受的。

因此，性别角色在诸多方面是具有相对性的，因为它们总是在他人的注视下应运而生。在伊斯兰堡，人们对性别角色的理解通常与柏林的普伦茨劳尔伯格不同，这并不是由大脑中的模型、基因和荷尔蒙所决定的。在这样一种性别身份的认同中，根深蒂固的文化印记甚至不需要宗教或辉煌的历史加持。在动物界也有类似的例子。德国脑科学家、哥廷根大学教授格拉德·许特曾总结道："一匹由斑马哺育和抚养长大的马，日后总是更愿意与斑马群而不是它的同类共同生活。它身上并没有任何一个基因程序告诉它'你是一匹马'，但它大脑中的神经网络是依据它出生后早期发育过程中的经历来编码的。"

毫无疑问，人类的寿命比马的寿命可要长得多。我们在与父母、亲戚、朋友、熟人等所下的社交象棋中自然会遇到无数的变化和可能性。与此相比，我们所假定的石器时代的性别遗传物质当然没有太大的分量，尤其是我们至今仍然面临这样一个问题，即我们对这种遗传物质几乎一无所知，因为我们对我们的祖先知之甚少。

我们的社会性别认同几乎很少是一成不变的。它是易变且变化多端的。在西方文明中，许多女性穿裙子和连衣裙，而男性则几乎不这样打扮，这一事实并不是事先由生物学所确定的。那么裙子和连衣裙是否在生物学上具有意义呢？为什么在东方世界，许多男人穿连衣裙而不是穿裤子？在今天的西方世界，主要是女性在化妆——而在巴洛克时期，男人也像女人一样涂脂抹粉，但在巴布亚新几内亚和其他地方，男性如今仍然装扮着自己。

在文化而非生物学的画布上我们描绘着我们的性别。因此，每个性别角色都是我们自我概念的一部分。我们对自己的感觉和想法决定了我们的身份。我们认为自己很男性化还是很女性化取决于我们的社会对男性和女性行为的看法。但这也取决于我们内心的信念：我们自己认为自己是男性还是女性，因为人们总是在不断地评估自己：自身的智慧，自身的幽默感，自身的魅力，自身的能力和技能。直到20世纪60年代，女性拥有驾照还是件稀罕事。因为彼时汽车被认为是男性的专属，不仅男性这样认为，许多女性也都觉得自己天生不适合驾驶汽车。然而这样的观点在今天的西欧几乎已经绝迹了——不过女性缺少倒车基因的天方夜谭依然盛行着。

从这个角度来看，关于男性和女性空间意识的无数测试的确耐人寻味。对于进化心理学家来说很明显的是，男性在这些测试中的表现平均而言略好于女性——这是来自猛犸猎手时代的馈赠。让我们先暂且不考虑在苔原地区辨认方向的能力是否与在计算机上转魔方的能力有关。无论如何，文化和自我概念体现在转魔方上的那部分现在已经显露出来：空间思维测试的故事同时也是女性取得重大胜利的故事。虽然男性在20世纪70年代的表现要好得多，但最近的研究结果则表明女性和男性在这一方面不分伯仲。而针对这一结果，我认为我们完全可以排除女性在过去30年中发生了基因变化。相反，更有可能是社会角色模式发生了变化，从而让当代的女性比曾经更加自信她们会转魔方。因为自信在每一次智力测试中都非常重要。

那么结论是什么呢？男人和女人从本质上来说对彼此并不陌生。我们的重要感受和需求是相同的，或者至少是非常类似的。存在着一种生物性别而不仅仅是一种生理"构造"。但我们对这种性别知之甚少。当我们想要证明自然行为时，我们便会陷入摇摆不定的局面中。角斗青蛙、灰伯劳鸟和人类的本能行为在本质上并不相同。由于人类文化的高度多样化，人类完全区别于两栖动物和鸟类。

但是，如果我们确实创造了自己的社会性别，那么性别之间的爱又该如何解释呢？爱是否也只是一种性别结构，还是在生物学上有着稳固的基础？要回答这个问题，我们必须背弃玛格丽特·米德和朱迪思·巴特勒的世界，回到像海马一样可爱的生物上。我们冒险提出一个如此离谱的生物学问题，以至于它几乎是荒谬的：为什么会有性行为？为什么会有男人和女人？也许通过这种方式，我们也可以了解到两性之间的爱情不是自私基因的问题。无论如何，那位盎格鲁-撒克逊进化心理学家的观点，即爱是源于两性的"结合意图"的观念已经遭到了强烈的质疑。因为两性之间无论是为了性，还是为了照顾后代而形成长期关系，都没有必要去"发明"爱情。

爱，有着完全不同的起源。

第二部分

爱 情 是 什 么

第六章

达尔文的顾虑：
是什么使爱与性分离

第一节

究竟为什么会有男人和女人

海马是种神奇的动物。它们有着喇叭形的鼻子，圆圆的大眼睛，卷曲的尾巴：这些来自海龙科的滑稽小鱼从外表上看起来像个任性的孩子，事实上也确实如此。它们通常安静地生活在热带和温带的海洋中，并且善于伪装，但一年中总有几次，它们都会为对动物学感兴趣的观众带来一场奇异的景观。在某天清晨，雄性和雌性在海草中相遇。作为结合的标志，它们将尾巴缠绕在一起，然后慢慢地游来游去。然后雌性在被它选中的配偶面前像一个温柔的陀螺一样上下摇摆。之后它把它的卵子注入雄性肚皮的育儿袋里，几乎就在同一时刻，一个包围着受精卵的组织迅速闭合并为它提供氧气。在10到12天后，雄性隐退到海草深处，在这里产下后代。

海马在某种程度上非常与众不同。进化给它们开的玩笑就是颠倒了它们的性别角色。雌性产卵，但雄性怀孕。人们可能会草率地认为海马的一切都同其他物种完全相反。雌性为求偶而"投资"，而雄性则为育儿"投资"。事实上，海马的近亲海龙的情况也是这样的。色彩更艳丽的雌性海龙会竞相把卵子输入雄性的育儿袋。然而，对于海马而言情况就大不相同了：雌性海马根本不会争夺雄性。这一结果更令人惊讶了，因为按照进化生物学的一条规则，育雏和照顾幼崽所需要付出的精力越多，求偶的一方在寻找伴侣时所付出的努力就越大。相比之下，雄性海马在幼崽的照料方面做出了巨大的自我牺牲，但雄性海龙就不会这样，因此与雌性海龙相比，雌性海马必须更加努力地争取那些极具吸引力的雄性。就连康斯坦茨大学进化生物学教授、世界领先的海马专家之一阿克塞尔·梅耶也疑惑地表示："父母所付出的努力与角色行为之间的关系比假设和预想中的要复杂得多。"

海马将一切都反其道而行之。它们中的大多数显然是一夫一妻制的，它们一直生活在一起，直到死亡。如果配偶死亡了，那么它们对于性的热情也消散了。但对鱼类来说，这种行为是很罕见的。而在西澳大利亚海马中总是能找到成双成对的海马，它们体形相似。在寻找配偶时，它们似乎并不会寻找更"健壮"的伴侣，而是更乐于去寻找体形相仿的伴侣。

通过对海马的学习我们得知了一个事实：生物的性行为不一定取决于它的性别，更取决于个体在性行为、生殖和育儿中所扮演的角色。在这里，似乎有许多不同的可能性。那些规定两性在任何情况下都必须做特定事情的生物学规律早已不复存在。而海马并非唯一的案例。例如，巴拿马毒箭蛙或摩门蟋蟀也同样具备相反的性别角色。从这个角度来看，可以说每一种性行为实际上都是一种角色，而不仅仅是"本能"。然而与之相反的事实是，至少在大约5500种哺乳动物中，特别是在200多种灵长类动物中都是雌性受精并生下后代，而雄性则从不受精和生育后代。

生育和照料后代中的性角色在人类当中是固定的，至少在所有的自然受孕和养育中是固定的。同样文化背景下不同的生育可能性并没有从根本上改变这一原则，而是创造了育儿护理的新形式，例如人工授精。

尽管在人类看来，两性之间的性角色分工是理所当然的，然而其更深层次的生物学意义却很难被理解。为什么会有两种不同的性别？这一谜题至今依然没有一个很好的答案！倘若是一个足够坦诚的生物学家，那么他就会回答："我怎么知道爱情为什么存在？我甚至不知道为什么会有男人和女人！"但凡他们不能合理地解释后者，那么他们还是最好不要经常用性来代替或解释爱情。

在生物学中存在着两种对男人和女人令人绝望且不合理的复杂解释。它们拥有着富有想象力的名字："河岸灌木丛理论"（Tangled-Bank-Hypothese）和"红皇后理论"（Red Queen Hypothesis）。在介绍它们之前，我们需要知道的是，这两种理论试图解决相当重大的问题。

如果我们的基因真的像所有生物的基因一样，努力着尽可能地在未来繁衍下去，那么最好的方法无疑是在单一性别的基础上进行不可分割的繁衍。这便是保留100%遗传物质的唯一方法。事实上，许多生物都是无性繁殖的。它们像许多植物一样分裂、发芽和长出蓓蕾。螨虫、水蚤、水熊虫和轮虫也不知道性为何物。象鼻虫和竹节虫、头虱、一些蝎子和螃蟹、蜗牛和蜥蜴，以及澳大利亚壁虎，甚至像科莫多巨蜥和窄头双髻鲨这样的大块头，有时在没有性行为的情况下也能很好地繁殖。它们和耶稣一样，是单性生殖的。未受精的卵细胞在激素的控制下模拟受精后的情况，然后它分裂并成熟地生长为有机体。

毫无疑问，无性繁殖是进化成功的典范。与之相反，有性繁殖在至关重要的环节中处于巨大的劣势。在这里，只有一半的遗传物质被传递，即一半的雄性基因和一半的雌性基因。这对于基因来说是一场灾难！更别提求偶中遇到的麻烦和找不到合适的伴侣最后空手而归的惨淡前景了！用汉密尔顿学派的经济学语言来说，这意味着风险增加，成本增加。

那么有性生殖的意义何在呢？第一个给出答案的理论是"河岸灌木丛理论"。它来自罗伯特·特里弗斯和他的同事乔治·C.威廉姆斯。他们的出发点是对查尔斯·达尔文的观察。这位伟大的生物学家居住在伦敦南部。散步时，他喜欢在河畔一个叫兰花河岸的丘陵地带逗留。在《物种起源》一书中，他是这样描述这一带的："我看着岸边的灌木丛，觉得它们非常有趣，这里长满了各种各样的植物，鸟儿在灌木丛中歌唱，各种昆虫四处飞舞，还有蠕虫在地面上爬行。于是我想，尽管这些精致的小东西各不相同，但它们又以各自的方式相互依存着，这都是由围绕着我们的自然法则所创造的。"

据此，特里弗斯和威廉姆斯得出了结论：如果说进化的奥秘之一就是每种生物都于生命河岸的灌木丛中占据了一个属于自己的生态位置，那么那些占据最多生态位置的生物就会取得最长久的成功。我的后代越多样化，他们能成功适应不同的、变化着的生活环境的可能性就越大。从这个意义上说，有性生殖是一种优势：它可以对不断变化的环境条件做出更好的反应并占据新的生存空间。

如果这个推理是正确的，那么有性生殖实际上将是一个优势。然而不幸的是，这一推断并不合理，因为它对太多的图景都进行了过度的修饰。当一个生物的后代与它们的父母有着明显的偏差，那他所面临的结局几乎是死路一条。对基因进行改造是相当危险的，大多数生物都保持着天生的属性，这是因为它们在进化中获得了成功。偏差能带来优势的可能性实际上非常渺小。那么为什么不打安全牌，而是非得用彩票的概率来让后代的命运遭受风险呢？

我们不妨尝试一下第二种解释："红皇后理论"。这一理论也来自一位我们的老熟人：威廉·汉密尔顿。而且这种解释模式对我们来说也应该很熟悉，那就是寄生虫！顺便说一句，这个富有诗意的名字并非由威廉大师本人所命名，而是来自他芝加哥大学的同事利·范·瓦伦，而他又从刘易斯·卡罗尔的小说《爱丽丝漫游奇境记》中借用了这一名词。

在一段非常富有哲理的对话中，红皇后向疑惑的爱丽丝解释说："在这个国度，如果你想留在原地，你就必须尽可能快地奔跑。"而汉密尔顿和范·瓦伦认为,这同样适用于各种生物。特别是对生命周期较长的有机体来说,困扰它们最大的问题之一就是寄生虫。寄生虫往往以惊人的速度繁殖并产生数百万的后代。两种生物越是相似,寄生虫就越能在它们之间进行跨越式的传播,并且很容易适应另一个宿主的身体。这是无性繁殖的生物所无法抗衡的。这一生物本身,甚至这一物种以及它所有的后代,都将无助地被寄生虫所摆布。在最糟糕的情况下,整个物种会在一瞬间灭绝。但在有性繁殖的生物中情况就大不相同了。在这里,每个生物的后代都彼此不同,因此寄生虫也很难隔代滋生。而当寄生虫千辛万苦想要适应宿主的身体时,宿主已经开始有性生殖并借此让这个体内的敌人赖以生存的环境愈加艰难。用生物学家熟悉的话来说,就是"军备竞赛"。

红皇后理论认为,一个物种的存活完全仰仗于它的多变:只有不断改变的物种才能保持它的真实性。然而这究竟是不是一个好的论点存在着很多不同意见。首先,我们可以说,尽管有寄生虫的存在,但许多无性动物或具有无性繁殖能力的动物显然已经存活了很长时间,而它们并没有在生存中显现出任何劣势。然后人们可能会问,诸如鲸鱼或大象这样繁殖周期非常长的动物,是否真的了解存在于它们身上的寄生虫,至少是否了解寄生虫从一种动物到另一种动物的传播途径。最后,人们可以向大自然提问,为什么很少有生物可以"兼具"这两种解决方案。上文中提到的科莫多巨蜥在自然界中是有性繁殖的,但如果身边没有雄性,比如在动物园里,在紧急的时候它们也可以进行无性繁殖。那么这种比较少见的模式难道不就成了最大的优势吗？

"河岸灌木丛"和"红皇后"这两个生殖理论同样的思维缺陷已经在"适者生存"的自然选择理论中显现出来，所以针对所有这些问题的答案都变得容易、明确起来：大自然并不是一个总在寻找最佳解决方案的明星建筑师！诸如有性生殖这样的现象不一定是因为它们的优势大于劣势才产生的。不适合繁殖的雄性（或雌性，如海马）的出现也可能只是一个巧合，毕竟这种缺陷最终没有造成太大的伤害甚至导致该物种的灭绝。但这也不意味着它必须得带来更大的益处。正如我们所说的，对生物学中收益最大化的偏执是神学的遗物，它想要把自然界中所有存在的可能都看作世界中最好的存在。为了不让上帝名誉扫地，它甚至会再加上一个已经被人们用烂了的应用经济学理论。

除此之外，所有关于双性论观点中最奇怪的莫过于认为单性生物会一直保持着原始状态，不会进一步发展出新的特别的形式。如果人们愿意，甚至可以将其理解为33亿年的进化停滞。这看来没错，但问题出在哪里呢？而当我们谴责这一观点时，我们应当从什么角度来驳倒它呢？为什么形式的多样性本身就是一种价值？在单性恋的死结被解开之前，是谁错过了数以百万计的新物种？

有一件事情是肯定的：无性繁殖是自私基因的天堂。当它控制、操纵和影响着一切时，人们并不清楚如何才能将它们驱散。一般而言，性不是生育所必需的。性是如何产生的，就像它的目的一样未知。人们甚至可以假设，性很可能压根儿没有更高的目的。在随后的时期，直到今天，性与生殖在许多生物那里都扮演着不同的角色。蜗牛是有性繁殖，但是雌雄同体的。而就蝴蝶和慈鲷而言，它们可以改变自身的性别，有时是雄性，有时是雌性。另外，有些昆虫起初在生物学上根本没有性别，后来根据环境条件才进行了性别的选择。

从生物学的角度来看这也意味着，不是因为性需求才存在男人和女人的。他们也并不因为生殖的任务而存在。性别认同、性和生育是三件不同的事物，它们之间可以形成不同的关系。原则上，男人可以渴慕女人，女人可以渴慕男人，但这并非必需的。同样，性可以服务于生育，但也不必如此。原则上，异性关系之间可以萌生爱情，但也不一定必须如此。男人可以爱男人，女人也可以爱女人。爱情可能与夫妻关系有关，但也未必如此。

所有试图将性别、性、生殖和爱情置于逻辑序列中的尝试都是违背自然的。哲学家阿图尔·叔本华，这位进化心理学的始祖，在1821年想要逆向串起这些概念时犯了一个巨大的错误："所有爱情交易的最终目的……比人类生活中的所有其他目的都重要，其他一切都值得为该目的服务。因为它直接关乎人类下一代的诞生。"然而，这种认为性爱必然来自两性之间的差异、性必然服务于生殖、爱情必然是将两性连接在一起的"纽带"的想法是错误的。

第二节

达尔文书写爱情

这一想法的提出者查尔斯·达尔文已经预见到了这一点：事实上，要将"适者生存"的观念转移到人类身上是非常困难的。因为细菌的配对行为和人类对伴侣选择并不完全相同。"自然选择"在两性动物中遵循一种非常特殊的规律，即两性都会在竞争中选择它们的性伴侣。正是出于这个原因，达尔文在1871年的《物种起源》一书中用"性选择"取代了"自然选择"的概念。

这本令人颇为期待的作品是一本奇书。许多达尔文的支持者喜欢这本书，曾经许多达尔文的门徒都不断挑衅着这本书的权威，乃至今日依然如此。而他们的师父却有着完全不同的意图：他想要的是和解，而不是分裂。这本新书写得深思熟虑，节奏缓慢，可以说是相当友好的。他的传记作者阿德里安·德斯蒙德和詹姆斯·摩尔写道："就像一个慈祥的叔叔一样，他几乎没有考验（读者的）忍耐度。""他讲述了一个关于英国人及其发展的故事，他们如何努力摆脱猿人阶段，如何在他们的人口成倍增加并蔓延至地球的各个角落时努力地克服了滋生的野蛮。"这是一个美丽而悠长的维多利亚式故事，结局美满。在进化论的最后，一个富有道德的人出现了，他有着想象中的美德，达尔文预言，他可能会在不久或遥远的将来变得更好。

因此在《人类的起源和性的选择》中，出现了一个达尔文在早期的《物种起源》一书中完全没有提到的术语——道德。[①]曾经被非道德性因素所支配的领域，如今被习俗、礼仪和敏感细微的行为占据。简言之，动物之间的自然选择完全是利己主义导向的。然而，在人类社会中，高级物种的性选择成就了利他主义，即共情、同理心、道德和爱。如果达尔文能听到道金斯所谓的"自私的基因"，那么他一定会觉得这只适用于低等动物。然而，人类的愤怒是有限制的，只要这股愤怒没有完全失去控制，那么它至少也会被道德的力量强力压制。

达尔文对人类道德的看法并不完全是全新的见解。早在他之前的苏格兰道德哲学家亚当·斯密已经谈到了对人类的道德情感的见解，而达尔文十分尊崇他，因为这位著名的经济学家和资本主义的科学创始人是一名人道主义者。早在1757年，他就写道："无论

[①] 1842年，达尔文第一次完成了《物种起源》的简要提纲。1859年11月，达尔文经过20多年研究而写成的科学巨著《物种起源》终于出版了，之后又于1871年出版了《人类的起源和性的选择》。在本书中，达尔文从生理和心理特征方面系统地探讨人类的进化，谴责关于不同种族的人类属于不同物种的论点，阐述他的性选择理论，并讨论自然选择及其对文明社会的影响，建立了一些优生学和后来被称为社会达尔文主义的基本思想。

一个人被他人认为是多么自私，他的本性中显然有某些特定的资质，这些资质使他介入他人的命运当中来，并使他必然参与他人的幸福和福祉，尽管除了亲眼看见他人的幸福之外，他得不到任何好处。"

然而达尔文本人很可能对今天那些热切地引用他的著作的进化心理学家表示怀疑。虽然达尔文也想解开心理进化的谜团，但没有迹象表明他想像汉密尔顿那样找到某个数学公式，或者像特里弗斯和道金斯那样对基因进行神秘化。他的研究方法从根本上就不只是唯物主义的。他认识到心理和精神层面的现象可能具有其自身独立的规则和规律，而这些规则和规律的底层逻辑不能再被生物学支配。因为很明显，某些无法解释的机制正在人类中悄然发挥着作用。达尔文认识到，这些机制一方面与敏感的情绪和情感有关，另一方面也与文化有关："尽管为生存而斗争在过去和现在同等重要，但就人类本性中的最高层次而言，还有一些其他的力量显得尤为重要；因为无论是直接的还是间接的道德品质，都是通过习惯的影响、思想的力量、教育和宗教来获得进步的，这并非自然选择的力量。"

其中最重要的"道德品质"是爱。达尔文确实写到了"爱"，而不仅仅是"性"，尽管这个词在全书索引中只阴错阳差地出现过一次。根据达尔文的说法，爱是一种道德品质，在高等动物中形成并在人类中发展。虽然简单的低级生物完全没有感情，只能出于本能地选择它们的性伴侣，但爱在人类的进化中起着巨大的作用：

"那些具有极其复杂的本能和性质，赋予了低等动物某些特定的行为的特殊癖好，但对我们来说，爱的产生和同理心的出现才是更为重要的因素。"

因此，决定人类有性生殖的不是简单的生理性偏好，而是各种强烈的感情。达尔文认为，"通过爱和嫉妒的影响，通过对声音、颜色或形式上美的欣赏，通过不同的选择"，情感结合将我们与低等动物区分开来。爱为世界带来了一种全新的品质，这可能就是人类不按照养牛者的逻辑进行繁育的最重要原因。

因此，人们完全有理由支持达尔文的观点而反对达尔文主义。因为达尔文主义者——以及与他们一起的进化心理学家——将"爱"重新讲解成了"性"：最优质的男性征服了最优质的女性。他们更新这一解释的一个原因在于，我们对更新世时期的爱情一无所知。毕竟我们对恋爱中的直立人和能人几乎一无所知。我们也不知道爱情何时成为选择伴侣的决定性因素。然而，这并不意味着，在我们看不到的地方，除了纯粹的性趣味之外，没有任何其他东西在当代人的出现和形成中发挥着作用。

与进化中的文化属性相比，我们的无知在于往往对进化的生物属性给予了单一的过高评估。我们祖先不为人知的各种感受和表情完全消失在迷雾中。进化心理学的特点就是这种还原论。这并不是因为这门学科确切地了解了什么，而恰恰是因为它缺乏相应的理论知识。因此，进化心理学实际上并不是心理学，因为我们最不了解的正是我们的祖先和他们的心灵世界！当我们对他们知之甚少时，我们应该如何确切地知道我们与他们共享或不共享些什么？归根结底，他们只是一种"构造"，就像没有现代性的现代人，即没有理性、语言、文化等。

但是我们祖先的感情本来可以很发达的，很多想法本来可以很先进的。当然，他们也可能有非常个人化的偏好和弱点。那些对黑猩猩、倭黑猩猩、大猩猩和褐猿等灵长类动物展开过深入研究的人员并不会否认这一点。

从性中派生出爱的想法不是进化心理学家所独有的想法。与阿图尔·叔本华一样，弗里德里希·尼采也持有这种观点。西格蒙德·弗洛伊德甚至用我们无意识的性欲来解释所有的人类社会关系。然而，从以上各种情况来看，我们应当清楚的是，爱情不仅仅是两性需要长期共同养育后代而产生的生理行为。许多生物在完全不被我们认为有爱情的前提下依然可以长时间保持联结，如鸟类或海马。反之，在人类的生活中，很多情况下，恋爱和夫妻关系都不一定长久，更别说让双方一起抚养孩子了。

认为爱情是从性爱和照顾子女中所获得的想法还有很大的不足。正如戴维·巴斯认为的那样，爱情从根本上来说并不是"结合意愿的最重要指标"。爱一个人而不想和他（她）在一起是完全有可能的。例如，尽管你有着强烈的感情，但你明确地知道你们彼此之间并不合适。结合与爱情，这两者之间不一定存在所谓的紧密联系。"结合的意愿的另一个方面，"巴斯继续说道，"是为心爱的伴侣花费资源，例如为他（她）购买昂贵的礼物。此类行为表明了对伴侣做出长期承诺的意图。"然而事实并非如此！因为人类并不同于树蛙或慈鲷，会在交媾行为中发出这样或那样具有明确意义的信号。有钱的男人喜欢赠予他们的性玩伴昂贵的礼物，但从不做出任何承诺。"当女性手握进化带给她们的王牌并可以借此追求掌握着更多资源的男性时，她们一定会去这样做。"对此我们应该如何评价呢？女性总是更中意富有的而非贫穷的伴侣吗？美国的爱情专家生活在什么样的世界里呢？

正如我们所看到的，达尔文本人在这个问题上走得更远。对他而言，爱是性与道德之间的桥梁，是建立在"审美敏感性"和"共情"之上的。许多人并不总是对"最优质"的异性垂涎欲滴，相反，他们甚至并不一定会爱上这类异性。人们甚至可以说：爱情经常成为阻碍我们寻找基因上所谓的"最佳"伴侣的绊脚石！从遗传"优化"的角度和纯粹的性生物学的角度来看，爱情并不能促使人类向前演化。那么，爱情究竟是如何存在的呢？

第三节

爱情是自私的吗

本节从两个故事开始。

第一个故事："自然界的经济利益自始至终都是在相互竞争。如果人们理解了这种经济利益为什么以及如何运作，那么他们就会知晓种种社会现象的缘由。这是一种有机体以牺牲另一种有机体为代价以获取优势的方式。一点点的慈善并不能美化我们对社会的印象。看似合作共赢的东西，其实是机会主义和剥削的混合体。归根结底，动物自我牺牲的行为背后的驱动力，始终在于其可以获得有利于自身的利益，即使是通过对第三方的利用。为社会'谋利'，其实也意味着给他者带来负担。只有当他别无选择时，他才会为共同利益服务。然而，当他有机会为自己的利益行事时，没有什么能阻止他残忍地对待自己的兄弟、父母、妻子或孩子，使其致残或杀害他们。如果揭开无私者的面具，你会看到血淋淋的伪君子。"

第二个故事："如果母亲去世，那些3岁以下仍依赖母乳供养的幼崽将无法生存。但即使是已经可以自己填饱肚子的青少年也会变得相当沮丧，甚至失去活力并死亡。例如，在母亲去世时弗林特已经8岁半，这是应该能够照顾自己的年龄了……它的整个世界都围绕着弗洛（它的母亲），没有它，生活是空虚的，毫无意义的。我永远不会忘记在弗洛死后三天时我看到的那一幕：弗林特爬上河边的一棵大树。它沿着其中一根树枝走着，然后停了下来，一动不动地站着，凝视着一个空巢。两分钟后，它像一个老人一样转身下来，走了几步便躺下，眼睛直勾勾地凝视着前方。那是老弗洛在去世前和它共同居住的巢穴……弗林特变得越来越昏昏欲睡，并对大部分食物都提不起兴趣，当它的免疫系统因此被削弱时，它病倒了。我最后一次见到它时，它已经奄奄一息，眼神空洞，憔悴不堪，极度沮丧，蜷缩在弗洛死去的地方附近的灌木丛中……在它最后一次短途漫步期间，它每走几步就必须停下来休息一下，最终到达了弗洛的尸体所在的地方。它在那里待了几个小时，一直目不转睛地盯着水面看。然后他费尽力气又走了一段路，整个身子蜷缩起来——后来就再也没有动过了。"

第一个故事出自迈克尔·吉塞林的著作《自然经济与性进化》，他是"进化心理学"一词的发明者。第二个故事是珍妮·古道尔在《黑猩猩的心：我在贡贝河的30年》一书中讲述的。在她的书中，著名的英国黑猩猩研究人员用一整章的篇幅讲述了"爱"，特别是幼崽们在母亲或心爱的兄弟姐妹去世时所呈现出的痛苦。当吉塞林谈论经济利益时，古道尔却在各地的黑猩猩身上看到了真正的共情迹象。她讲述着"感人的故事"，描述了黑猩猩"充满爱心、关怀的态度"。这种同理心的产生不仅仅是因为一种源于自私的生物纽带。黑猩猩幼崽弗林特在失去了母亲的情况下，在生物学的意义上是完全可以健康生存的，它在生理上是自主的——在情感上却并不是这样。

这两个故事究竟哪一个更可信，每一个人都可以有自己的看法。就我而言，我认为珍妮·古道尔的解释不仅更富有同情心，而且能被更好地观察到。我们对其他生物的感情可能无法摆脱自私的心理，但如果说这些情感只是源于自私那肯定是没有道理的。像吉塞林一样用生活经济学来解释"爱"是行不通的——因为按照这个说法，爱压根儿就不会出现。

但是离开爱的前提，人们的所作所为还可以被理解吗？要回答这个问题，我们只需要想象一下，如果吉塞林的观点真的是事实，那么人类会是什么样子。首先，那些总是出于自身利益行事的人所面临的首要问题就是，搞清楚什么是符合他们利益的，而什么不是。这远比人们想象的要困难。因为为了能够完全自私地行事，我必须完全了解自己的利益。但我们谁能打包票说自己一定知道自己想要的是什么呢？我的利益是一些我必须低估的东西。我认识的大多数人都不怎么在这上面花费时间。吃早餐、去上班、购物或照顾孩子可能是最广义的自私。但涉及自己的切身利益时他们却很少有所考量。简言之，自利行为在我们的日常生活中占据的空间很小。

吉塞林的想法的错误在于，人们总是努力追寻一些东西并想要从别人那里也得到一些东西。事实上，我们对做某些特定的事情和成为某个人同样感兴趣。每天我们都在担心别人对我们的看法。我们的自我形象对我们很重要，我们不断地通过与他人的关系塑造它。通过知道我们不是谁，我们知道自己究竟是谁。我们对自己的看法比其他任何具体事物都重要。

我们的自利行为并不会像一种黑暗、邪恶的本能那样先于我们的社会行为，相反，它是与他人的福祉密不可分的。或者正如哈佛大学的哲学家克里斯汀·科尔斯戈德所写的那样："道德不仅仅是阻碍我们利益的一系列障碍……那种认为也许有人永远不会利用别人，也从不期望自己会受到这样对待的想法，是很不靠谱的，比那些总是真的这样做的人的想法更不靠谱。因为那时我们会想象着某人总是将其他人视为工具或障碍，或者总是希望自己被以同样的方式对待。然后我们在脑海里设想，在日常谈话中不会有人不假思索、毫不犹豫地说出真相，相反，每个人都总是算计着自己对他人所说的话对推动自己的目标的实现是否有利。然后我们想象出一个并不讨厌（尽管不喜欢）的人被欺骗、践踏和不尊重，因为在内心深处，我们认为这是一个人合理地被另一个人对待的方式。所以我们想象出一个在内心深处孤独地生存的生物。"

用现实的眼光看待人类就不会将其视为自私自利的生物了。人们要当心，千万不要把我们自己描述成不善伪装的野兽和随处可见的精神病患者。道德并不能良好地粉饰我们的邪恶本性。那么这种违背自然的保护色会对我们造成什么影响呢？毕竟自愿吃素的食人鱼群尚未被发现。

同情、亲情、奉献和责任是大自然的遗产，这并不是我们与类人猿所独有的。珍妮·古道尔在这一领域的观察表明，母婴之间的联系在高等脊椎动物中是相当强烈的，甚至比自身的利益还要强烈。即使母亲和孩子之间的关系最初是为了基因利己的需求，但如果这种深刻的依恋远远超出了生物学上的必要性，那么这种生物学中所阐释的自利行为又在何处呢？倘若人们在这里还像吉塞林那样谈论"机会主义"和"剥削"，难道不可笑吗？弗林特没有剥削它的母亲，弗洛也没有剥削它的儿子。因为如果一切都和机会主义相关，那么弗洛会在它的儿子弗林特长大到可以不依赖它时便抛弃它。这样它自私的基因就会安全无虞。

　　那么，从表面上看，这种母子之间的依恋至少在一些人类的近亲中已经达到了一定的强度，我们完全可以用一个新词来形容这种感情，那就是爱！而这就是这种伟大感觉的起源吗？如果是这样的话，这是否同时意味着爱情最初并不是为了两性共存而产生的，而是为了一些其他的东西？

第四节

爱情的诞生

在生物学家中有一个关于人类爱情的创世纪故事非常流行。这一故事记录在美国人类学家海伦·费舍尔1992年出版的《爱的解剖学》一书中。

故事是这样的：大约400万年前，一些猿类离开了森林。巨大的地质力量撕裂了东非板块，形成了一个巨大的峡谷——东非大裂谷。虽然今天的黑猩猩、倭黑猩猩和大猩猩的祖先满足于安顿在不断缩小的森林中，但人类的祖先却奋力进入大草原。在开阔的草原上，一切都变得不一样了。我们的祖先放弃了爬行和攀爬，现在更多地依靠后腿行走。这带来一个优势，即方便了他们越过高高的草丛四处张望。然而，对于女性来说，这也是一个劣势。在森林里，她们可以舒舒服服地背着孩子迁徙。但是，一个人应该如何在直立行走的同时还拿着木棍、石头和拖着一个孩子呢？简言之，在热带稀树草原上的女性变得茫然无措。因此她改变了选择伴侣的策略。如果说我们的女性始祖可能对睾酮的狂轰滥炸毫无抵抗力，但现在没那么阳刚而更善于社交的男性对她们多有裨益。于是女性转向了一夫一妻制。而在宇宙中也出现了一种无比奇怪的现象：人脑中的爱情电路。它以一种晦暗不明的方式从女性的灵魂中传递到男性身上。正如海伦·费舍尔所说："当夫妻关系对女性变得至关重要时，它对男性也变得十分有利。如果一个男人需要保护和照顾的是一群女人，那么他在这方面一定会遇到相当大的困难。因此，随着时间的推移，自然选择会偏向那些偏爱结成对的人，而人类大脑中结合和依恋的化学因素也在发生着进化。"

这个美丽的故事——你可以称之为爱情的生物创造神话——如果愿意的话人们可以选择相信它。这是一个信仰问题，因为没有证人可以告诉我们关于它的全貌。出于同样的原因，人们也可能会质疑这个吃力行走的夏娃和乐于助人的亚当的故事。

在目标如此明确的情况下，浪漫的形成和演变中最难以理解的是亚当的优势。海伦·费舍尔写道，夫妻关系对男人是有益的。相较妻妾成群，在确定的夫妻关系中他们只需要保护一个女人。但是是谁以达尔文的名义说，400万年前，我们的祖先和大猩猩一样有着一群女人，而不是像血缘更密切的倭黑猩猩那样生活在开放的社区中？雄性就不能像其他猿类一样团结起来保护雌性吗？事实上，男性作为单身女性的"保护者"和"供养者"似乎是一种基督教的观念，不是生物学观念。

在这个神话中更加模糊的是大脑的变化。根据海伦·费舍尔的说法，进化有利于"那些具有遗传倾向的人——而人类大脑中促使人们产生依恋的化学物质也在进化"。随后正是在这里，我们仿佛一下子陷入了迷雾中。那种把爱情这样如此敏感而复杂的社会行为认定是基因组中的一种遗传倾向的说法可以被毫不犹豫地驳回。唯一可能真正存在的是来自母亲或亲子关系的依恋激素。然而，这种大脑化学物质直到400万年前才出现，甚至更晚。它们存在于所有的猿类中。依恋的荷尔蒙可能比性爱要古老得多。

正是这种考虑让奥地利行为科学家艾布尔-艾伯斯费尔德在20世纪70年代产生了一个想法。难道爱情原本就不是为女人和男人而准备的吗？对于艾布尔-艾伯斯费尔德来说，爱情来自母子之间的依恋。这是育儿的结果，而不是性行为的结果："性冲动只是一种很少使用的结合方式，但它在人类的这方面发挥着重要作用。有趣的是，尽管它是最古老的驱动力之一，但它并没有引起永久性的个体依恋发展，只有少数是例外的。爱情并不植根于性，而性只是加强爱情的次要纽带。"

当艾伯斯费尔德写这篇文章时，他想到了他的导师康拉德·劳伦兹，而他将爱解释为共同的攻击性行为的副产物。与劳伦兹相反的是，艾伯斯费尔德很少用动物学的观点来描绘人类。他是一位善解人意的人文主义者，而人们绝不会以同样的方式来评价劳伦兹。然而，艾伯斯费尔德的模型并没有得到广泛的认可，费舍尔的模型逐渐占据了上风。但尽管费舍尔的理论乍一听起来似乎非常合理，然而这一印象仅限于最初接触到这一理论的时候。其漏洞在于自然并不遵循人类社会的逻辑规律运行，在人类的逻辑中，一切都必须循序渐进地产生：性、情欲和爱情。因此对我们来说，一个将万事万物都置于意义明确的联系中的故事并不一定是真实的，毕竟大自然大概率不明白从情欲到爱情这样复杂过程中的总体规划。更确切地说，这是一种复杂的人为结构，它源于将自然文化中没有秩序的事物整理得井然有序的需要。

另外，艾伯斯费尔德的假设是，母亲和孩子之间的关系可能是动物王国中最牢固的纽带，至少在哺育后代的动物中是这样的。众所周知，母狮在为幼崽而战时是毫不畏惧牺牲的。如果将爱情的诞生置于育雏的巢穴周围而不是几周前交配的过程中进行观察就很容易解释，为什么母子之间的依恋纽带通常比男女之间的依恋纽带更加可靠、稳定。

汉堡心理治疗师迈克尔·马利也以类似的方式将母亲和孩子之间的爱描述为爱情的起源："母亲（或最亲近的人）是孩子感到安全的根源。有了母亲，人类依恋关系中最全面的经验就产生了。通过同步的身体、情感和心理密切性，人们体验到了私密的依恋联结。这种早期的、形成性的经验使得亲密关系成为一种关系形式，在这种关系中，人们最大程度地体验到了这种联系。因此，在以后的生活中，人们在类似的亲密关系中寻求着这样的联结也就不足为奇了。这种亲密关系不仅体现为心理方面的亲密，还体现在情感和身体方面的亲密，即与所爱的伴侣的亲密接触。"

无论如何，母性的关怀（在某些动物中父性的关怀）是爱情的源泉。任何哺育后代的人都必须预见到他们的孩子的需求，并能够理解他们的感受。这种能力已在许多动物身上得以体现。从照顾幼崽到保护脆弱或受伤的同类，这种能力也许已经顺利过渡到未必与成年人息息相关的关系。对于乔治华盛顿大学的儿童心理学家斯坦利·格林斯潘和他的合著者——约克大学的哲学家斯图尔特·尚克来说，母子关系实际上是语言和文化发展的摇篮。在他们引人入胜的著作《第一个想法》中，他们借助母子之间的肢体语言和符号语言描绘了人类文化的起源。

不管这个过程如何进行，一旦进入俗世的范围里，母子之间关系的敏感性和情感的细腻性显然可以扩展到群体中的其他成员。爱的半径是否会从母子关系扩大到异性之间的爱便不言而喻。当然，有时异性之间的爱也使得人们易于抚养他们的后代。但即便没有夫妻之间那种持久的爱为养育后代来做支撑，也肯定会有其他的备选方案来完成育儿。比如，被阿姨和姑妈照顾，这种社会行为不仅来自猴子，也来自人象、驯鹿和19世纪的中产阶级家庭。

所以唯一可以说的是，异性之间的爱并没有让我们的祖先陷入灭绝殆尽的严重精神错乱中。石器时代中坠入爱河的人显然也并未因此染上危及生命的恶习。

因此，两性之间的爱很可能是母子关系的衍生品和变形，或者按照不同的抚养模式，它是一种亲子关系的衍生品。可能还有证据显示它是其他亲密关系的衍生品，例如，对我们的兄弟姐妹、亲戚的爱，尤其是对我们朋友的爱。从我们的感受来看，认定我们和亲戚之间注定存在着必然的亲密情感的假设完全是荒谬的。倘若汉密尔顿的广义适用性理论是正确的，那么我们实际上和我们的亲戚之间应该存在着一种密不可分的紧密联系，这不仅适用于我们的兄弟姐妹，也适用于我们的堂兄弟姐妹。但尽管在一个家族中，这种情况的确会偶尔出现，但在更多的时候，这些亲戚在我们的情感生活中并没有扮演什么特殊的角色。相反，我们结交了一些朋友，而我们对其中的一些人的珍视可能远超我们对手足兄弟的爱。因此，这种亲缘上的关系并不是衡量我们心灵亲密性的绝对标准，尽管根据汉密尔顿的说法，我们的基因实际上对此有着自己完全不同的看法。

所以"基因决定一切"的规则并非万能的。人类会对能力和基因上相差很远的人产生情感，只要他们能积极地回应我们的情感和思想，给予我们信心，并在生活中提供给我们各种形式的支持。对此我的猜测是，对依恋和亲近的需要源于我们童年时期与父母的关系。在当下以及在日后的生活中，这种需要会在其他许多场合寻找相应的合适的关系。正是在这里而不是在基因神圣的繁衍命令下，我们发现了爱情的生物遗传物质。

第五节

浪漫的三角结构

　　威尼斯的圣马可大教堂是一座久负盛名的教堂建筑。这座建于13和14世纪的拜占庭风格的教堂拥有五个硕大的圆形穹顶，它们耸立在后来成为威尼斯总督宫殿的教堂上方。这座教堂的外立面和内部则被超过500根的古老的大理石、斑岩、碧玉蛇纹石和雪花石膏柱装饰着。然而，这座教堂真正令人叹为观止的是那些贴嵌在黄金墙面上的众多马赛克画。也正因这些被黄金装点的马赛克画，圣马可大教堂被人们称为"金色大教堂"，每年都会有数十万的游客参观这个景点。

　　1978年，这座大教堂迎来了两位非常特别的参观者：美国进化生物学家理查德·列万廷和斯蒂芬·杰·古尔德。当他们看到这座圆顶建筑的诸多柱状拱门时，他们的兴趣被点燃了。但他们所感兴趣的并非拱门本身，而是拱门与拱门之间的空间。在两条弧线相交的地方形成了一个三角形。在艺术史学家那里，这个三角形区域被称为"拱肩"（Spandrel）。从建筑结构的角度来看，拱肩是拱形建筑中的一种，并非有意而为，却是必然的副产物。由于它们不可避免地出现在这座建筑中，人们便用马赛克对所有的拱肩大面积地进行了装饰。

当古尔德和列万廷站在拱肩前时，他们的脑海中忽然灵光一现：在建筑中，有些东西并非有意而建的，却是不可缺失的。这难道不是和生物学的道理一模一样吗？难道这还不能成为解释自然界中诸多存在的关键吗？一个基因在传输有用的信息（拱门）的同时，它是否也提供一个或多个"拱肩"？于是两位生物学家创造出了一个新的专业术语。按照古尔德和列万廷的说法，在生物学中那些并非出于生存需要的特征、能力或特性被称为"拱肩"。

列万廷和古尔德不仅将这个术语用于自然界中不必要的器官或无功能的装饰性物件中，他们还将这一概念应用在了人类身上。其中最重要的例子就是宗教信仰。人们很难看出一个相信上帝的人会在进化上取得什么优势。但当人们有了一定的智力和敏感性，他们显然就能够执行原本可能并不需要完成的事情。于是他们生产出了大量的"拱肩"，这些"拱肩"是人类其他适应性行为的附加物。这样，自我反省的能力很可能产生了对死亡的认识和恐惧。自我反省的能力本身也可能是一种"拱肩"，它源于群体的社会智慧中必要的求生技能。这意味着：因为这种自我反省洞悉了太多的东西，所以我们的祖先有一天也忽然明白了他们是凡人，因此必须通过宗教来对抗这种不安。换句话说，认为圣马可大教堂这座建筑中有许多拱肩的思想本身就是一个"拱肩"。

据我所知，列万廷和古尔德并没有将他们的这一理论应用于诠释爱情。但如果爱的能力真的源于母子关系，那么它的任何其他用途也可能像拱肩一样是多余的。敏感性和智力可能促使人们将情感范围扩展到直系亲属之外。根据珍妮·古道尔的说法，在黑猩猩和其他类人猿中已经存在着这一趋势了：这些动物彼此之间保持着独立的个体关系。爱的能力也因此延伸到部落的其他成员、"朋友"以及异性当中。

如果真是这样，那么男女之间的爱情只是家庭以及群落中母子关系的"逻辑副产物"。因为母子关系是"拱门"，而夫妻感情只是多余的三角形"拱肩"。从这个意义上说，两性之间的爱是一种适应和调整后的结果，但这种调整并不是绝对必要的。在基因进化意义上，两性之间的爱仍然是"无害但多余"。因为即使没有爱情，男人和女人之间也会有关系！

事实上，爱情和宗教一样，都如同一个"拱肩"，这也解释了为什么两者的联系如此频繁。对上帝的爱，对耶稣的爱，对玛利亚的爱，对信仰的爱，对唯一的真理的爱——几乎没有任何清规戒律像基督教那样要求信众对爱做出承诺。这和伊斯兰教的要求完全不一样。在心理上，宗教和爱一样，满足了人们对幸福、坚定和进步的需求，同时也提供了信任、精神宽慰和安全感的需求。当人们学会审视自身和自己在世界上所处的位置这些问题时，就会清楚地明白这些需求。

而这些需求一旦存在，两性之间的爱就被证明是内心的平稳性和安全需求的重要投射。所爱之人，不管是朋友、兄弟姐妹，还是心爱的女人或男人，都在互相寻找彼此的共同点，而共同分享情感可以为彼此提供巨大的支持。这种被寻求和被投射的共同安全感很有可能在某个时刻发展成为推动人类进化的引擎。而这种情感越强烈，越受到重视并产生效果，社会行为就越引人注目且令人印象深刻。因此没有任何生物能像人类那样拥有如此多的情感和爱。

在所有这一切中，争论性爱是生物性的还是文化性的是毫无意义的，因为没人说得清二者的交会点究竟在哪里。文化是生物学以其自身的方式的延续，但这种方式本身就有着生物学的起源。所以这个问题只是一个角度问题：鼓的声音是由鼓手发出的还是由鼓发出的？

通过性行为产生最优质的后代，将爱视为自然界的伎俩，这是生物学理论所犯的错误。因为即使没有爱情，人类也能孕育出孩子。有些情侣没有特别充实的性生活。而另一些人则和自己的爱侣发生着美妙的性关系。也许有时人们真的会为他们的基因寻找最好的伴侣，但更多时候，他们和他们的伴侣所寻找的是共同的爱好或运动，喜欢相同的电视节目、电影或音乐，去相同的度假胜地和餐馆——所有这些行为从进化生物学的角度来看没有任何价值。男人和女人之间的爱情并不是单一目的的简单相加。它本身就是一个没有生物学明确功能的对象，是一个惊人美妙又复杂的装饰性拱肩。

从进化生物学的角度来看，爱情不是一种井然有序的感觉，而是一种"凌乱"的感觉。正如我们将看到的那样，这种凌乱不仅仅存在于进化当中。在日常语言中，我们习惯了用"爱情"这个单一的词汇来涵盖迷恋和长久的爱（有时甚至是性欲），这一事实使爱变成了一种模糊又混乱的事物。因为它们中的每一个都不能被另一个所包含！情欲、迷恋和爱情并没有在彼此的基础上建立起来。虽然在和我们所爱的人相处的过程中，它们可以有所重叠，但这一情况并不经常出现，且不能长久如此！

即使在荷尔蒙层面上，情欲、迷恋和依恋也是完全不同的东西。在生理层面上，它们彼此陌生，就像点头之交一样。但这也引发了一系列基本性的问题，即所有这些情感在现实中是如何联系在一起的：情绪和化学反应、情感和想法。换句话说，大脑中的化学物质是如何变成像爱情理想一样复杂的东西的？

第七章

一个复杂的想法：
为什么爱是没有情绪的

感觉不能确保任何事情，却也无所隐瞒。除了对心灵的感知，它不能体现任何真实。这是一个偶然性的事件，而不是事实。它根植于自身，因此它既可以像飞蛾一样短暂，也可以像神一样不朽。

卡尔·雅斯贝尔斯

第一节

性欲，热恋，爱情

爱情并不是生活中的一切，但如果没有爱情，一切事物都会黯然失色。几乎没有什么东西对人类而言比爱情更为重要。它是我们小宇宙的中央供暖系统，是一种不断激励着我们并为我们的行动赋予意义的情感；它决定了我们的社会行为，激励着我们、鼓舞着我们，但同时也驱使我们走向嫉妒、仇恨和自我毁灭。超过20亿个谷歌词条都包含"爱情"这个词，除此之外，还有上千万个德语和法语词条包含"爱情"这一关键词。成千上万的书籍和电影讲述的都是男人和女人之间的爱情故事。然而"爱"这个词的含义宽泛而无边界。你可以热爱你的工作、你的祖国、亲爱的上帝、你的邻居和你的车，你也可以爱动物、优美的音乐旋律和巧克力。

从字面上看，哲学家爱智慧，语言学家爱语言，集邮家爱他的邮票，菲利普爱马。而德国电视台看起来也洋溢着大爱："我们致力于博君欢喜。"德国基督教民主联盟"出于对德国的热爱"招揽选民，而迈克尔·杰克逊也是如法炮制。当被问及其与德国的关系时，这位美籍美国人在电视节目《想挑战吗？》[1]说道："我爱德国！"

似乎以"爱"之名所有人都可以为所欲为。早在美国的泛爱化理念入侵语言使用之前，"爱"这个词的使用就已经泛滥了。在今天的西方社会中，对"爱"的谈论达到了人类历史上从未有过的程度。对动物的爱、博爱、对上帝的爱、对事物的爱以及男人和女人之间的爱都属于同一概念。然而，对动物的爱、对上帝的爱、博爱、对事物的爱与男女之间的爱不同，前者描述的只是一种比较强烈的关系。令人担忧的是，男女之间深入的各种状态也以"爱"之名被捆绑在一起并形成了一个整体：性欲、热恋、"爱情本身"和伴侣关系。于是我们将"爱"作为一个通用术语并将其分成不同的种类。正如我们所看到的，这种奇怪的融合是浪漫主义的一个错误，而这种情况普遍存在于西欧各国的语言中。在英语中甚至没有

---

[1]《想挑战吗？》：德国电视二台自 1981 年开始播出的德语电视综艺节目，是欧洲此类节目中最成功的一个，受到德国、瑞士、奥地利等国观众的喜爱。1995 年，迈克尔·杰克逊应邀参加了该档电视节目的录制。

"热恋"的概念，人们会直接一头扎进爱情里并将其称为"坠入爱河"。

要理智地理解爱就必须区分不同的情绪状态。毕竟，它们的共同点远没有"爱"这个标签所宣称的那么多。

对此，人类学家海伦·费舍尔尝试进行了一次令人印象深刻的划分，上一章对此已经进行了讨论。在他看来，爱由三个部分组成，它们分别是性欲、吸引和结合。我们暂且不管这三个术语是否真正解释了爱。但有趣的是费舍尔推测道："'爱'可以被视为大脑中三个基础的、互异的但相互关联的情感系统。每个情感系统都随神经关联的特殊状态而出现，这通常被称为大脑系统或大脑回路。因此每个人的行为都被编写成了独一无二的行为理论。每一种行为理论在进化的过程中都控制了鸟类和哺乳动物繁殖的特定方面。"

关于爱不是从性欲中产生的这一事实早已不是什么新鲜事。繁育子嗣在爱产生的过程中所起到的只是次要的作用。然而显而易见的是，"性欲"实际上可以被归类到大脑中的一个情绪系统。费舍尔所说的"吸引"——我更倾向称之为"热恋"——也可以同样归类到情绪系统。按照费舍尔的观点，"结合"指的是人与人之间在性爱过程中的"伴侣关系"。但在其中，"爱情"又被置于何处呢？而它真的是费舍尔所提到的三个情感系统的总和吗？还是正如我所怀疑的那样，爱情其实是别的什么东西？还是和费舍尔所认为的那样，爱情是一种完全不受人类掌控的东西，原因在于它其实并不能被解释为存在于大脑中的具有相应化学物质的情感系统？（就像在我的第二故乡卢森堡——那个在神经生物学上有着显著成果的地方，人们并不会直白地说："我爱你！"而只会用含混不清的语言说道"Ech hunn deck gär"或者"Ech si frou mat dir"，即"我喜欢你"或者"和你在一起好幸福"。）

让我们从解释"性欲"开始。然而第一步我们就遇到了一个重大困难。即使科学记者撰写的无数指南想让我们清楚"为什么我们会相互吸引"或"如何解释激情"，但事实上，我们对性欲知之甚少。没有任何大脑研究人员或生物化学家可以准确无误地解释清楚性欲和性是如何产生的。正如大脑中的受体、激素和递质一样，它们之间的相互作用至今仍然存在许多谜团。如果性欲这件事像某些通俗读物中所声称的那样，那么该行业早就有一种普遍的方法，可以在几秒钟内激起任何人的性欲。但无论世界各地的实验室对性欲进行了多么深入的研究和修正，到目前为止，我们在这一研究中都只取得了很小的成果。因此我们的性欲公式依然还没有被发现。

尽管我们知道性欲的组成部分，但我们并不清楚促使性欲产生的方法是什么。仔细观察下就会发现这并没有什么好奇怪的。在产生性欲的过程中，人们的多种感官都参与其中。一个人之所以能吸引我们，是因为他的身体富有魅力，动作优雅而流畅，嗓音优美又悦耳，或是因为他身上散发着诱人的体香。但也有可能是出于完全不同的原因。例如，因为他很有权力和名声或备受他人钦佩。在不同情况下，大脑中接收并处理这些来自外部的刺激的区域是完全不同的。此外，除了吸引力之外，性欲也视不同情况而产生。对于不同的异性，我的荷尔蒙水平和关注度并不总是一样的。

我们所知道的是下丘脑在此过程中起着重要的作用。如前所述，女性的腹内侧核和男性的视前内侧核控制着性欲。最近使用成像技术的研究表明，坠入爱河的感觉也与这两个内核相关。因此，从生化的角度上看，欲望和热恋之间存在着联系——当然，我们必须谨慎对待这种联系。因为在磁共振成像管外的环境中两者经常发生分离。即使坠入爱河往往伴随着性欲，但反过来却并不总是如此。否则，那些消费色情图片的人就会无休止地坠入爱河。

而我们所知道的第二件事是，如果我们遇到一个对我们产生性吸引力的人，我们的大脑就会释放更多的递质多巴胺，其后果是显而易见的。随着血液中多巴胺浓度的增加，对我们"目标"的关注也会增加。心率增加、内心的不安攫住了我们，于是我们有一种"变热"的感觉。但是，我们不应该像一个处理这个话题的爱情顾问那样陷入胡思乱想中，认为多巴胺"激发了我们大脑中的性欲"，是"分子的初始火花"。当我们看到一个对我们产生性吸引力的人时，我们大脑中的性欲是由我们的心灵感受所触发的。相反，多巴胺只是一个忠实的仆人，它将我们的感受转化为化学兴奋剂并向我们体内所有其他仆人发出预警信号。这些仆人中最重要的是男性的睾酮和女性的雌激素。它们刺激了身体的一系列感官，使触觉的传感器变得敏感并刺激着神经束，通过传递信使物质一氧化氮增加阴茎和阴蒂的供血量。

性气味也是当今许多研究人员特别关注的研究领域。我们的嗅觉是一个神秘的东西。一方面，与我们的其他感官相比，它显得非常简单和不发达；另一方面，它对我们的心理有着惊人的影响。在这种情况下，一个神奇的词汇是所谓的信息素，即性诱导剂，它在昆虫世界中的巨大重要性已得到了充分研究。而人类也会发出此类信息素，例如雄烯酮，这是男性汗液中的睾酮的其他形式。一些研究似乎表明，女性对这种引诱剂很敏感，虽然它的含量并不高。

来自德国波鸿鲁尔大学的细胞生理学家汉斯·哈特的发现取得了近年来最引人注目的成就。哈特用了各种方法研究人类的鼻子。他对嗅觉受体的特征进行了量化，同时解码了它们的基因。他发现人们不仅可以用鼻子闻到气味，还可以用皮肤闻到气味。而哈特在这一过程中最奇妙的发现莫过于他发现了一种引诱分子（Bourgeonal），而卵细胞就是用这种分子将精子吸引到它的体内。这种引诱分子有一种令人陶醉的香味：它闻起来有铃兰的味道！显然，它对精子和恋爱中的人具有相同的吸引力。

因此，我们性欲的生化成分本质上是多种多样的。首先，它是我们在受到某些感官刺激后所形成的心理因素。而下丘脑中性欲的魔咒也在这种刺激下被触发。它发出递质多巴胺，并少量地释放5-羟色胺，从而促使人体内睾酮和雌激素的产生。尽管涉及许多不确定性和尚未被充分研究的化学副反应，但人们还是可以将这一过程描述为"大脑中的情绪系统"，正如海伦·费舍尔所做的那样。今天，我们已经大致了解了其中的关联。

"热恋"阶段会变得更加复杂。"一切都是化学！"这句话看似是正确的，因为我们身体中所发生的每一个反应都经过了生化的转化，其中自然也包括和他人坠入爱河。但即使这一切都是化学性的，化学也并非主导着一切。从生物化学家的角度来看，我所钟情的人往往比激起我欲望的刺激性物质更难以预测和理解。

热恋的状态通常比性欲持久得多。欲望来来去去，而热恋却通常至少会持续几周或几个月。当我们恋爱时，我们对世界的体验几乎与被情欲所支配时完全不同。我们的知觉、我们的思维、我们的身体感觉都发生了变化。而我们与自己和与世界的关系都将是完全不同的。我们会去做一些原本并不会去做的事情，并且会因为思念而感到难以置信的兴奋或无以复加的悲痛。

要创造出这样一种神奇的状态，大脑中强大的力量必不可少。这种意乱情迷会贯穿我们的整个大脑。其中与注意力有关的区域是扣带皮层，以及中脑边缘系统（das mesolimbische System）——这个类似于奖励中心。与此同时，不可缺少的递质也发挥着作用。当我们遇到一个吸引我们的人时，我们的身体会将荷尔蒙苯乙胺（PEA）注入血液中。然而，让我们看起来迷人的不是苯乙胺，而是我们的心灵。我们的潜意识，也许还有一部分主观意识会告诉我们，谁对我们有吸引力而谁没有。与之相反，荷尔蒙则是使我们的身体处于适当的或是不适当的兴奋状态的主使。之后我将详细讨论这个问题。

而苯乙胺则得到了一些"惯犯"的支持：去甲肾上腺素使人

兴奋，多巴胺则促使人狂喜。当它们在血液中的水平上升时，催眠的血清素含量就会直线下降，从而造成了一定程度的精神错乱。此外，还有大量的内源性麻醉剂，如内啡肽和皮质醇。而它带来的结果则促使了个体精力的旺盛，并让我们将注意力集中在我们所渴望的对象上，从而进入高度的陶醉状态。

热恋是一种美好的状态，也许是世界上最美丽的事情——至少对于幸福的情侣而言是这样的。然而我们尚不清楚它究竟为什么会存在。正如我们从那以后所看到的，海伦·费舍尔的观点是有偏差的，特别是她认为吸引"主要是为了使个人能够在不同的潜在配偶之间进行抉择而发展出来的。在这一过程中人们的生殖能量得以保持，而这将刺激他们将求爱的注意力集中在一个具有优越基因的个体上，即'伴侣关系'"。然而人们既不会因为基因优势而与某个个体结合，也不会因为要抚养下一代而和某人坠入爱河。

如果海伦·费舍尔的观点是对的，那么在社会性的动物世界中，恋爱分类系统可能无处不在而不仅仅局限于人类中，但事实情况可能并非如此。此外，热恋使我们不是与基因最适合的伴侣在一起，而是与那些我们最感兴趣的人在一起，这在本质上是不一样的。男人会爱上不孕不育的女人，而女人同样也会爱上没有生育能力的男人。为什么这种假想的恋爱分类系统会伴随我们一直到老呢？那时基因优劣已经没有任何参考价值了。

恋爱与基因选择无关。相反，在我看来，恋爱的能力是进化中最伟大、最美丽的奥秘。由于这种状态需要身体付出巨大的努力，而且对个体的心灵也不算温柔，所以它自然不可能永远地保持下去。相爱3年算是感情的最大值，三到十二个月则是平均值。据国际统计，离婚时间平均为建立伴侣关系的4年左右。此时心中爱情的花花蝴蝶会被打回丑陋的毛毛虫原形。如果说情人曾经看到的是你甜美的微笑，那么现在你嘴里那条被忽略的牙缝就变得越发清晰。

性欲和热恋可以很简单地被描述出来，但是第三种状态"爱情"呢？在进化论和生物学中，爱情都只起着次要作用。当被要求谈论爱情时，经验丰富的生物学家会耸耸肩或皱起眉头。严格来说，这个词甚至没有生物学上的定义，而是只停留在它的最低层次，即"发生关系"。但是大脑研究人员和生物化学家对爱情又有什么样的看法呢？爱情真的是大脑中的一个回路，一种可以用神经化学来描述的状态吗？爱情可以像性欲和热恋一样用荷尔蒙来解释吗？

如果让人们相信那些热心专家的解释，那么或许也是行得通的。他们对爱情的解释非常简单，这个神奇的词汇便是——催产素。

第二节

田鼠带来的启示

草原田鼠（Microtus ochrogaster）体形小巧，皮毛呈现棕色且不显眼。数以亿计的草原田鼠居住在美国中西部的草原上或栖身于山洞里，只有在晚上它们才敢出来觅食。有时它们会偷吃玉米地里的谷物，但并没有给人们带来多大的困扰。实际上草原田鼠并不那么引人注目。

然而10多年来，草原田鼠一直是爱情研究中的明星动物。显然，这种棕色的老鼠有一个罕见的品质，那就是忠诚！草原田鼠是一夫一妻制的，它们终身都厮守在一起。父母双方共同抚养孩子。这种小型啮齿动物在许多方面简直是天主教倡导的道德典范。雄性和雌性第一次性交后会立刻建立起终身的一夫一妻制。在一起的第一个晚上，草原田鼠会进入疯狂的状态，当晚它们就会交配20多次。它们一起筑巢，睡觉时互相依偎，再也不能让彼此单独待着。从今以后，只有死亡才能将它们分开。

然而这不是典型的鼠类行为。因为草原田鼠认为理所当然的东西对于它的近亲山地田鼠（Microtus pennsylvanicus）来说是完全陌生的。尽管在外表上二者几乎没有区别，但山地田鼠像是没有约束的唐璜：每只山地田鼠都可以随心所欲地与别的同类交配。

这种差异从何而来？是什么让田鼠忠诚或不忠诚？这是一个由亚特兰大埃默里大学耶克斯区域灵长类动物研究中心主任托马斯·英塞尔领导的美国研究小组提出的问题。答案非常简单，秘诀就在于两种不同的荷尔蒙：催产素和垂体后叶荷尔蒙。尽管这两种田鼠外表相似，但它们大脑的工作方式并不相同。草原田鼠有很多受体来分泌这两种激素，而山地田鼠只有区区几个，结果也因此变得很戏剧性。当草原田鼠交配时，雄性体内的催产素激增，而雌性则会被体内的垂体后叶荷尔蒙淹没。然而与之不同的是，这两种激素只会轻轻地拂过山地田鼠的躯体。

为了弄清问题的真相，英塞尔和他的同事进行了一项实验：他们操纵了这两种老鼠人脑中的化学物质。研究人员从草原田鼠体内分离出产生垂体后叶荷尔蒙的基因，并将其植入雄性山地田鼠的前脑。结果是当注入了垂体后叶荷尔蒙后，凶猛的山地田鼠变成了忠诚温驯的毛绒小鼠。反过来，英塞尔又和同事们破坏了许多原本幸福的草原田鼠的伴侣关系。他们给雌性注射催产素阻滞剂，给雄性注射垂体后叶荷尔蒙阻滞剂。于是忠诚立即结束——这些草原田鼠立刻变得像山地田鼠一样，不再对伴侣忠诚，并表现出"不加选择的交配行为"。

这是一个惊人的发现——但我们从中可以为人类的爱情获得什

么启示呢？当人们研究科普记者的书籍时，会觉得我们能从中学到很多东西，比如人们常说的"荷尔蒙"。而德国作家巴斯·卡斯特则进行了更深入的思考，对他来说，催产素甚至是一种"爱情荷尔蒙"。草原田鼠婚姻中的秘密也为人类的爱情指明了道路。

那么这一观点是正确的吗？事实上，人类也有催产素和垂体后叶荷尔蒙。它们是在20世纪初被发现的，但主要与人类的体液平衡及其消化有关。如果查看进化史，很快就会发现催产素是非常古老的，甚至在蚯蚓的体内也发现了这种仅由9种氨基酸组成的小分子。它在下丘脑中形成并从这里迁移到垂体后叶，其效果甚至可与鸦片相媲美：它既刺激又令人陶醉，并且在某种程度上具有镇静作用。

如今催产素受体被认为很可能对人们的性交意愿和能力产生重要影响。例如，来自加利福尼亚州立大学蒙特雷分校的心理学家塞思·波拉克表明，孤儿体内的催产素含量低于亲子关系密切的儿童。所以催产素实际上是一种长效的情感黏合剂。在母亲体内，它会触发分娩、调节乳汁供应并加强与孩子的依恋关系。在人类夫妇中，它似乎可以使最初的性经历发展成长期的伴侣关系。

情况乍一看的确如此。然而，如果我们凑近去看看合同上的那行小字就会让原本清晰的合同变得远没有刚才那么清晰。无可争议的是，催产素和垂体后叶荷尔蒙也在人类中发挥其令人陶醉的作用。男性在性生活中产生大量的垂体后叶荷尔蒙和催产素，而女性体内产生的主要是后者。我们分泌的这些荷尔蒙越多，迷醉感就越强烈。除此之外，阴茎、子宫和阴道剧烈的肌肉痉挛也是催产素导致的。但这并不会使我们变得和田鼠一样。值得注意的是，研究田鼠的研究人员强调，他们的发现并不适用于人类，因为我们大脑中的催产素和垂体后叶荷尔蒙受体的排列方式与田鼠完全不同。

催产素对人类来说唯一明确的作用就是刺激性欲。几十年来，饲养员一直在给他们的动物注射这种激素来激发它们的性欲。在被注射催产素后，鸡和鸽子会在几分钟内准备好交配。而在人类社会中，一对性关系和谐的伴侣，有时只是看看对方就会在体内释放催产素。因此，由性爱触发的两性结合可能与催产素有关。正如哺乳期的母亲因催产素而与婴儿的关系更加紧密，这种激素也会增加我们对理想伴侣身体上的依恋。

但是人们一定要通过迷恋某人甚至和他人坠入爱河才能分泌催产素吗？根据许多研究，当别人拥抱、抚摩或给我们做按摩时，我们的身体都会释放催产素。荷尔蒙不仅会让我们产生兴奋感，还会带来满足感和安全感。从生理上讲，这是性爱和自慰之间最重要的区别。尽管我们体内的催产素和垂体后叶荷尔蒙的分泌量很低，但当我们在结束一次满意的性爱体验时，这些激素的分泌会在高潮后依然持续很长时间：我们会感觉飘飘欲仙！就像所有美丽的事物一样，这种感觉也会使我们上瘾、着迷，甚至产生病态的嫉妒。

所以催产素和垂体后叶荷尔蒙会让我们像草原田鼠一样快乐。但是一个不同点在于：这两种激素并不会让我们变得忠诚！催产素是一种"令人感觉美妙的激素"，也可能是一种"促使性交的激素"，但它既不是"忠诚的激素"，也不是"爱情的激素"。如果它掌控了爱情的荷尔蒙，那么草原田鼠就会永无止境地处于恋爱状态。即使是顽固的生物化学家也会被这种武断的结论惊掉下巴。

更糟糕的是，2006年夏天，伯尔尼大学动物研究所的人口遗传学家杰拉尔德·赫克尔破除了基因的忠诚程序的美丽神话。赫克尔总共研究了25种老鼠，除了草原田鼠，所有老鼠都过着狂野无拘束的生活。最后他发现了一个惊人的结果：导致草原田鼠与其他老鼠不同的，并不是催产素和垂体后叶荷尔蒙，而是惯例。从基因的角度来看，忠诚实际上被刻进了所有老鼠的基因中，只有两种老鼠例外，其中就包括著名的山地田鼠。但是，其他老鼠的行为也并非如此忠诚！假设只有基因决定了荷尔蒙受体，那么应该有23种老鼠是忠诚的，而只有两种老鼠是例外。然而事实恰恰相反，尽管基因如此，但实际上24种老鼠都过着放荡不羁的生活，只剩下一种是忠诚于伴侣的。但即使是终身对伴侣不离不弃的草原田鼠也偶尔会犯下出轨的错误。

使得老鼠更具人情味的东西不像许多科学家和记者想象中的那样弥漫着化学的气息。因此，通过扫描基因来寻找忠诚或不忠的代码的行为是多余的，如果赫克尔的结论是正确的，那么老鼠的先天基因和社会行为之间并不存在任何紧密的联系。他确信"哺乳动物的一夫一妻制并不因单一基因的微小变化而形成：像交配这样复杂而重要的行为不可能毫不费力地在基因的程序中就被预先设定好"。

因此，将性行为中产生的催产素认定为长期关系的黏合剂实属草率。爱情当然跟催产素有关，这一点谁也不该去否认。但这就像印度餐中的咖喱一样。没有咖喱，这道菜就会失去其典型的口感。然而，仅仅通过"咖喱"这一配料并不足以展现印度菜的全部风味。

那么这是为什么呢？第一个原因在于两性间的性结合并不会产生爱情。非常为某人所吸引意味着想与之结合，但这并不一定意味着爱上了他们，当然更别提怜惜或浪漫的感觉。在海伦·费舍尔的系统中并不存在"爱情"，取而代之的只有人们所熟知的"结合"，那么这种情况下催产素和垂体后叶荷尔蒙就足以促使一对夫妇的结合。"这种情绪系统的进化是为了激励个人、发展积极的社会行为和维持长久的亲属关系，从而担负起为人父母所特有的责任。"

我们不需要去想谁是可能控制这一过程的神秘动力。在这里我需要再次指出的是，人类所"特有的父母义务"既不需要爱情，也不需要男人的参与，这一点在类人猿、人类的过去和现在中都能找到证据。资产阶级的核心家庭模式不是我们进化的范式，而只是众多模式中的一种，正如我们稍后将看到的那样，它的未来也并非一片光明。

两性的结合和爱情并不是一回事，这让费舍尔模型的支持者感到担忧——我称他们为催产素主义者。实际上人们一眼就能看出恋人间的差别。对于一些情侣而言，"两性的结合"至多是一种残留的感觉，一个褪色的阶段，而且绝不是爱情唯一的出发点。

只靠催产素并不能带来"爱情"的第二个原因显得尤为重要。当我们在做爱、爱抚、拥抱或看到一个热辣的恋人时所分泌的催产素或垂体后叶荷尔蒙其实是一种生化兴奋剂。但这种兴奋感并不会说话也没有名字。我们必须用语言来为它们做出注释。于是我们对自己说："我想我这是情窦初开了！"或者更准确地说："我想我这是坠入爱河了！"再或者我们会说："我想我是彻底拜倒在她的石榴裙下了！""当他的嘴角微微勾起时，我便不可救药地爱上了他。"

当我们解释我们的这种兴奋感时，我们便将它与我们自己联系起来。我们诠释着自己的感受并找到一系列名字：怦然心动、暗生情愫、情根深种，以及情有独钟。于是催产素主义者们无法再用他们"激素释放=情感"的方程式来解释这些事情的发生了。例如，如果我说，"我以为我爱她，但现在我知道我没有"，难道这是因为催产素和垂体后叶荷尔蒙出现了紊乱吗？但实际上它们并没有做错什么，因为它们既不能思考也不能支配我们的想法。它们不会为我们挑选伴侣，也不会决定我们是否能与其他人相爱以及共同生活多久。简言之，它们只是咖喱而不是主菜。

催产素的释放可能会让我被他人所吸引。但如果我在脑海里认定这种关系不能持续下去，那么我就会果断结束它。我一直告诉自己，在我的荷尔蒙水平平静下来之前，这段关系不能再接着持续下去了。但我们也可能会和一个人在一起，即使我们的性高潮可能不那么令人兴奋并且我们体内荷尔蒙的释放也很有限。同时，我们有时会决定放弃一段关系，即使它让我们的荷尔蒙肆意舞动。从草原田鼠到人类复杂的性行为，依然还有很长的路要走。

　　催产素和垂体后叶荷尔蒙是我们爱情兴奋剂的两个重要组成部分。然而它们还远远不能把爱情这样复杂的状态勾勒清楚。爱情不是荷尔蒙的组合，人体内也不存在"爱的荷尔蒙"。那么爱情究竟是什么形态呢？如果它不是一种脑回路，那么这种不仅仅是情欲、痴迷和两性结合的爱究竟是什么？它似乎在情感上对我们有着强烈的要求，但是它本身就是一种情感吗？

情绪和感情

咄咄逼人的狼遇到了一只情感细腻的长颈鹿，它是陆地上拥有最大心脏的动物。"你爱我吗？"狼问长颈鹿。"不，我不这么认为。"长颈鹿迟疑地回答道。"什么——你不爱我？"狼吃惊地追问道。"现在还不行，"长颈鹿叹了口气，"但这可能会改变。5分钟后再问我一次吧！"

这则小故事出自马歇尔·卢森堡之手。这位临床心理学家被誉为极富影响力的"非暴力交流"概念的创始人。他以他的动物寓言为例，对这一概念进行了数百次的阐述。然而在我们要讨论的问题中，这完全是另一回事，即情绪和情感之间到底有什么区别。

如果爱情就像许多人假设的那样是一种情绪，那么长颈鹿的回答就不算滑稽，反而是很正常的。情绪来来去去，有时会在短时间内发生变化。任何关注心爱的球队比赛的人都会被他们的情绪所驱动，变得狂热无比。有时痛苦和兴奋之间只有弹指几秒钟而已。在过山车上，恐惧和极速的快感会在几秒钟内来回交替。饿的时候你贪婪地盯着一份比萨，10分钟后你可能感觉自己吃饱了。

"情绪"一词的拉丁语词源是"exmotio"，表示某事因某种运动或兴奋而发生。在我们的进化历史中，情绪是非常古老的。我们和许多动物一样都有着情绪。狮子会感到疲倦，蜥蜴会感到寒冷，鲤鱼会有饥饿感，蟾蜍也会对性充满饥渴。所有这些都是一种兴奋的状态。情绪产生于小脑和间脑中，如果没有情绪，我们就会迷失方向。我们会冻死或饿死，我们将没有生命能量，也会丧失各种兴致。情绪就在那里，我们无法控制它们，充其量我们避免将它们表现出来。即便如此，我们通常也只有在付出巨大的努力后才能办到这一点。然而，当情绪与我们息息相关时，最重要的便是我们不能让它失望！当饥饿的人找不到食物时，他们会倍感煎熬，而疲倦的人可能因为无处安睡而勃然大怒。但是饥饿感和疲倦感都不会带来失望，它们只是令人不满。但当爱情出现时，我们便知道，这完全是另一回事了。原因很简单，因为爱不是一种情绪，而是一种更复杂的东西：它是一种感情！

什么是感情？这方面最权威的专家之一是来自洛杉矶南加州大学著名的葡萄牙籍大脑研究员安东尼奥·达马西奥。关于感情的定义，他这样写道："总而言之，感情可以说是由一个简单或复杂的精神评估过程以及这一过程中所产生的相应的反应所组成的。"用大白话解释就是：当情绪引发人们的联想时，感情就会产生。然而，这使它们变得如此复杂，以至于它们在很大程度上避开了大脑研究的领域。如果说情绪仍然可以被解释为由荷尔蒙和神经递质的释放所引起的，那么人们充其量只能为"感情"划定特定的范围。如果患者在做核磁共振成像时听到美妙的旋律，那么他大脑某些区域的血液供应就会增加。这是可以被检测到的，并且可以看到相应的图像。然而，只有患者自己才知道旋律与情感的关系，越复杂的感受越难以用化学来解释。

因此，感情不仅仅是情绪，也不只是一种"心理状态"。嫉妒、悲伤或思乡之情在核磁共振成像上是看不到的。如果海伦·费舍尔将爱情推测为大脑中的神经回路，那她就大错特错了。"性欲"这种情绪很容易被解释和描述，但要解释爱情的感觉就没那么简单了。如果爱情是一种"精神状态"，那么它可能会在5分钟内来回变化，就像卢森堡故事中的长颈鹿一样。

情绪如风易散，而感情更为稳定。感觉更为普遍和持久，正如我所说，它们与想象联系在一起。我不需要想象食物来让自己变饿，也不需要想象床铺来让自己感到疲惫。

当我感到悲伤时，那个令我悲痛欲绝的人就会立刻浮现在我眼前。而当我妒火中烧时，我想到的是我嫉妒或羡慕的人。同样，爱也需要一个被爱的对象。当我恋爱时，我一定会与某人坠入爱河。我会在他身上投射一些东西，此时我的愿望、希望和憧憬都有了一个对象和目标。

感情（如爱情）正是通过这样的方式与情绪区分开来。与卢森堡故事中的长颈鹿不同，爱情并不过分依赖情绪。心情是转瞬即逝的，它的一半是情绪，另一半是感情。情绪的出现表明情感缺乏对应实体或具体想象。相反，它与感情的联系可以维持相当长的时间。我既可以一连高兴好几天，也可以任凭一种情绪蔓延，从而在很长一段时间内感到沮丧。在这段时间里，整个世界对我来说都是灰色的。有时我知道是什么触发了我的情绪，但也并不总是如此。于是我开始好奇为什么我的心情会时好时坏。

如果我们将心情一分为二，那么我们可以认为，在情绪中，我们的关注点主要集中在我们的身体上（寒冷、饥饿、疲倦、性欲等）。与之相反，感情所关注的主要是精神上的内容。当然，感情也与强烈的生理兴奋相伴而生，但感情所引发的想象往往也非常复杂。情绪很容易评估，例如，我感到寒冷或闷热，这个食物是否符合我的口味，我正在看的那个女人会不会对我产生兴趣。相反，人们很难描述思乡或冷静是一种什么样的感情。在感情中并不存在简单且易变的"是"与"否"。

所有人的情绪都是非常相似的。但人与人之间的情感却存在着巨大的差异。这也导致他们最终会在思想上截然不同。从冲动到智慧思维的漫长道路上似乎有着巨大的自由。感情从单纯的情绪冲动中被解放出来。思想与感情也截然不同。但令人惊讶的是，大多数人的感情和思想都非常稳定。我们总是会花更多的时间去感受和思考相同的而非全新的事情。"情感是人类一生中真正的主人"，导演亚历山大·克鲁格的这一说法非常正确。但情感显然是相当保守的家伙，因为人类通常不怎么会改变自己。

其中一个原因可能是我们很少考虑自己的情感。为什么我们会有情感？为什么我们对特定的事情有特殊的感觉，以及我们到底如何感受它？在这方面，资产阶级在对待情感时就像他们对待自己的钱财一样：他们并不会去谈论自己的情感，情感只是存在于他们心中。电视脱口秀节目也总是喜欢不断提出同一个问题："当……时，你会有什么样的情感？"而这一提问便证实了这一发现。如果我们自然而然地去谈论我们的情感，我们就不再会对答案感到好奇。然而情感显然是人类感兴趣的最后一个处女地。我们对于情感带来的念头基本上一无所知，我们并未发现什么新鲜事。

情感是把我们集合在一起的黏合剂。它决定了我们关心什么以及什么使我们悲伤。如果没有情感，一切都将变得毫无意义。即使是最激动人心的想法，如果没有兴奋的情感那也算不上令人激动了。如果我们没有情感，生活就失去了它的意义。对于任何人来说，像《星际迷航》中斯波克先生这样没有情感的存在似乎不值得人们去追寻：如果这样我们将与自己失去联结。

最激动人心的情感之一是我们的愿望。在这一点上，我们又回到了爱情的问题上。没有人是不怀揣着任何愿望而活的，但也许这个愿望也并不是非常具体的，例如爱和被爱。毫无疑问，这一愿望有一种情感上的冲动。我们对亲密、安全、关心和兴奋的需要是非常情绪化的。然而爱本身不是一种情感，而是一种感觉，它与一系列想法联系在一起。但它是如何从简单的情感需求发展到复杂的爱情概念的呢？是否有牢固的纽带将这两者联系在一起呢？在动物界中，我们把连接欲望和行为的桥梁称为本能。而这也同样适用于人类的爱情吗？爱情是一种本能吗？

第四节

爱情是一种本能吗

　　美国的威廉·詹姆斯[①]是现代的机能主义心理学派[②]之父。作为哈佛大学的教授，他不仅对哲学感兴趣，对心理学也充满了热情。19世纪末时，机能理论仍处于起步阶段。当时在德国，生物学家威廉·冯特刚刚创立了第一个实验心理学研究所，并把对人类经验的研究建立在自然科学的基础上。曾经的"体验心灵学"[③]如今实打实地变成了一门实验科学。

---

　　①威廉·詹姆斯：美国心理学家和哲学家，美国机能主义心理学和实用主义哲学的先驱，美国心理学会的创始人之一。1904年当选为美国心理学会主席，1906年当选为国家科学院院士。
　　②机能主义心理学派：认为意识是机体适应环境达到生存目的的工具；心理学的任务是对意识状态"适应功能"进行描述和解释。它认为，意识状态是一种连续不断的整体，可以称之为"思想流、意识流或主观生活流"；人和动物的心理活动都是"本能"冲动的作用。因此，强调心理现象对客观环境的适应和功用，不以研究意识经验为限。
　　③体验心灵学（Erfahrungsseelenkunde）：这个术语由卡尔·菲利普·莫里茨创造，他在1783—1793年以"体验心灵杂志"为题出版了第一本心理学期刊。该杂志的内容包括日常生活的报告、精神病理学和犯罪学的案例历史、对语言心理学的调查以及发展心理学理论的方法。（转下页）

1890年，詹姆斯出版了一本1000多页的《心理学原则》。这本书的亮点是，詹姆斯认为人类所经历的一切精神上的东西都是身体兴奋的产物。就像催产素拥护者今天用生化刺激来解释爱情一样，詹姆斯把我们所有情感的产生都归因于肉体。对他来说，情绪和情感都只不过是身体变化的感觉。换句话说，我们不是因为悲伤而哭泣，而是因为哭泣而悲伤。我们也不是因为被他人吸引从而进入了身体的亢奋状态，而是我们的身体先变得亢奋，从而让我们被他人所吸引。

今天，当荷尔蒙研究人员和科学记者将爱情引入生化"公式"时，它们完全贴合了詹姆斯的传统理念。但和今天的许多生物化学家和进化心理学家相比，这位100多年前才华横溢的心理学家显然有着更深入的思考。在第一个颇为新颖的观点之后，詹姆斯又发表了第二个惊世骇俗的观点：当我们的身体在为我们的感受制定游戏规则时，它所传达出的命令很有可能并不总是明确的。詹姆斯说，在现实生活中，我们受到很多本能的驱动，而这些本能有时是相互矛盾的。我们可能在亢奋的同时保持谨慎。有时我们既好奇又害怕。

（接上页）通过这个系列，莫里茨提出了"事实，而不是道德上的废话"（Fakta und kein moralisches Geschwätz）的观点，以促进人类的自我启蒙，同时为独立的心理科学奠定了基础。莫里茨认为，心理学理论形成的起点应该是对日常生活的精确（自我）观察和描述，尤其是应当立足于个体行为者的行为和感受。在此过程中，他创立了心理体验的对话原则，每个人都是其经验领域的专家。基于他在《杂志》和他的自传体小说《安东·赖瑟》中的分析，莫里茨今天可以被视为深度心理思考（精神分析）的先驱，他提到了儿童早期经历的重要性，分析了梦、压抑和补偿现象。

当有人滑倒时，我们会热心地伸出援手，但同时我们也无法抑制自己咯咯发笑。我们的情感可能和我们的本能完全不同。起源于我们神经的各种情绪，以"综合感觉"的形式出现在我们的脑海中。

因此，研究感官刺激和情感的心理学无法完全解释人类。正如詹姆斯所说，从科学层面所确定的兴奋到现实生活中复杂的行为，经验心理学还有很长的路要走。对他来说，人可能是唯一一种可以自娱自乐的动物。每天，每一小时，每一分钟，我们的客体自我（Me）都在不断强调我们的主体自我（I）、我们自身（Self）以及我们的意识念头，从而凌驾于本能之上。詹姆斯认为，当情感和想象混合出狂野的焰火时，当刺激和反应模式随着经验而变化时，当本能在非常个人化的模式中叠加在一起时，心理学作为一门自然科学就已经达到了它的极限。对于没有明确规则的地方，我们也不应该为它制定规则。

本能是一种无法控制的冲动。它们引导人们有目的地生活，但这只是从生物学的角度而言的。在社会和文化方面，它需要被支持和纠正。我必须学会抑制自我的攻击性和贪婪，我也必须学会抑制我的恐惧。我的本能和我的行为有时有着天壤之别。爱情的美妙之处在于它不只是一种本能。它是一种需要，是一种想象的集合。它是一种与生俱来的欲望，也通过后天经验得到滋养和塑造。

因此，"对浪漫爱情的爱欲本能"只存在于海伦·费舍尔这样踌躇满志的科学家的想象中。她顽固地试图用电脑来证明的"爱情本能"其实并没有揭开爱情的真相，反而走向了谬误。费舍尔使用核磁共振成像技术检查了40个人的脑电波。她向受试者们展示着他们所爱之人的照片，同时测量了他们的脑电波。根据费舍尔的说法，大脑中的"爱情血管"为"大脑恋爱区域"提供了奇妙的图像。相反，清醒的受试者的大脑中除了中脑边缘系统的血液供应增加外并没有什么变化，而中脑的边缘系统是间脑的中枢感觉区域。我们最喜欢的食物和音乐也会引起同样的反应。

用计算机图像来证明"爱情"就像用电灯开关来解释光一样。实际上"爱"的建构过程往往在多个层面上同时进行：这一过程是他人对我施加强烈的感官（而不仅仅是性）刺激的过程。我几乎自动地被这种刺激"掌控"了，这就形成了一种情绪。接下来我意识到我身上发生了一些事情——这便形成一种感觉。我不只是回应对方的暗示，还要试图理解这些暗示并找出促使我做出这种反应的原因。迷恋是迷恋，而爱情是爱情，这两件事必须分开理解。紧接着，我有意识地为对方着想，以便我能够回应他们的愿望和需求——这便形成了一种反射行为。

就像刚刚坠入爱河一样，这个过程不会只发生一次。我们在爱情关系中日复一日地重复这个过程——尤其是在我们遇到真爱的时候。尽管我们并不总是像第一次恋爱时那样，但我们总是会被彼此的存在所吸引。虽然并非不加以限制，但我们努力将自己的行为与其他人保持一致。只要我们认为对自己有好处，我们就会理解和接受对方。这三者——情感、感觉和行为，共同构成了我们所说的爱。只要三者缺少其一，爱情就显得不圆满、不完整或支离破碎。

为了理解爱，我们必须从生物化学和本能理论入手来深入了解人类的心理和文化，因为无论我们的祖先在400万年前或是200万年前遇到一个多么迷人的对象，这都不能和我们今天的文化中所说的"爱情"同日而语。从历史的角度来看，我们的情绪可能很古老，但我们的观念并非如此。要真正理解爱，我们不能把它仅仅理解为一种身体上的兴奋状态，相反，我们必须把它理解为一种完全不同的东西：一种对他人和对自己的要求。因为和黑猩猩不同的是，我们清清楚楚地知道我们恋爱了，所以我们也有意识地表现得像一个坠入爱河的人。

　　我们鼓舞和放纵对方和我们自己，并渴望一起进入一部冒险电影，在这部电影中，我们完全清楚我们参与其中。而我们心甘情愿地进入这场电影实际上是一种幻觉，它让我们相信爱情的确存在，就好像爱情是一种非常具体的东西，一种客观事实，一种人们既可以获得也可以遗失的东西。当恋人在房间里来回踱步时，爱情像雾气一样围绕在他们周围。

第五节

爱情和桌子

我们的语言很奇怪。它不是特别合乎逻辑，也不是特别有条理。但是每一个想要整理它们以接近真理的哲学家都失败了。原因很简单：从语言的起源来看，语言与其说是一种认知的手段，不如说是一种理解的手段。

让我们想象这样一句话："她来自爱，来自卢森堡。"从语法上讲这句话完全没什么问题，但在意义层面上它显得很奇怪。英国人吉尔伯特·赖尔毕生致力于理解这种怪异的语言现象。以他的偶像路德维希·维特根斯坦为例，这位牛津大学的学生认识到，"理想的语言"不可能没有歧义和误解。因此，赖尔并没有开发一种乌托邦式的无误的语言，而是试图给语言找出规则，使其语义明确。

然而赖尔所有的著作中只有一本是真正意义深远的：《心的概念》。1949年，这部作品一经出版便引起了轰动。赖尔用他的热情和大量的例子来解释，人类的思想并非独立的存在，而是完全依赖于身体和大脑的生物性结构。当然，这种认识并不新鲜。亚里士多德、启蒙时期的唯物主义者、19世纪的许多哲学家，还有威廉·詹姆斯都看到了这一点。然而，它的革命性在于，这一观点是由一位语言哲学家提出的，而依据惯例，语言哲学应当为世界提供逻辑上而非生物学上的解释。

由于20世纪40年代和50年代的大脑研究者刚刚了解到如何测量大脑中最简单的脑电波回路，所以赖尔将希望寄托在行为研究上。然而，他很快意识到大脑的回路与人类的心理状态完全不同。例如，"精神"这个词已经存在了2000多年。很显然它不是为了在大脑中找到相应区域而存在的。灵魂、意识、自我意识、注意力等词汇也存在着同样的困境。所有这些词汇都不适用于描述大脑的回路，它们就像原本应当停靠在驿站的马车，如今却停在了机场中，因此不再能派上用场。

赖尔不厌其烦地从语言中提炼出不恰当的以及他所谓的"分类错误"的东西。那些无稽之谈潜伏在语言中的每一个角落。例如，我们说一支球队进入一个体育场，但实际上，进入体育场的不是球队，而是每一个球员。对于赖尔来说，这是一个典型的分类错误，因为球队（作为一个整体概念）并不能自己行走；它是一个与球员完全不同的类别。根据赖尔的说法，大脑状态和精神概念之间的不匹配也是如此。一个是球员，另一个是球队。因此，想在大脑中寻找"精神"是如此荒谬，就好像我们在球场上除了球员还要寻找一支球队一样。

当这一切涉及爱情时便会产生两个后果。第一，大脑中没有"爱"，只有生物化学。第二，我们要谨防用"爱情"这样的名词来对我们的情感和心路历程进行分类。在赖尔看来，这样的做法是草率的。因为它使人产生一种奇怪的假设，即"爱情"是客观存在的，就好比桌子一样。

那么我们该如何看待这两个后果呢？首先赖尔所谓的第一个后果是有理有据的。从中脑边缘系统中的生物化学来验证"浪漫爱情"所遇到的困难早已被广泛讨论，催产素也并非"爱情荷尔蒙"。倘若有人接受了这一点假设就等于贬低了爱情耀眼而光怪陆离的复杂性。我们所说的"爱情"总是比任何生化学的解释都要丰富得多。

但是赖尔所说的第二个后果是否正确呢？难道人们谈论"爱情"甚至写一本关于它的书（赖尔肯定不会这样做）就是错的吗？对此我不敢苟同，在我看来实际上情况恰好相反。如果爱情是一种清晰、明确、不言而喻的东西，就像一支铅笔或一棵树，那么就不需要我们长时间的思考。然而，正如赖尔本人所说，"爱情"是一个名词，它是一个我们嘴巴上经常说的，却很难给出定义的名词。"爱情"不能用经验来解释，也无法给出相应的大脑状态描述，但这一事实绝不是对它避而不谈的理由。恰恰相反，这正是它需要被解释的理由，即使它并不能为科学上可验证的真理而服务。

要想理解爱情，我们就不仅要理解一种情绪，还要理解一个规律看似非常具体但又很模糊的幻想世界。诸如饥饿之类的情绪是我们与生俱来的，因此我们可以立即确定我们的情绪。当我们感到寒冷时，我们不会怀疑些什么。当我们疲倦时，我们也会注意到它。但情感不是人本身所具有的，它们必须被解释。"爱情"也是这样一种亟待诠释的情感，一种被命名为"爱"的诠释。当我们有所感觉时，要说出发生在我们身上的事情并不总是那么容易。许多感觉都伴随着如此分散的想法以至于我们真的不知道如何解释它们。甚至在一段时间里，我们可能不太确定我们是否爱着某个人。我们倾听自己的内心并问自己，我们的感觉是否完全符合我们想象中的爱？

爱情这样的情感给我们的生活增添了不少色彩，但即使并不总是自由和不受约束，我们依然有权利选择想要的究竟是哪种颜色。从威廉·詹姆斯那里我们了解到，我们并不是拥有某种情感，而是在诠释情感。而我们从吉尔伯特·赖尔那里得知，我们使用的名词背后并非事实，而是我们的主观想法。由此我们看到，爱情中情绪的部分通常被过度强调了。显然，爱情中的某些部分也高估了这些情绪。在爱情中我们往往有一种幻觉，那就是我们任由一种情绪摆布。但事实是，我们并不像我们所相信的那样被我们所爱之人任意地摆布。

然而，如果爱不仅仅是一种情感，而是我们自己创造的东西，那么我们将如何构建它？爱是根据什么规则在我们的头脑中运作的？它在我们身上触发了什么以及为什么？当我们坠入爱河时，我们会对自己做什么？

这个问题可以从两个不同的角度来回答：一个是心理学的角度；另一个是社会学的角度。因为爱情通常不会发生在孤岛上，它既是个体的概念，也是社会性的概念。接下来让我们先从个体概念开始。

第八章

我的中脑和我：
我有能力爱我所爱之人吗

第一节

"文化产物"之间的爱情

　　文化作为生物学的延续具有特殊的意义，因此人们不能再将其简化为生物学的"策略"，如果没有了文化，人类势必会感受到自身的"退化"。对400万年前的情况的回顾并不能解释现代人类及其行为。这无疑是伪装成远见卓识的鼠目寸光。

　　想要了解人的"本性"并没有什么捷径可走。各种对于它的阐释不但没有创造出任何新的事实，反而带来诸多新的猜疑。无论何时何地，进化心理学家眼中纯粹的"男人"和"女人"都少之又少。大多数人实际上都不符合生物学所设定的刻板印象。

　　在过去的40年里，尽管德国人发生性行为的可能性在迅速增加，然而新生儿的数量却在下降。只有把人理解为"文化的产物"才能解释这样的状况。所以我们必须回到"文化产物"（Kulturwesen）这个术语中，这是人类学家阿诺德·盖伦在20世纪50年代初期提出的概念。成为文化产物对人类意味着很多：基因、情感、感觉都不会存在于文化产物的生命中，它们甚至没有自己的思想，而它们所遇到的只是一个又一个的文化产物。对于自身而言，文化产物称自己为"我"。这意味着他们对自己和他人有一种（不断变化和扩散的）态度。他们可以清楚地表达或隐藏他们的感受，他们可以欺骗或蒙蔽某人。他们甚至可以发明一些瞒得过自己的东西并体验不确定性。他们并不是扮演着某一种社会角色，而是扮演着许多不同的社会角色，甚至可以将相互冲突的利益和感情统一于同一个人身上。所有这些事情都会让我们吸引或排斥其他人。

文化产物之间彼此产生的爱意味着：欲望、迷恋和相爱不仅仅是间脑中边缘系统的问题。它们也是我们与自己的个人关系的问题。我们对另一个人做出反应，并通过他来让自己兴奋、迷醉或喜悦，从而找寻快乐和满足的感觉。我们的兴趣并非如基因自私论所说的那样天生就是自私自利的，相反我们在和伴侣或性伴侣玩一个棋盘游戏，在这个游戏中，我们在他人的眼中看到了自己。当我们用自身的魅力打出的台球撞上了他人的视线时，就会像台球撞在了台球桌的边缘上一样被反弹回来。我们的整个生活、我们的性欲、我们的依恋和厌恶、我们的自我形象和自尊都是以这种方式"触边"反弹回来的。

人类远比进化心理学家想让我们相信的更加有趣。并不是每一位女性都在寻觅一个装满食物的储藏室，也不是每个男性都渴望在街上与每一个有生育能力的女性做爱，并把他多余的精子送到精子库里去。许多男性和女性反而偏爱不太完美的异性，这也许是出于个人喜好，但也有可能是出于爱。

人类生活的美妙之处在于，我们不能依赖自己和他人的本能而活着。换句话说，我们很少确切地知道对方想要什么，而这恰好就是美妙所在。如果我们依靠本能可以随时将对方掂量得一清二楚，那么我们的生活将是多么无聊！然而相反的是，我们被迫参与的是一场没完没了的游戏：一场关于解释的游戏。

以性为例，一头矫健的公鹿似乎对于一头母鹿来说是正确的选择。它本能地知道和它交配是对自己有益的。然而，对人类来说情况就复杂多了。一个体形匀称的美女可能很吸引男性，就像一个高大而肩膀宽阔的男人对女性也有十足的魅力一样。但是，如果他们的笑容并没能打动我们，或是第一句聊天的话语就出了洋相，那我们对他们的兴趣可能会瞬间消失。更重要的是，所谓的优良基因并不能揭示出主体所具备的性感觉、性爱想象力和创造力，也不能展现出他的性感和在床上的自信。我想每个人都知道这会隐藏着什么样的惊喜。有些男人虽然浓眉大眼、面部轮廓棱角分明却温柔、敏感；而有些男人虽然没有宽大的肩膀，却是大男子主义者。当然，并不是每个漂亮的女人在床上都有完美的表现，反之亦然。

总是有一些东西比人们所评估的性爱品质更为重要：性爱很少是为了生育而存在的，这是尽人皆知的，但它也不仅仅用于满足本能。除了欲望外，人们追求的是双方的缱绻、拥抱和亲吻。然而他们忽略了一点，促使这些行为发生的并不是任何激素，而充其量是中脑边缘系统中的一种普遍非特异的性亢奋：自我肯定！

性是一个复杂的心理学领域。而他人眼中我们的形象可能已经能解释这一问题的一大部分。几乎对每个人而言,性欲被激发以及发现自己的性欲被点燃都是非常令人兴奋的,而这样特殊的品质对于灰伯劳鸟和角斗士青蛙可能是非常陌生的。性不仅是个人的兴奋状态,还是通过他者的边界所形成的自我意识。关于自身是否特别具有男子气概或女人味的问题不仅仅是自身荷尔蒙水平的问题,而是与对方的反应、表情或言语等息息相关。

当我们和他人发生性关系时,从某种角度而言这就好像我们在打台球,因为对方会像传球一样把我们自身的形象传递给我们。与伴侣发生性关系具有特别的吸引力,它比手淫更能令人兴奋和感到充实,因为这是一种具有同理心的游戏。我们设身处地为他人着想,以这种方式回归到自我。对他人欲望的满足不是完全无私的,但它也不是一种利己的服务,而是通过对方的反馈获得的心理满足——至少当这种性行为本身被认为是令人满意的,而不仅仅是目的明确的游戏。

人类的性行为花样繁多,这让进化心理学家无比头疼。不管他们如何看待人类,人类所具有的一个超能力是无人可夺的:迄今为止,人类是性行为最有趣的动物,而这完全是由他的文化所致的;然而,在狒狒岩①上发生的事情却令人厌烦。人们根据艺术规则来安排他们的性行为。他们扮演着不同的角色,但也扮演着他们本身

①狒狒岩:位于德国汉堡附近,是德国著名的裸体海滩之一。

的角色。主宰者的幻想不适合进化心理学家的概念，也不适合拜物教。即使是类人猿也会对口交感到困惑。在人类的性行为中，我们发现了生物学上毫无意义的偏离常态的现象。然而，有些教会仍然坚持进化论，反对文化的解放。不仅在所谓的衰败的工业化国家，在世界上几乎所有的地方——在发展中国家、在沙漠、在北极圈和雨林，所谓的生物标准并不是什么金科玉律。

而导致这一结果最重要的原因很可能是我们能同自己的心灵做游戏。人是一种极富想象力的生物，也很喜欢利用自己的想象力。100多年前，威廉·詹姆斯介绍了主体自我（I）和客体自我（Me）之间的区别，这只是一种确定了大脑中关于自我概念的参赛选手的初步尝试。[①]在20世纪20年代，西格蒙德·弗洛伊德区分了三个主体：本我、自我和超我。"本我"作为一种晦涩的无意识驱动依然无法逃脱詹姆斯所提出的主体自我的阴影，而"超我"是由社会所塑造的自我的漫画。根据弗洛伊德的说法，"自我"在两者之间摇摆不定，是两个极其严格的主人的无助仆人。虽然弗洛伊德既不以此为荣，也不满意他的模型，但这三个例子却闻名于世。数以千计的心理分析师把它们从书本上应用到了人们的脑海里。今天，大脑研究中有7到9个"自我状态"，它们在我们的感受和思想中相互

①威廉·詹姆斯是最早对自我进行系统研究的心理学家。他认为自我就是自己所知觉、体验和思想到的自己，包括主体自我（I）和客体自我（Me），前者为纯粹自我，后者为经验自我。詹姆斯进一步将经验自我分为物质自我、社会自我和精神自我。其中社会自我高于物质自我，精神自我又高于社会自我。

补充、滋养、阻碍和叠加。像詹姆斯自我概念这样的二元游戏现在已经变成了一个多元的电脑游戏，其参与者众多。

当我们和其他人发生性关系时，完全不同的"自我状态"就会被唤醒。我的"肉体自我"被强烈的荷尔蒙淹没，以至于我的"作为经验主体的自我"在这种情况下感到非常兴奋。我的"自传体式的自我"可能会喜欢这样一个事实，即在这一刻，我实际上与一个迷人的家伙共眠于一张床或共隐于一条田间小路上，并且正在进行和体验着种种性行为；而我的"道德自我"却一次又一次地插手，提醒我，我所做的是错误的，因为我或他，或我们两个人都已为人妇或人夫。

以这种方式或类似的方式，在没有过度夸大自我状态的情况下，性生活中的心理过程可能会发生变化。因为即使你现在模糊地知道大脑的哪个区域可以与哪个"我"联系在一起，吉尔伯特·赖尔愤怒地敲击着棺材板的声音也让我们不能充耳不闻。我们的"肉体自我""作为经验主体的自我""自传的自我"和我们的"道德的自我"仍然是那些停泊在机场的驿站马车。

这里重要的一点是，做爱这一动作本身和知道正在做爱不是一回事！后者是处于一种情境中，同时又是情境的观察者，这使得与性息息相关的情景很具有吸引力。人们都知道，共赴云雨时人们应该会"意乱情迷"，但这并不完全正确。我们的想法不应该分散或阻碍我们——但它们也不应该完全消失。只要我们仍然有能力注意到我们周围的环境，醉酒的状态通常就会被认为是积极的；相反，在完全精神错乱的环境中彻底的意乱情迷是不具有任何吸引力的。

不同的印象和观点间复杂的相互作用使我们"性"趣盎然或者毫无"性"味。对女性和男性而言，出轨所带来的最大吸引力可能并非对优良基因的渴望，也不是无节制的生育冲动。这是对自己新形象的追求，它远比多年的亲密关系中伴侣能给予我们的更令人兴奋、更诱人、更具吸引力。就像人们所喜爱的赞美往往言过其实或者至少是可疑的，而对那些毋庸置疑应得的赞美反而无动于衷。无知的陌生人的目光往往比知识渊博的知己更能使我们受宠若惊。关系心理学及其可预测的角色和固定的形象越不复杂，人们就越难感知到彼此的耀眼之处，出轨的风险也就越高。此时决定要不要将出轨付诸行动完全取决于个人或社会的道德、诉求和机会。

纯粹的原始冲动对我们的性行为的重要性往往会像情感冲动对爱的重要性一样容易被高估。诚然，每一种性冲动都会触发快感，但并不是每一种性欲都遵循这种性冲动的指示。情欲有它自己的需要和兴趣。只有这样我们才能理解，为什么我们喜欢与一个伴侣做的事情如果换作他人并不能让我们感到愉快，甚至会感到愚蠢和令人反感。当然，这也是气味和化学的问题。但这同样关于两个人之间灵魂、思想上的摩擦。积极的自我形象是我们生命中最重要的灵丹妙药，而在他人欲望凝视中的自我肯定散发着令他梦寐以求的香气。适用于性的东西同样也适用于我们的爱情：对我们来说重要的是，每天我们都知道有一个对我们非常特别的人在等待着我们。

第二节

他人眼中的我

在勒阿弗尔，有一位年轻的高中老师迷上了电影和爵士乐。他的同事们都疏远了他，因为他们觉得他傲慢而且妄自尊大。然而他并不在乎这些。但当出版商不想出版他的论文和书籍时，他却遭受到了极大的伤害。毕竟，学生们喜欢他们这个只有一米五六、体形小巧、戴着厚厚眼镜的老师，钦佩他敏锐的精神并对介绍哲学时所展现出的巨大激情表示敬意。

1936年，让-保罗·萨特31岁时，他的文章《自我的超越》发表在一本哲学杂志上。在此之前，他研究了西格蒙德·弗洛伊德以及潜意识对我们生活的巨大意义。他从当代哲学家亨利·柏格森、埃德蒙德·胡塞尔和马丁·海德格尔那里学会了理解思想的感官性。这三人都将感知置于他们思考的中心。只有了解现实对我们来说是什么，才能理解现实是怎样的。我们通过感官体验世界的方式决定了我们的思维方式。我们如何思考，世界便如何呈现在我们面前。

对萨特而言，世界是悲伤的。勒阿弗尔的高中对像他这样的人来说是个糟糕的地方。他感到陌生和孤独，他周围的大多数人都厌恶他。当他尝试服用美司卡林时，他的病情恶化了。他变得抑郁，惊恐发作，患上了妄想症。在这种情况下，他依然狂热地撰写着他的论文。他与勒阿弗尔令人憎恨的环境之间的距离促使他认识到人们如何了解自己以及他们如何发展自己的想法。在一篇关于情感理论的草稿中，他对威廉·詹姆斯提出的"情感只不过是神经处于兴奋状态时的表达"的观点进行了论述。

萨特完全不同意詹姆斯的观点。尽管略显偏颇，但他指责詹姆斯以令人难以接受的方式将精神降级成肉体。并且他将问题直指英国大脑研究员查尔斯·斯科特·谢灵顿——一位于20世纪初研究了大脑电流生理学的重要的脑科学家："无论是什么生理兴奋，都能提供关于感觉组织特征上的信息吗？"对萨特来说，结论很明显：不可能！感觉并非仅仅是大脑中的身体兴奋的总和。

今天，我们同样可以对尚尔蒙主义者提出相同的反对意见。在《自我的超越》一书中，萨特认为，我们的精神从不处理身体上纯物理的兴奋，它所处理的总是已知的情绪和感受。例如，如果我想家，我就需要知道我想家，我需要知道什么是想家。否则，我只会感到一种漫无目的弥散着的惆怅。

我们意识中清晰的思维解释了我们身体上的兴奋并将其转化为一种形式。令人讨厌的是，为了能够讲清楚一种感觉，我必须反思它。这反过来又意味着我必须远离自己的感受。通过这种方式，我们的感觉和我们对感觉的解释永远不会完全相同。我们的意识决定了我是谁和我们如何成为我们，即我如何解释自己。我们所认为的自我，实际上是我们自我反映的一种发明。因为我们无法接触到潜意识的自我。用萨特的话来说就是："自我并不拥有意识，自我是意识的对象。"因此萨特得出结论：人在不断地改造自己。"我"是被自我解释的玩物，"在意识上并不比其他人的自我更具有确定性"。

根据萨特的说法，正是这种不确定性使人自由。但难道我们不应该说这同时也让它不自由吗？因为如果"我"本质上什么都不是，我就依赖于别人的判断。只有在与他人的交流和比较中，我才会发现和认识到自己是什么。如果我们一个人生存在这个世界上，我们可能就没有自我了。因为如果我要知道我是谁、我是怎样的人就首先要清楚，我知道我不是谁、不是怎样的人。

我们的自我和自尊被自我肯定所滋养着。我们赋予自己的特征，优势和劣势，我们的吸引力、魅力、影响力，都是在和社会与环境的博弈中被映射出来的。没有人能完全摆脱自我之间的比较。我们观察别人的同时也观察我们是如何被观察的。萨特的支持者埃德蒙德·胡塞尔将这个复杂的过程称为"保留的同理心"（reterierte Empathie），即回馈给自己的同情心。人类在这方面的能力达到了耀眼的高度，这种极端形式在动物界可能是独一无二的：我可以知道，您明白了我对您的理解。

我们知道自己是谁，因为我们与其他人不同。我们注意到我们的才能、能力和积极品质，因为我们看到其他人没有或在较小程度上没有这些。这同样适用于我们的特质和弱点。人们对我们的反应不同于对其他人的反应。我们对自己的认识，我们的自我形象，都是由这一切形成的。它只不过是其他人对我们的形象的多重过滤反射。在这样做的过程中，我们享受自由，因为我们以不同的方式衡量着对我们的判断。与我们亲近的人对我们的印象通常对我们来说比陌生人对我们的印象更重要。然而，这并非总是如此。但是那些热衷于给远方的人而非自己的亲朋好友留下深刻印象的人，无疑对他们的自我形象认知有一个更为严重的问题：表象取代了实在。

我们承认自己是谁或我们认为自己是谁。我们认为我们是谁取决于其他人认为我们是谁。这正是为什么"漠视"是我们最不能承受的感觉之一。他人的重视是我们自我欣赏不竭的源泉。对于许多人（尽管不是所有人）来说，性吸引力是他们颇为看重的一个点。我的一个好朋友最近叹了口气说，因为她的年龄，许多男人似乎不再对她有感觉。"那种中性目光……！"正是我们在他人眼中的形象赋予了我们自我的轮廓。在所有这些形象中，我们最看重的是那个我们深爱并且深爱着我们的人向我们投射出的形象。

第三节

在你的臂膀环绕之处，我便有了我

躺下，在你的身旁，

我安卧于你的身旁。

你的双臂环抱着我。

你的双臂环抱着的，

远胜于我。

在你的臂膀环绕之处，我便有了我。

当我安卧在你的身旁时，

你的双臂紧紧环抱着我。

——恩斯特·杨德尔

"谈情说爱或歌颂爱情实际上应该留给恋人和诗人，即那些被它深深触动的人。然而当它落在科学家的手中时，爱情就不外乎是原始的冲动，反映与投射、可行或可以习得的行为、生物学数据、可测量的生理和可测试的心理反应，而这些都可以被看作爱情的现象，但仅凭这些我们依然无法理解爱到底是什么。"慕尼黑精神分析学家弗里兹·李曼的这些忠告不应被忽视，他写了一本关于爱情的完全没有诗意的书。即使本书的目的不是将爱简化为本能、反应和可衡量的测试结果，但伟大的诗人和情人在这一点上应当有充分的发言权。

上述奥地利诗人恩斯特·杨德尔的诗是现代爱情诗中最美丽，同时也是最真实的情诗之一。和萨特一样，杨德尔也是一名高中教师，他也患有抑郁症。在某种程度上，《躺在你身边》这首诗是他对自我的超越。两个动词，"躺下"和"抱着"，足以创造一种最忠诚和最亲密的气氛。在被另一个人抱在怀里的时候，被抱着的人得到了他的意义："当我和你躺在一起，你的双臂紧紧拥抱着我时，我便成为我自己。"

恋人通过他们对彼此的意义赋予对方意义。自我们的父母给予了我们第一种对意义本能的感知以来，我们就有了这种对意义的渴望。而父母照顾和养育我们的方式将塑造我们一生：这将影响到我们对亲密和安全、信任和稳定的渴望，也影响着我们对亲近和距离的非常个人的需求。

所有猿类（包括人类）的典型特征之一是，他者带给我们的感觉可以触发我们自己相同或相似的感觉。心理学家和生物学家在这里提到了情绪的"传染"。而我们小时候的初恋经历是基于这样一种传染路径的：一个微笑便激起了另一个微笑。至少在所有类人猿身上，当意识达到了一个更高的水平时，我们便试图有意识地产生这样一种传染效应：我们微笑是为了别人也向我们报以微笑。最后，在第三个层次上，我们同情对方，评估他们的情绪状态和意图。从两岁开始，我们便开始准确地区分我们想对谁微笑和不想对谁微笑了。

为了能够与他人产生同理心，我们必须有一种我们可以理解他们的感受的感觉。1992年，由意大利大脑研究员贾科莫·里佐拉蒂领导的一个研究小组取得了突破性的进展。在实验中，他们发现了所谓的镜像神经元。一只猴子会时常得到一个坚果，而它必须伸手去拿。然而，在第二个实验中，猴子只被允许在窗户后面看着一个男人代替它去拿坚果。有趣的是，这只猴子的大脑两次都表现出完全相同的反应。很明显，它几乎完全沉浸在人类的行动过程中。而促使它能够做到这一点的神经细胞即镜像神经元，随即它进入了科学界的视野中。

从恩斯特·杨德尔的情诗通往镜像神经元的道路并不遥远。同情他人的能力可能对我们的祖先有好处，至少它没有导致人类的灭绝。任何能够对其他部落成员的情绪状态做出快速解读、评估和反应的人肯定不会处于劣势。然而，同情心无疑促进了敏感性从感官到精神的进一步扩展。从一个认为我们被他们所爱的人那里，我们既期待他们直觉般的理解，也期待对方有意识的心理干预，即有意识地接受我们的心理状态。两者都通过对方的意义来提升我们自己的重要性。

感受同情的能力以及从他人那里获得同情和期望是爱情的重要

组成部分。如果您相信一些心理顾问，那么他们会说爱情中有这种黏合剂就足够了。然而事实上，这只是一个基本的要求，并非爱情的基础。

想要去爱和想要与伴侣紧密生活在一起并不一定是一回事。在各种各样的爱情中，万事皆有可能。例如，对消极感情的渴望，或者在一段感情中虚无缥缈的希望中寻找自虐的快感。在我们的社会中，越来越多的人认为他们只有在不完全与另一个人交心的情况下才能谈恋爱。他们担心这样或那样就会不可避免地失去吸引力和自身的光芒。然而又有多少处在虐恋中的人事实上从来都不想与所爱之人共建爱的联盟呢？他们总是会爱上一个遥不可及的人，不可避免地鄙视那些真正渴望他们的人。无论这种情况是困扰还是仅仅是一种游戏，我们都会绕回原本的问题上。

第二个问题是，我们在所爱的伴侣身上寻找的，是否仅仅是同情心和依恋关系。这也给了我们批评诸多爱情类书籍的理由。可靠性、同理心以及和谐的感情常常被严重地高估了。重要的是，我们并不总是选择去爱最亲爱的人。有时我们甚至会爱上性格非常乖张的人，并且可以长期地爱他们。促使我们去爱的性动机、情感和心理动机显然并不总是步调一致的。但这些动机究竟要指引我们去哪里呢？

第四节

爱情地图

说白了：很少有女人嫁给了童话中的王子，同样也很少有男人娶到了童话中的公主。如果更谨慎一点地说，那就是我们常常并不想与理想中的伴侣厮守终身。很少有夫妻会认为与他们长期生活在一起的伴侣是令人满意的，他们只是在同一屋檐下凑合着过罢了。这种相互适合的东西——当然不是爱情，至多是一种记忆。换句话说，这只是一种伴侣关系！

生活不是一场愿望协奏曲，我们的选择是有限的。当我在学校的时候，我和一个朋友讨论了如何找到那个真命天女（子）的问题。人们要如何在茫茫人海中认出他们呢？然而更糟糕的是，她或他能认出你就是那个真命天子（女）吗？在我们两个人之间必须至少一人对"真命天子"或"真命天女"保有想象，并认为其是一定存在的。但也许这样的人只有一个。那么他们在哪里呢？他们是住在乌拉圭、乌克兰还是乌兹别克斯坦？我们会见到他们吗？也许他们——这些我们想象中最完美的伴侣，实际上生活在19世纪的维也纳并于耄耋之年驾鹤西去了呢?

我们曾经都是充满幻想的少年。在我们看来,我们和异性在一起的机会是微乎其微的,所以我们坚信,我们不得不走很长的路去寻找挚爱。后来我的朋友去了路德维希港,而我来到了卢森堡。感谢上帝,如今他找到真爱的机会比过去大得多。然而行过世间最远的路途也并不一定会增加人们遇到真爱的可能性。

但我们到底在寻觅谁?最终又会找到谁?我们怎么知道他们就是我们的命中注定之人?而他们怎么知道我们就是他们的正缘?当我们遇到我们未来的妻子时,我们是自由的吗?我们是自由自在地坠入爱河,还是情况并非如此?是什么让我们如此着迷?冥冥之中是什么把我们牵引在一起?

不得不说,恋爱时的自由意志心理学还没有得到很好的研究,不过这也不足为奇。不论是测试还是脑部扫描都没能为我们详解这个过程,而这是一件好事,这样我们便可以用不同的方式来解读它。如果我们对爱的需求和爱的能力的确都是源于我们的童年印记,那么我们对爱人的选择也一定与以下这些人有很大关系:我们的父母,或者我们的兄弟姐妹以及其他非常重要的伙伴。

西格蒙德·弗洛伊德曾经认识到亲子关系对我们后天产生的性欲具有巨大的影响。但与此同时,他却制造了许多不幸的混乱,因为他错误地认为爱情源于性。为了支持这一理论,弗洛伊德不得不夸大婴儿的性欲。这种由弗洛伊德发现的,所谓的嫉妒和恐惧情结的集合对精神分析的影响是众所周知的,以至于弗洛伊德的学生和追随者们日后花费了大量的精力才推翻了这种关于早期儿童和所谓的早期儿童性印象的谬论。

在与最亲近的人打交道时，孩子创造了自己的世界。同时这也促使其发展出了对未来爱情的偏好、需求和恐惧。但这些概念是什么时候形成的，又是以什么方式形成的呢？

对此，我们在第五章中就已经认识的一位老朋友约翰·曼尼做出了最大胆的推断。在他看来，我们的情感狩猎模式是在5岁到8岁形成的。根据曼尼的说法，在这段时间里，我们会在未来的某个伴侣身上找到我们所需的所有特征。通过这种方式，我们为自己绘制了一张爱情地图（Lovemap），这是我们日后与他人坠入爱河、相爱的方针和计划。只是8岁时我们的性意识发育尚未完成，而在我们的爱情地图的指引下，它只有在青春期时才得到了发展和巩固。

当曼尼在1980年第一次使用"爱情地图"这个词时，他就认为他已经找到了"性科学、性别差异和夫妻结合"的公式。这位曾经的自由性别选择的提倡者借助对自我超越的一些思考转投了生物学家的阵营。根据曼尼的说法，恋人相互将理想的形象投射到对方身上，而这正是他们在童年时保存的爱情地图。换句话说，当我们认为我们爱上一个人时，我们就会屈服于自己所制造的幻觉。然而实际上我们并不爱任何人，我们只爱我们自己的投射。所以难怪爱情的魔法会在一段时间后消失，因为没有人能保持这种投射中的样子。

从生物学角度来看，当我们在坠入爱河时，自由意志离我们并不遥远。因为如果我们还是孩子的时候就做出了坚定的选择,那么当我们成年后将几乎毫无选择的余地。对我们而言,看似常规的精神混乱、突发奇想以及相互冲突的感受和需求实际上只是探索我们的爱情地图的指南。我们认为这是一种选择的自由,一种我们在本能中坚定不移地搜寻了很久的意志。

这对于科学家来说是个好消息,因为它使坠入爱河的机制变得清晰可预测。因此,按照他们的说法,我们的爱情地图是一个指挥官,当我们遇到一个心仪的对象时,它就会释放苯乙胺和催产素并带领我们进入战斗模式。为了使他的地图别出心裁,曼尼并没有拒绝将所有这些偏好解释为儿童时期便萌生的"性爱"特征。在这一点上,他朝着弗洛伊德迈出了危险的步伐。

那么我们应当如何看待这一切呢?我们的爱情标准和爱情需求很可能是在童年时期形成的。而它们是不是人们在5岁时就开始发育的仍然只是一种猜测。爱情地图是不是一种本性,这一点既无法证明,也无法衡量。因为在爱情中我们的偏好可以有着完全不同的性质,也可能有着完全不同的复杂性。有些人一生的理想型伴侣都是固定的——例如,棕色眼睛和黑头发或蓝眼睛和金发。而另一些人在外观方面根本没有固定的心动模式。有些人一定要拥有"某些东西",这样的人令人不安。许多人在他人身上寻找着能点燃他们激情或激发他们信心的特征。相反,另一些人在选择伴侣时几乎没有任何相同之处。

头发颜色对我们来说是否重要,或者气味、身高、性格特征以及行为方式是否重要，在一定程度上取决于我们小时候的习惯，这通常是难以察觉的。但我们有必要把它们看作在孩童时就形成的性特征吗？倘若我们一上来就象征性地评价它们是好的还是坏的、吸引人的还是令人厌恶的，这难道不会过犹不及吗？在我们童年时期，被占有的体验可能更普遍：我们是否将某些特征、品质和行为与消极或积极的事物联系起来？掌控欲很强的父母也可以带给孩子美好的体验，只要对孩子的控制欲并非暴力的；然而，当这种掌控欲被反映在暴力和压迫中时，它就会让孩子好好体会到什么是被诅咒般的感觉。支配我们的评价的原因可能以某种方式显而易见——但它们也可能是模糊的。因为即使是小孩子似乎也可以同时对某些东西又爱又恨。他们会感到矛盾和前后不一致的情感，而这一切会在我们的灵魂中留下烙印。

直接的性刺激不一定或很少与之相关。然而被存储为"好"或"坏"的体验则很可能被反映在未来的情欲中，也会反映在我们日后挑选伴侣的偏好中，而我们所挑选的人是我们想要共度余生的人。可以说，一种朦胧的早期性爱经历后来被重新编码为真正的性爱经历。这种情况往往发生在青春期阶段，但也时常出现在许多性自我体验中。例如，我们可能会发现，一个人身上存在的能够激发我们性欲的特征和行为，但这可能同时也会令他失去成为我们伴侣的机会，反之亦然。理想的灵魂伴侣很少是合拍的床伴，至少从长远来看不是。

所以我们的爱情地图中经常存在着一个恼人的地形，而且它们很可能未被完完整整地绘制出来。有多少年轻女性更喜欢年长男性，却在40岁的时候开始寻觅年轻的男性？对此，爱情地图又如何解释呢？它充其量展现着女性对兴奋和刺激的偏好，然而，在生命的不同阶段中，它总是和不同男性（以及不同的男性类型）联系在一起。如此看来，爱情地图是非常多变的，而即使人们已经成年，他们爱情地图中的一些山丘和山谷也绝对可以被重新绘制。

爱情地图并不能确定遗传密码的严格性。它们并不能像基因决定我们身体的发育那样决定我们爱情行为的发展。在这方面，我们不会像曼尼所推测的那样，将固定不变的形象投射到我们所爱的人身上。

然而无可争议的是，我们早期以及童年的经历在很大程度上影响了我们作为成年人的情欲和伴侣关系。而有很多因素影响着这一经历：孩子在家庭中扮演的角色，以及他们得到的关注，或者父母的性别角色。在一个缺少争辩文化的家庭里成长起来的孩子，长大后会发现自己很难坚持去做一件事。相反，那些在家长脾气火暴的家庭里长大的孩子很有可能也变得同样脾气暴躁，并会寻找到一个脾气同样暴躁的伴侣，否则他们很快就会感到无聊。那些被教育要始终成为善良友好的人很容易隐藏自己的感情，日后也很难发泄自己的情绪。而那些在一个很有幽默感的家庭中长大的孩子，如果和一个没有幽默感的伴侣在一起就会觉得生活异常艰难，等等。

我们并不总是在寻找与我们的父亲或母亲相似的伴侣。我们经常会去寻找与他们完全相反的类型的伴侣——然而这很少能成功。

因为那些完全不同于我们在原生家庭中熟悉的类型的伴侣，在某些方面对我们而言总是很陌生的。他们也许会因此对我们充满了性吸引力，但在长期关系中也许会和我们产生矛盾。

我们几乎不自觉地倾向于重演我们的原生家庭中的故事。我们依赖于我们已知的模式，并且几乎本能地一遍又一遍地陷入相同的角色，在这里我们内心的想象力是无限的。例如，那些从小就缺爱的人通常会寻找一个很可能会令他们失望的伴侣。作为一个自我实现的预言，它证明了我们显然不值得被爱的事实。

令人惊奇的是，我们对于依恋模式的确认似乎比希望得到幸福更为重要。消极的感觉，比如不值得被爱也是我们身份的一部分。而对这种身份认同的坚持通常比任何改变的意愿都要强烈。显然，认为自己想要改变的人远远多于真正想要改变的人。除了大脑研究人员只认为我们成年后的性格最多可以改变20%的事实之外，正是这种顽固存在的身份认知使得关于爱情的咨询书籍总体上来说并没有任何效果。我们不能仅仅因为收集到一些明智的见解就在一夜之间改头换面。

令人欣慰的是，这种心理整容手术远没有我们想象的那样重要。即使我们似乎总是选错人，这个伴侣通常也不会错得离谱，至少不会让我们无法从中学到任何东西。无论如何，绝对意义上的真命天子（女）对我们来说可能并不存在。与遭遇几个变化无常的错误伴侣相比，我们在寻找完美的伴侣时所面临的糟糕状况会给我们带来更深重的灾难和孤独。

造成这种徒劳无功的局面的原因很简单：那些为我们的生活带来最绚丽色彩的人往往最不适合长期的亲密关系。随着时间的推移，那些最适合我们的人都会逐渐淡化为柔和的灰色。然而这种说法并不是铁定的自然规律。许多成功的关系都向人们证明了，在一段感情中丰富多彩和兼容性是绝对可以共存的。然而，疏远和无聊却是一段关系可能开始滑坡的悬崖。由此可以得出的结论是，我们对爱的渴望并不像人们常说的那样主要是为了获得理解、安全和依恋。至少，我们还渴望兴奋的感觉。因为至少在当今高度个性化的社会中，我们对爱人的期望有以下两点：理解我！以及让我的生活变得有趣！

　　几乎没有人会仅仅因为自己得到了他人的理解而与之坠入爱河。如果我们的情欲行为和我们的挑选伴侣的行为的确是在童年时期就被塑造出了雏形，那么我们日后也会在性爱中寻找父母的两个核心功能：依恋和刺激。我们的父母不仅给了我们安全感，他们也让我们的生活变得有趣，至少在很大程度上是这样。在这方面，依恋和刺激在我们的性欲中便占据着同等的比重。与其他因素不一样的是，依恋和刺激也使得恋爱成了一种长期关系。我们所有的浪漫愿景都在朝着这个方向发展。

　　浪漫是一种观念，它在"爱情"这一概念下为"相恋"创造出了无限的延续性并为其保存了兴奋感。即使这通常是行不通的——在一段没有这种浪漫承诺的爱情关系中，我们也许能体验到一种彼此间的关系，但肯定不是两性之间的爱情。并非信任使我们从根本上改变了我们的感觉、思维和行为，而是刺激和兴奋。其实哪怕是在初入爱河时，这种推动作用也是如此巨大。毕竟，谁会在第一次调情时就与对方分享日常生活中的臭袜子和狼狈不堪呢？

摇摆的吊桥

卡皮拉诺峡谷的吊桥是世界上最伟大的吊桥——至少对行人来说是这样。这座吊桥横跨加拿大温哥华市以北的卡皮拉诺河，全长136米。每年有80万游客涌向国家公园来欣赏雄伟的道格拉斯云杉。然而这里的亮点是一座吊桥。在深渊上方70米处，旅行者们通过狭窄的木制人行道走上这座摇摇晃晃的吊桥。

卡皮拉诺吊桥并不适合那些心脏脆弱的人。除了心惊胆战外，人们也可能会将心遗失于此。1974年，想要独自穿越此桥的年轻男人必须从一位迷人的年轻女士身旁走过。她问男人们是否愿意参加一个科学实验。此时他们每一个人刚好走到了吊桥的中央，毫无准备地便与她在此邂逅了。之后他们需要在一个小故事或一幅画中创造性地描述出自己的感受。当他们回来的时候，这位女士会给他们留下电话号码，以便他们问询研究结果。而事实上，参与这场实验的人后来有一半都打来了电话。

这项测试是由两位来自多伦多的年轻科学家设计的，他们是唐纳德·达顿和亚瑟·阿隆。当时达顿刚在温哥华的不列颠哥伦比亚大学申请到了一个临时的职位，在那里他一直在研究情感问题。此项与吊桥相关的实验使达顿和阿隆一夜成名。但正如游客所说，实验与景观印象无关。两位心理学家唯一感兴趣的是这个问题：有多少人会最终打电话给你？

她的假设很清楚很简单：因为走过这座摇曳的吊桥会让男人们感到紧张，所以他们看到这个出现在桥中央的漂亮年轻女士时的反应会变得特别情绪化，因此他们对这位女性产生了浓厚的兴趣。

在第二次尝试中，达顿和阿隆将这位女士送到附近一座简单搭建的木桥上并重复了该项实验。然而这一次，最终只有不足15%的男性给这位女士打了电话。

还有一点很引人注目：在吊桥上发生的故事显然比发生在普通木桥上的故事包含了更多的性暗示。那么究竟发生了什么？如果达顿和阿隆的设想是正确的，那么就意味着男人们将他们在桥上的激动转化成了对这位年轻女士的兴奋。桥晃得越厉害，男人们对性的兴趣就越大。

如今唐纳德·达顿是不列颠哥伦比亚大学法医心理学系的教授，亚瑟·阿隆则在纽约石溪大学教授心理学。他们从这个著名的实验中得出了两个结论，一个是理论上的，一个是实践上的。理论上所得到的有趣的结论是，我们的情绪常常如此模糊，以至于我们无法清楚地解释它们。引起某种情感的和促使我们理解这种情感的往往是两件非常不同的事情。只有像恐惧或兴奋这样的感觉才能最终转化为性兴奋。达顿和阿隆将吊桥上所发生的事件解释为"错误的归因"。换句话说，他们认为这些人显然误解了自己的情感。

美国社会心理学家斯坦利·沙赫特在1962年提出了一个假设，即身体上产生的情绪和心中对它们的解释完全是两码事。这位密歇根大学芝加哥分校的教授对许多奇奇怪怪的人类行为都充满着热情。在他的博士学位论文中他已经着手研究了一个问题，即当世界末日的传播者发现他们的预言没有实现时，他们的心灵会发生什么样的变化？沙赫特所感兴趣的是一个具有普遍性的重大问题：我们如何看待这个世界？我们为何会患上厌食症、暴食症、疑病症或者是染上烟瘾、吝啬等大大小小的毛病呢？

根据沙赫特的说法，所有这些情况都与"错误归因"有关，因为不存在厌食或吝啬的情绪。它们所引发的行为和情感是不相符的。很明显，有些东西在我们内心解释的作用下重新被规定了方向或发生了改变。沙赫特为此提出的理论被称为"情感的双因素理论"（Two factor theory of emotion）。这一理论的观点很简单：我们所有的感觉都是由两个因素组成的—— 一方面是身体上受到的刺激或激励，另一方面是相应的（或不完全相应的）解释。

换句话说，我们所拥有的感受实际上是由我们自身诠释过的！我在上一章中曾说过，当情绪触发想法时，感觉就会出现，这里就是同样的意思。因为想象是我们大脑功能中更高级的成就，它解释并衍生出一种情绪。在此，吉尔伯特·赖尔可能会补充说：事实的确如此，但我们对大部分的感受都找不出合适的词语来描绘！我们只能使用通用术语。一旦我们使用了它们，我们就会相信这些术语符合我们的实际感受。

当成年人对孩子们的感受给出明确的解释时，孩子们便会很高兴，因为这会让世界恢复秩序。当弥漫的不适感似乎可以通过一个合理的定义来解释时，成年人通常也会感到平静。

当心存疑虑时，明确诊断出的"自卑情结"的结果和相应的推论要比那种对他人看似无助和无能为力的、似是而非的感觉令人感到舒适。即使"无助"和"无能为力"这两个词汇实际上与"自卑情结"的科学解释差不多。

达顿和阿隆在吊桥上的实验似乎证实了这一机制。在极度兴奋的情况下，感情可以通过其他方式发生转变并富有成果。这个故事的实际意义在于让人们认识到性兴趣和迷恋的情感高度依赖于周围的环境。在摇滚音乐会、舞蹈课、奢华的圣诞派对、科隆嘉年华甚至是冒险的吊桥上，坠入爱河的概率显然比在超市购物时要高得多。

今天，吊桥实验只是数百个关于兴奋和错误归因的实验之一。进一步的研究表明，这类实验设计得越契合身体的化学机制，效果就会越好。经过艰苦的骑行或半程马拉松后，高度兴奋的身体平均需要70分钟才能恢复到正常水平。在筋疲力尽的10～15分钟时，错误归因便迎来了它的黄金时期。此时我们的身体仍然是兴奋的，但我们的心灵不再将这种兴奋与触发机制——体育活动——严密地联系起来。因此，此时那位站在终点的迷人女士得到了所有的关注。

不寻常的情况促进了独特的情感的产生。体验特殊事物的感觉会激起足以坠入爱河的兴奋。但请注意：事情并不一定完全如此。有些夫妇便是在最平平无奇的情况下相遇的，而且并不是每一个令人兴奋的时刻都能让我们坠入爱河。那些在我们通过吊桥之前就不喜欢的人，后来也不会变得更有吸引力。恰恰相反，消极情绪在兴奋状态下也会加剧。然而，许多人都知道，那个我们在激动人心的假期中邂逅的恋人，在我们假期结束回到家后便会迅速失去其魅力，这会让我们倍感失望。独一无二和非凡的东西消失了，而这正是爱最特别的魅力。我们不再爱一个我们不觉得"特别"的伴侣。而我们所爱的人一定是那些我们觉得"特别"的。是的，我们的爱本身在我们看来就是"特殊的"，否则我们就不会把它说成"我们的爱"了。因为没有这种特殊的感觉，任何事情都不可能发生。

第六节

当爱情独一无二时

"直到索尔和黛利拉·科恩的意外发现传遍西方世界以来，自1642年以来，这世界上曾经有过五次伟大的亲吻（在那之前，这对夫妇把拇指钩在一起）。而对接吻的伟大程度进行分级是一个非常困难的问题，在这个问题上人们经常存在争议。尽管每个人都认同'激情×心无杂念×强度×持续时间'的接吻公式，但对这些元素中的每一个要素究竟应该在接吻中占多大的分量，人们往往各执一词。但无论采用何种评定制度，人们对这五次伟大的接吻都有着一种普遍的共识，即它们是富有意义的。而仅仅这一点就能盖过上述的所有标准。"

让我们先抛开生物学家和人类学家将接吻的起源追溯到我们在灵长类动物时代中口对口的喂养时期：在没有婴幼儿食物的时代，所有的食物都是被轻轻咀嚼后直接嘴对嘴喂给新生儿的。相比之下，威廉·高德曼在他精彩的小说《公主新娘》中所创造的犹太教之吻听起来要美妙得多。而我们也理所当然地喜欢忽略这样一个事实，即我们亲吻所爱之人时所产生的感觉应该只是口部发展阶段的残余物。至于其余的问题，维基百科中有一个条目与高德曼所说的几乎没有什么不同："在西方文化中，亲吻主要用于表达爱或（性）喜好。它通常涉及两个人互相亲吻嘴唇或身体的其他部位。当出于倾慕之情而接吻时，身体的感觉通常很重要。爱情之吻通常是漫长而激烈的（如法式湿吻）。嘴唇上有特别多的神经末梢，这意味着在接吻时触觉特别灵敏。此外，由于亲吻使得双方彼此靠近，所以信息素会传播得特别好。所以接吻可以增加性欲。"

但高德曼的故事的特别之处不在于接吻，而在于它所展现出的一种极致状态。因为根据"激情×心无杂念×强度×持续时间"的公式，所有接吻中的最伟大之处和恋人之间的每一个亲吻中所蕴含的东西，都是十分特别的。

特殊的感觉与爱密不可分。如果所有的性爱在很大程度上都是我们在对方眼中的自我表达，那么我们就不能对这种特殊性避而不谈。我们觉得对方是"特别的"，因为我们认为自己是特别的。而只有一个特别的人的凝视才能使我们变得特别。这样，我们的爱就变成了一种特别的爱——只要我们还能感受和相信它。

而这背后所暗藏的机制其实并不难描述。所有的特殊性都来自我们生活中的情感。逻辑推理和经验丰富的行动并不能提供这种刺激。然而，通过我们的情感，我们体验到这个世界是令人兴奋的、沮丧的、好奇的、疯狂的、奇怪的各种事物。情感赋予了我们对品质、价值和重要性的体验。但爱才是让我们觉得自己有一种特殊感的情感。换句话说，爱的主题是它自己的特殊性。

我们深入地参与到我们所感受到的东西中。而和爱一样强烈的感情极大程度上给予了我们内在的参与感。通过他人的体验，我们以一种特殊的方式使自己变得重要。对特殊性的渴望激发了我们身上"特殊的情感"，由此我们对爱的概念就产生了。恋人构建了一个共同的现实。每对恩爱的夫妻都以这种方式建立自己的世界。曾经不重要的事情变得重要，无趣的事情也变得有趣。我们会以难以想象的程度为自己开发出一片全新的天地，尽管这个新世界日后也会慢慢地关闭它的大门。这个过程中我们充分沐浴在充满情欲的自我盘点中。在电影《安妮·霍尔》中，伍迪·艾伦说："我的妻子留给我的是书，是托尔斯泰和卡夫卡。"要是没有遇上她，自己永远不会对这些作家感兴趣。相反，那家情侣们最爱的餐厅，无论曾经多么重要、多么美丽、多么浪漫，在他们分开后都会成为一个令人避之不及的伤心地——人们可能再也找不到浪漫的地方了。一个刚刚坠入爱河的人，如果和他的新女友去他的前任所钟爱的那家餐馆，那么这一行为着实令人费解。

最重要的是，恋人认为他们的爱是独一无二的，尽管他们知道这样的独一无二并不会只发生在他们身上。每一种爱情关系都是与众不同的，然而爱情中的许多模式和仪式却是相似的。一段没有"我爱你！"这句话的爱情是相当奇怪的，这就和那些不被关注、毫无占有欲、没有礼物也没有仪式感的爱情一样古怪。我们越觉得我们的爱很特别，我们就越和其他人相像。只有那些说他们的爱和其他人一样的恋人才是真正与众不同的。

情人眼里出西施。因此，约翰·曼尼认为我们对另一个人的看法是根据爱情地图所投射出来的想法可能并不是空穴来风。只是这个方案远没有曼尼想象的那么机械死板。当然，人们总是爱上一种想象。"坠入爱河中的人所爱的，是他眼中看到的那个对象。"社会哲学家马克斯·霍克海默的这句警句已经概括了一切。一个人对另一个人的看法是由爱改变和决定的，以至于所爱的人偏离了一种"正常"的被观察的方式。这是他们自己独特的品质。用社会学家尼克拉斯·卢曼的话说就是："外部的支持被削弱了，内部的紧张局势加剧了。现在必须从个人资源中保证稳定。"

在我们行为的仪式化过程中，我们试图创造我们小时候在父母家中拥有（或错过）的那种温暖。儿童世界的特点是对神奇和仪式化的感知和体验。在成年人眼中似乎符合逻辑和可以理解的事情，在孩子看来却被赋予了是非对错的象征性价值。他们遵循着他们认为是好的路径而看不出他们的对错。他们甚至给他们知道并不"客观的"属于他们的东西赋予了光环和价值。可爱的兔子和毛绒玩具狗仍然是有灵魂的爱的对象，尽管每个4岁小孩都已经知道它们肯定既没有生命也没有感知。

我们爱情关系的一个特点是，即使作为成年人，我们也能赋予一些事物价值，而我们的批判性思维并不会破坏这种魔力。早上在阳台上和爱人共同享用的咖啡具有其他的咖啡永远没有的特殊性。价值是人类最宝贵的财富之一。自发地、自愿地建立它与试图通过思考来复制它、实现它一样不可能实现。要想创造价值，我们必须积极地将我们的想象力情绪化。但将情感转化为想象力远比将想象力转化为情感要容易得多。当朋友告诉我们他在骑马或潜水时感到开心时，即使我们也怀着美好的意图，骑马或潜水这两件事听起来也并不会让我们立刻感到快乐。

几乎所有的价值观都是在童年时期形成的，那些在孩提时代不能建立价值观的人很可能在一生中都无法找到价值观——至少从长远来看是不会的。对事物、兴趣和行为的正向激励只有在早期的印记中才有可能，或者——至少在短期内可以被爱激活。我清楚地记得，在大约12岁的时候，我很遗憾我不能像几年前那样期待圣诞节了。一切曾经对我来说令人兴奋和有价值的事情现在都变得很平庸。而我的母亲也证实了这一点。我对圣诞节的感觉永远不会回来了，就像许多其他一去不复返的童年感觉一样。但是，她安慰我并补充说，作为一个成年人，可以通过爱情得到补偿！

不幸的是，许多恋人对爱情的感觉就像我小时候对圣诞节的感觉一样。人们投射到爱情中的魔力会随着时间的推移而消散。曾经的"神圣"之后会变成例行公事。你的损失是如此巨大。数十亿人因此备受煎熬。就在几十年前，越来越多的咨询师向人们科普如何避免让爱情螺旋式下降的诀窍。如果按照他们的说法，爱情魔力的消亡和共同现实的消失既不是我们血液中苯乙胺下降的结果，也不是在被幸福冲昏头脑后的一段时间内重新浮现在脑海中的理性的批判要求。依据爱情的宣言，长久的爱情是可以通过学习来实现的。

这是真的吗？

在我们进入下一章之前，我想简要总结一下目前为止我们得到的结论：人类是具有正常动物性情感的生物。然而，我们天生所具有的复杂的想象力将我们的诸多情绪变成了分散的、鼓舞人心的、令人沮丧的、熠熠生辉的感觉。这些感觉与我们的情绪并不一一对应，其原因有二：第一，正如沙赫特所表明的，我们不只是拥有自己的情绪，而是将它们曲解为"错误归因"；第二，我们的语言限制了我们解释自己的感受。正如赖尔所认识到的，我们用转瞬即逝的兴奋来制造出普遍化的名词。这就是为什么我们把爱情当作和桌子一样真实存在的东西来谈论，而不认为它是我们想象中的一种短暂的虚构内容。

把我们从我们的生理、我们的动物性情感、本能和化学平衡中解放出来的是我们的自我解释。更高的层次是我们非常个人的自我概念，它决定了我们如何解释自己和他人。我们已知的身份并不等于我们的生物身份，这种差距同时为爱情创造了很大的空间。我们所爱的人更多地与我们父母紧密相关而不是与生物学上美的竞争有关。只有在青春期，当我们的自我意识和自我概念仍然处于比以往任何时候都更加不稳定的时期，对方外在的吸引力才会发挥最大的主导作用。

因此，我们的激情既是一种经验也是一种发明——它在很大程度上是我们童年的发明，几乎所有与我们伟大的情感相关的事情都是如此。我们对谁燃起性欲也与我们的本能有关，我们迷恋谁更多地与我们的父母和童年经历有关，而我们爱谁在很大程度上最终与我们的自我概念息息相关。

以同样的方式，我们的自由意志也在不断增强。我们的性快感几乎完全脱离了我们的意志，我们并不会选择激起我们性欲的人。作为一个有经验的成年人，我们并非完全不能决定自己会爱上谁。因为无论我们是否愿意接近某人，我们都绝对可以选择是否按照爱情地图的指引前进或后退。我们的爱在某种程度上出自我们的直接意志。

唯一的问题是：我们的直接意志究竟在什么程度上左右着我们的爱情呢？

第九章

命运之轮的旋转：
爱情是一门艺术吗

第一节

艾里希·弗洛姆，一位小市长以及爱的艺术

科西嘉岛，1981年夏天。我那年16岁，第一次来到南方，住在一个隐于灌木丛的小旅馆中。像所有16岁的孩子一样，我的爱情并不让我开心，这是一个教科书式的单相思故事。我的荷尔蒙水平达到了意想不到的水平，旅馆周围野草的味道差点要了我的命。但最糟糕的是，这个假期我不得不独自和我母亲一起度过。显然，这真是在错误的时刻与错误的人困在了一起。

我的母亲当时正面临着中年危机。那个时候她也是刚刚对此有所察觉。在卡尔维海滩上，她第一次觉得自己老了。与此同时，一些和我们一样住在酒店里的人不由自主地成了我们的同伴并几乎时刻围绕在我们身边。孤独让人变得善于交际：这些人里有一位来自波尔兹的又矮又胖的歌唱家，一位前不久在绍尔兰一个区镇退休的秃头市长还有他的妻子希尔德加德。晚宴上，秃头市长在绍尔兰多年打拼的行政智慧给歌唱家留下了深刻印象。但白天时，这位市长却静悄悄地坐在躺椅上阅读着艾里希·弗洛姆的《爱的艺术》。

在这期间，他总是乐此不疲地偷窥他人的隐私，并夸夸其谈地向我的母亲讲述调情的秘诀。不巧的是，我的母亲是个女权主义者，听到他所说的这些心情自然不会好，而这些聊天的内容也没有给她留下深刻的印象。市长说，聪明地调情意味着"不要直奔主题"。但是，看看他那直勾勾地望向沙滩的目光，就知道他早已直奔主题而去了。（这位老先生现在应当已经驾鹤西去了，否则他要是读到这里一定会故作绅士地说道："我向您问好！"）

而我要将所有这一切遭遇全都怪罪在艾里希·弗洛姆的头上。这个姓氏让我想起了教堂和避孕套。书中作者的照片就像个镇长一样，甚至连名字都是如此。几十年来，我一直认为这本书是专门为老年男性开设的调情课程。我的母亲也不喜欢这本书，她认为它是"深奥的"。这可能就是它变得如此受欢迎的原因。《爱的艺术》是有史以来关于爱情最成功的非小说类书籍，全球总共售出500万册。但这本书既不是专门教授调情的课程，也不是艰深晦涩的玄学。那么它是一本什么样的书籍呢？艾里希·弗洛姆想告诉我们什么？

艾里希·弗洛姆生于1900年，是美因河畔法兰克福一个果酒商的儿子，这是一个非常虔诚的犹太家庭。这个没有吸引力的小男孩从小就对犹太神秘主义着迷。在这座城市，他接触了许多其他年轻的犹太知识分子，例如齐格弗里德·克拉考尔、利奥·洛文塔尔和马丁·布伯。高中毕业后，弗洛姆来到了海德堡学习法律。受到新结识的朋友的影响，他在脑海中构想着一个由社会主义、神秘主义和人文主义组成的综合体。当西格蒙德·弗洛伊德于1922年取得博士学位时，他的精神分析作为一个全新的、引人入胜的挑战也被弗洛姆划归进了这一综合体中。

弗洛姆跃跃欲试，希望以人文主义理念重新整合20世纪20年代支离破碎的世界。同时，他开始在慕尼黑和柏林进行精神分析培训。1926年，他与同龄的精神病医生弗里达·赖希曼结婚，并在柏林开设了精神分析诊所。与他早期希望通过神学来获得救赎的期望相比，如今卡尔·马克思和西格蒙德·弗洛伊德对他来说显得更加重要。弗洛姆的新目标是一种理性的社会分析心理学。他成为"法兰克福精神分析研究所"（Das Frankfurter Psychoanalytischen Institut）的联合创始人，该研究所位于著名的"社会研究所"（Das Institut für Sozialforschung）内。他在法兰克福讲学，在柏林进行治疗。1932年，他与弗里达·赖希曼分居，两年后逃离纳粹政权前往美国。

与许多其他德国知识分子不同，弗洛姆出乎意料地在纽约成功站稳了脚跟。他开设了一个精神分析诊所，并在哥伦比亚大学担任客座讲师，社会研究所也搬到了纽约。1938年，社会研究所中发生了一件丑闻。比弗洛姆小三岁的西奥多·W.阿多诺成了该研究所的后起之秀，而他厌恶他的竞争对手弗洛姆。阿多诺从未认为弗洛姆是一盏明灯，相反他把他看作一个幼稚而庸俗的哲学家。

该研究所的大多数成员在战争结束后返回了德国。而弗洛姆留在了美国，成了美国公民，并在佛蒙特和耶鲁讲学。很快他就将自己的观点出版成书。他撰写了许多有关国家社会主义、精神分析与伦理、精神分析与宗教的书籍。而在20世纪几乎被弗洛姆搁置了的神学如今重新走入了他的视野。1944年，他与虔诚的摄影师亨尼·古兰结婚，后者是与瓦尔特·本雅明一起从德国逃过来的。这一艰苦旅程的后果之一就是让她患上了风湿性关节炎。由于亨尼的病，弗洛姆于1949年移居到了墨西哥。他在墨西哥城成了精神分析学的兼职教授。

1952年亨尼病逝。此后弗洛姆全身心投入写作中。他将资本主义描述为一种溃疡、一种产生疾病的系统。弗洛姆的仇恨促使他加入了美国社会党。然而他以惊人的速度找到了新的伴侣。就在亨尼去世的一年后，他迎娶了比自己小两岁的美国美女安妮丝·弗里曼。他和她一起搬到了墨西哥库埃纳瓦卡，住在名人社区一个带大花园的房子里。此时，这个重新坠入爱河的男人痴迷于禅宗，并写下了他的畅销著作：《爱的艺术》。

在他的这本薄薄的书中，弗洛姆大部分时间都在对经济思想进行批判。而他认为，正是资本主义使人变得肤浅和卑鄙。200年前，法国哲学家让-雅克·卢梭撰写了《论人类不平等的起源和基础》，在这部著作中他所阐述的观点是，人类的本性是好的，但文明却使他们堕落。卢梭的影响是巨大的。他是所有的"损害理论"之父。损害理论家认为社会环境阻止了人们按照他们自己真实的本性和意愿去生活。因此，他们在社会或经济约束下寻找着"真实的""本真的""自由的"人。这一理论的发展和变迁从基督教原罪到卢梭和德国浪漫主义，再到弗里德里希·尼采、西格蒙德·弗洛伊德、西奥多·W. 阿多诺和艾里希·弗洛姆，呈现出一条笔直而清晰的脉络。阿多诺将他著名的思想和笔记集《最低限度的道德》的副标题命名为"受损生活的反思"。

艾里希·弗洛姆和西奥多·W. 阿多诺并不是朋友，但他们的理论却有着相同的来源：马克思主义和精神分析学。二者都很赞同后者，即他们认为人受到当前社会的阻碍，因此人是不自由的，经济或普遍的道德阻碍了人的发展。在"批判理论"中，马克思主义和精神分析结合在一起。按照马克思的说法，资本主义乃是万恶之源。因为资本主义压迫人，导致社会变得畸形。换句话说，人在心理上是不自由的，因为他在经济上是不自由的。压迫机制和偏见无处不在。阿多诺称之为"盲目的关系"（Verblendungszusammenhänge）。

对于哲学家来说，这种盲目的关系的美妙之处在于，他可以在这些语境之外看到自己。谁看穿了别人的愚蠢，谁就会觉得自己更聪明、更开明。这种美妙的效果是批判理论成功的秘诀之一。在20世纪60年代，对于知识分子来说，批判理论几乎成为一种宗教：他们所崇拜的是对大众虚假生活的分析。

如果阿多诺所言有理，那么"在错误的生活中就不存在真正的生活"，这也就是说，在资本主义中没有真正的幸福。但我们至少有可能看穿别人错误的生活。未来应该"消灭"占主导地位的经济和政治"体系"。根据卡尔·马克思的说法，存在决定意识。谁改变了"存在"和社会关系,谁也就治疗了人们的意识。因此,1968年的政治斗士们认为自己既是革命者,也是治疗师。

艾里希·弗洛姆也有同样的想法。资本主义消费者心中畸形的占有欲(Habenwollen)必须得到治疗,只有这样才能形成一种独特的、真实的存在。当阿多诺逐渐告别弗洛伊德的精神分析学时,弗洛姆则始终如一地批判资本主义,并把这种批判作为心理保健。思想开放、敏感的人必须从世俗的需要中解脱出来。因为以爱的态度对待世界和以贪婪的态度对待世界是截然相反的:爱他人的人并不会索取任何东西,他尊重一切存在的东西,他给予而不是索取。

1980年,家底殷实的艾里希·弗洛姆在马焦雷湖的穆拉尔托去世。除了在提契诺州的住所外,他还在纽约河滨大道拥有一套顶层公寓。他终生致力于世界和平和人道主义的社会主义。然而,他从未实现他书中提出的脱离物质需求的呼吁。更令人费解的是,他对占有欲的评价乍一看似乎充满了好感。为什么占有欲这么糟糕?它真的如此邪恶吗?我想要拥有的难道不能是一种积极的"存在"吗?在我们的需求和对某事的渴望之外,还有其他的什么选择吗?休息和内心的平静不也是我们每个人都想要的吗?

对于富裕的人来说,毫无占有欲的生活是一种奢侈的想法。在没有意识到这一点的情况下,弗洛姆写了一本书,预见到了20世纪70年代和80年代的时代精神:女权主义者喜欢批评资本主义的男性掠夺心态;环境运动激发出了一种清洁生活的观念,反对肮脏而危险的工业主义;深刻的人对灵性着迷,认为生活最是不能被苛求,而是要顺其自然的。艾里希·弗洛姆的《爱的艺术》成了富裕社会的圣经，而这个社会必然希望拥有一种属于自己的"存在"。

这正是弗洛姆的继任者今天仍然深耕的精神领域。它是书店中成百上千种心理学书籍的参考文献，这是一种可以吸引所有人的诱饵，吸引了世界各地寻找幸福的人们，人们借此来寻求性和精神上的幸福，寻求满足以及救赎。

迷失自我的爱情

　　后来图书市场上出现的书籍就不能归咎于弗洛姆了。当然人们也不能否认的是，当今天在书店的书架上堆积如山的平庸之作走在弗洛姆为他们提前铺好的康庄大道上时，弗洛姆的出发点原本是好的。

　　例如，科隆心理学家彼得·劳斯特的书《爱情：一种现象的心理学》的销量超过100万册。至少在德语国家，他在20世纪80年代和90年代与约翰·格雷和皮亚西亚斯夫妇一样成功。和他们一样，劳斯特更喜欢为女性写作。她们在情感方面展现出性别优势，因为女性通常更"敏感"。"敏感"是一个神奇的词，任何东西都不应该阻碍它的流动，包括婚姻和忠诚。那些躲在婚姻屏障之后，认为忠诚比敏感更重要的人，他们的心理是"病态的"和"发育不良的"。

　　打着深奥和善意的幌子出现的，实际上是恐怖形式。首先，人们必须认识到，劳斯特对读者提出的永远生活在"此时此地"的可怕要求完全忽视了我们日常生活和工作世界的现实。只有佛陀、反社会者和百万富翁才能负担得起这一要求。对于其他人来说，这条救赎之路是压力巨大的，也是一种诅咒。因为如果按照这个要求，那么我们所有人都不能按照自己的意愿生活。随后便出现了"存在而不是拥有"的傲慢教条，这种教条坚称西方世界几乎所有人都发育不良，而他们的心理也是病态化的。正如阿多诺在批判理论中所说的一样，我们大多数的自然需求都是虚假的需求，我们的情绪反应是虚假的反应。

这种温和的恐怖思维曾一度大获成功。而它也为夫妻之间的争吵和诸多辩论造成了灾难性的后果。任何感到被误解的人现在都在寻求"真实自我"的庇护，而这被他们的伴侣彻彻底底地误解了。造成争吵的不是你的伴侣在晚上感受到的工作压力，不是你直到躺在床上还能感受到的各种压力，也不是大大小小的愤怒、怨恨和嫉妒的情感。相反，造成关系中问题的是对"真实自我"的疏离。这个"真实自我"就像是一个核心，当其他人冷落我时，它可以使我内心平静，让我感到愉快。

任何一个从威廉·詹姆斯那里得知我们的行为不能追溯到简单的本能的人；任何一个从斯坦利·沙赫特那里学到我们不是"拥有"我们的感觉，而是"解释"我们的感觉的人；任何一个从大脑研究中知道我们的自我会分解成许多不同的自我状态的人，都不会从这个"真实自我"中汲取到任何有营养的东西。然而，对其他人来说，"真实自我"是一个无神世界中神秘的神明：它是具有创造性的，是无形的，但可以通过冥想和沉思来感受它的存在。这是真实的、无可争辩的。最重要的是，它为将责任全部推卸给他者提供了一个绝佳的理由。因为这个"真实自我"总是好的，所以从逻辑上讲，导致我生活失败的一定是其他因素。

劳斯特关于爱的书表明了一件事：这本书是另类的。就像卢梭曾经说的一样，邪恶潜伏在社会的各个角落。资本主义不断鼓励消费并宣扬错误的价值观。于是男人们率先盲目地追随了这一价值观，投身于占有欲而非事实的存在中。而对性的贪婪是他们最大的贪欲。劳斯特将所有这些自然需求标记为精神错乱，这已经够莽撞了。然而，更糟糕的是，它通过认真地称赞女性来嘲弄女性。她们是更优秀的人，作为惩罚，她们要"治愈"男性。

如果不担心它已经在无数读者的脑海中造成了巨大的伤害，人们就不必更详细地讨论这种废话了。特别是，女性是更好的人的信念在我们的社会中正在危险的边缘徘徊。男人的弊病在于他们对理性的偏执、对情绪问题的压抑以及他们的性瘾。这么多弊病对于女性和治疗师来说根本医治不过来。

把这幅描绘男人的讽刺画反过来想想就会发现其中蕴含着的邪恶意图了。按照这一说法，女性不那么理性，她们的灵魂更有力量，对性的需求也相对较少。但倘若人们稍微把目光从该书挪到现实的女性生活中就会知道，这三种说法完全是站不住脚的，就更别提这种咖啡馆心理学有什么价值了。凭什么理性这样令人厌恶？而我又何必为诸如挖掘灵魂的深度这样假大空的事情不断地付出努力？让情欲贪婪地流过我的每一寸身体究竟有什么不好？

有趣的是，劳斯特的言论得到了赞同。显然，这是由于劳斯特意识到了这一观点的可靠性，其他人只是隐约感觉到了这一点。而他的作品被贴上了20世纪70年代的流行标签，在那里一个四方脸的男人解释道："爱是……"劳斯特所有的章节标题都是类似的结构："爱是温情""爱是冥想""爱是自我发现"。这听起来不是描述性的，而是规范性的。而在这样的标题里，吉尔伯特·赖尔所提出的"分类错误"的观点便毫无话语权了。

如果爱情真的是冥想，那么冥想就是爱情吗？人们想建立一种劳斯特式的爱情吗？按照劳斯特的说法："爱情是一种无欲望的凝视，一种无欲望的认知，它本身就是自给自足的，它并不因贪婪而发展，在实现的过程中也并没有任何欲望的参与。对于一个以消费为导向的人来说，他们很难理解这个想法的全部意义，他会倍感沮丧且充满贪欲，因为他还没有了解过自己与世界的联结。"

让我们试着去理解这个想法的全部意义，即使这无比困难。我们假设劳斯特拥有比其他人更高深的智慧，而我们也接受以仁慈为幌子的傲慢，这种傲慢认为90%以上的人都是可悲的，因为他们狂热的消费和贪婪使得他们的灵魂陷入低劣的境地。现在让我们把关注点放在爱是"无欲望的凝视"的主要论点上。

哪个女人和哪个男人愿意在他们的关系或婚姻中被"无欲望"地凝视？谁会梦想着"没有私欲的满足"，即无私的快乐？如果你从爱情中拿走这种香料，那么谁又应当品尝它？没有欲望的性爱与不含酒精的啤酒有什么区别吗？

假设劳斯特把"爱"像奶粉一样分发出去，但他分发的奶粉尝起来似乎并不是奶粉的味道。这是一个全新的发明，相当平淡无奇。在我看来，很少有人想要这种平淡无奇的关系，它是那么不痛不痒。劳斯特发明了一种爱情，试图以此解决爱情中所有的矛盾和不一致之处。据此爱情这种凌乱的感觉应该变成一种井然有序的感觉：一种美好的、公平的，尤其不能让人失望的感觉。

然而，实际上混乱是爱的一部分，就像酒精是啤酒的一部分一样。在爱情中，我们寻找的实际上是亲近与距离，本能的理解与回避，温柔与刚毅，力量与软弱，神圣与卑鄙，狂野的猎人与温柔的慈父。有时我们并不是把它们一个接一个地搜罗起来，而是将所有这些类型混在一起，难以分离，想要同时找齐它们但似乎又不想同时找到它们。

任何对爱情提出如此高要求的人，所寻找的都不仅仅是一个能为他们倾其所能的人。我们并不需要一个精神牧师、治疗师或灵魂医生——我们想要一个在各个方面都可以与之抗衡的人。我们渴望被他人渴望，就像我们渴望他人一样。作为群居动物，我们不能像其他动物那样在山洞里安全地栖息。他人和他人的凝视对我们来说很重要，我们就是这样被创造出来的。正如萨特所表明的，每一种自我关系总是一个关于其他人如何看待我们的问题。没有人能摆脱它。这就是为什么我们不应该表现出任何对追求"内在自由"状态的渴望。我并不能独自发现我自己。然而这个所谓的"自己"究竟应该是什么？自给自足才是一切愚蠢的开始。

"无私"的爱是一种苛求，无论是基督教思想还是心理治疗都是如此。后者宣扬的无条件的爱在英美国家颇为流行。它的基本思想是片面的，因为他们宣传爱是分享而不是欲望。同样地，它的非人性化的原则——情人之间的每一次争吵都可以追溯到自我之爱，也是片面的。这种无私的爱不仅不切实际、不能体现出爱的复杂性，而且根本没有抓住重点。爱的意义始终在于它也密切关乎我们自身的幸福。人们还应该考虑到，虽然一些心理治疗师宣扬无私的爱，但实际上很少有人希望被无私地爱。一个无私地爱我们的人实际上是贬低了自己，同时也贬低了他的爱的价值。

无私的爱情神话往往伴随着第二个要求：无条件地融为一体。它也是关于爱情的最顽固的谣言之一。在空间和心理上，情侣们都需要仔细考虑他们想要分享的内容。伴侣不能进入的私密领域并不是障碍，相反，这种个人空间通常对我们很有好处，否则它们不会成为大多数人的自然需求。爱一个人并不意味着在生活中的每一种情况下都要接近他们，分享每一个想法和每一种感觉。因为如果爱情真的是相互靠近的问题，那么人们同时也需要相互保持距离，这样你们才能接近对方。保持距离不一定是一种罪恶，而是爱自己的重要组成部分。

汉堡心理治疗师迈克尔·马利在他的书中不厌其烦地强调了距离的巨大重要性，因为"个体对于分离的需求就像他们寻求联系一样必不可少"。爱通过一种非常重要的外来感知丰富了一个人，从而将他从心灵的笼子里解放出来，这种感知大大扩展了他对自我和世界的看法。但如果这是真的，那么这也意味着没有陌生感的爱情是行不通的。如果人们不想欺骗自己，那么和他们完全融合为一体的想法就永远是一个美丽的幻觉。因为情侣们孜孜不倦地追求的共同点源于既不在一起生活也不以同样的方式体验生活。否则，对共同经验的确认将是多余的，因为它是毫无意义的。

第三节

制造幸福的爱情规则

如前所述，如果我们什么都不做，爱情就不会降临。同样地，如果我们无所作为，那么爱情也会停滞不前。爱情实际上是一件美好的事情。我们并不是偶然被爱情击中。然而事实是，爱情并不是从天而降然后又在魔法的大手中化为乌有，这样的夸张也太令人感到困惑了。和艾里希·弗洛姆一样，精神分析学家弗里兹·李曼也强调："爱不是一种状态，而是一种行为。"这听起来很美好，但这样清晰明确的措辞明显是有误的。

如果爱只是一种行为，而不是一种状态，那么每一种爱基本上都可以通过行为和行动来拯救。然而任何有经验的恋人都知道这不是真的。当然，你可以为爱做很多事情。你可以为它做很多对的事，也可以做很多错的事。但是人们并不能为它倾尽所有，这就是说既不能为了维护自己的情感，也不能为了获得我们所爱的人的情感而付出一切。

正是我们无法控制和操纵一切的事实替爱情咨询文学打开了市

场。当关系或婚姻不好时，人们彼此之间就不那么友好，而是变得愤世嫉俗、无聊、恼火、不能一心一意。然后，有关该主题的指南通过巧妙的提示解释了幸福婚姻的"秘密"："对彼此更友善，更专心！"这着实是个明智的建议。然而，如果我们很容易对我们的伴侣表现出善意和关注，那么我们关系中的危机就不会存在了。

我们的关系不会因为我们的粗心大意而受到影响，相反是因为关系出现了问题我们才会变得敷衍又粗心。不是每一段婚姻都可以挽救，即使求助于婚姻咨询师也是于事无补的。无论如何，我们的行为也很少会因为这些建议而发生改变——至少不会发生长期的改变。

爱情公式的基础并不总是像彼得·劳斯特所认为的那样虔诚，它也并不是一种高高在上的命令。几十年来，特别是美国研究人员一直在研究爱情的密语和情侣的仪式，并像观察未知的两栖动物的交配行为或蚁群一样观察着他们。从中他们得出了像柴油发动机的操作说明书一样的法则。这个行业中的代表人物之一是华盛顿大学的心理学家约翰·莫迪凯·戈特曼。维基百科中关于他的词条对他做了很多的解释："戈特曼博士发现了一种方法，它可以预测出哪些新婚夫妇的婚姻状态会在4到6年后结束。这一准确率高达90%。该方法还可以以81%的准确率预测出哪些婚姻将存续7至9年。"

如果您想了解这种方法，请购买戈特曼关于《幸福婚姻的七个秘诀》。在书店里，你会在《爱的五种语言——创造完美的两性沟通》《伴侣关系如何成功——爱情游戏规则：关系危机带来发展的新机遇》《美妙关系的秘诀：即时转型》等书籍的旁边找到它。倘若有这么多书籍都洞悉了成功的婚姻中的秘诀，那么这些成功的婚姻中一定蕴藏着一些公开的秘密。然而令人惊讶的是，成功婚姻的数量并未因此而增加。

德国科学记者巴斯·卡斯特在戈特曼的研究中看到了详细的科学知识。他从戈特曼的7个秘密中推导出了5个"爱情公式"。据此，以下因素促成了幸福的爱情关系：关注、团结感、接纳感、积极的幻想和日常生活中的兴奋。当然，这一切都有助于建立良好的关系。然而，反过来人们并不相信，爱情仅仅由这五个因素构成并得到保障。毫无疑问，我们可以与最好的朋友分享这一切而无须涉及任何异性之爱。这些要素是亲密伴侣关系的基石，但肯定不是爱情的"公式"。

记者克里斯蒂安·舒尔特在她的书籍《心灵的密码》中所提出的"实用主义爱情的5种策略"在心理学和社会学上显得更加复杂。这些策略包括："保持脚踏实地"，因为理想化是失望的保证；"小心融合"，因为两颗心完全融合在一起的想法是诱人的，但也会带来高度危险的关系；"管理冲突"，因为持续观察处于偏执状态的恋人就不可避免地会引发争吵；"考虑感觉"，因为浪漫的最大敌人是一成不变，人们无法绕开那些能让爱情保鲜的针对性措施；"后视镜中的浪漫：我看到了我没有看到的东西"，意思是观察自己的浪漫情怀也无伤大雅，这样也能更好地评价自己。

这五种策略都是聪明而正确的。而它们的好处在于，它们既不谄媚那些所谓的自然科学中的"公式"和事实，也不认为自己是取得无条件成功的秘诀。它们也并非基于美国大学的实验，而是基于社会学读物和聪明的反思。其中最重要的核心是洞察力，理解他人不是技术问题，而是意志行为！

很少有人真正缺乏理解对方感受和想法的能力。对共同生活和爱情来说，更重要的是我们是否愿意这样做。因为恋人确实喜欢幻想双方的共同利益，但这种幻想是要以双方一致的期待为基础的，而这些期待从来都不是完全相同的。

的确有一些好主意可以减少关系和婚姻中的某些冲突。但这些想法都不是公式、灵丹妙药或长期保持感情和兴趣的保证。我们对他人的吸引力不是因为我们在与他打交道的过程中做错了什么而消失的。当乍见之欢的兴奋和相见恨晚的契合随着时间的推移变得比当初想象中的样子陌生得多或令人生厌时，这种吸引力也会消失。

当我们坠入爱河而这份爱得到回报时，我们就创造了一个伟大的幻觉：我们相信对方的一切几乎都是完美的。但随着时间的推移，这种错觉越来越多地被我们的需求所检验，有时这种吸引力相当充盈，有时却少得可怜甚至压根不存在了。值得注意的是，最初的幻觉恰恰是因为情侣之间相互并不了解才产生的。正如迈克尔·马利所说："正是这种陌生感才为情侣间看似无比般配创造了先决条件。正因为他们彼此在性格的许多方面并不互相了解，才会让他们觉得自己完全了解对方。为了不损害这种非常理解对方的印象，情侣们只专注于交流让彼此产生联结的东西。他们交换着温柔的目光，相互抚摩，亲吻然后做爱，讲述着他们生活中的故事，耐心地倾听对方，梦想着共同的未来，发誓永远爱着对方。他们所沟通的都是可以得到回复的东西，回避的都是会引起拒绝的东西。"

虽然人们可能会有点怀疑，情侣们怎么会一开始就在如此大的程度上有着共鸣，但马利对这种幻觉是如何形成的描述实际上是很有说服力的。但是，难道不是对另一个人身上不同之处的向往才使得我们的情感如此充沛吗？

很多时候，我们会以神奇的方式爱上那些似乎适合我们的人。但同样经常发生的是，我们也会爱上那些让我们着迷的人，因为他们似乎有着我们现在没有的伟大品质。如果说我们不仅是在寻找纽带和安全感，还在寻找新的和令人兴奋的东西，那么好奇心和陌生感就像安全感和共鸣一样是坠入爱河的重要因素。而盲目的理解只有在一件事情上才是真正不可或缺的：那就是另一个人所感受到的情感强度与自己所感受到的情感强度相当。倘若对此有任何疑问，那么从一开始，恋爱就是感觉的交换，因此最终注定是一场悲剧。

感情在一段关系或婚姻中的消退并不是一个不寻常的过程，毕竟人们已经熟悉了彼此。虽然一开始让我们着迷的东西可以让我们着迷一辈子，但并不一定会永远如此。人们会要求伴侣"改变"；而这是人们永远不会期望最好的朋友去做的事。人们抓耳挠腮地想知道到底做些什么能让一切都好起来。在这种情况下，人们就会去翻阅上面所说的各种咨询文献并搜索各种爱情小贴士。

事实上，这是一件相当简单的事情：恋爱关系并不仅仅会因为人们犯了"错误"或一开始就对爱情抱有幻想而失去光泽，而是会因为生活中的某些事情发生改变。成功爱情最重要的条件之一是共同或相似的价值观。人们不必选择一个和我们一样的人，但也不能选择一个和我们的观点完全相反的人。如果一个人看重精神而另一个人崇尚物质，那么这并不利于这段关系的长期发展。如果一方在运动中得以放松，而另一方只有坐在电视机前才能找到快乐，或是如果一个人在假期里喜欢冒险度假和攀登旅行，而另一个人更喜欢在海滩上静静地待上两周，那么这段关系发展为长期关系的机会就很低了。除了这些事关重大抉择的价值观之外，还有许多微小的价值观同样影响着我们。我们是靠什么来一起为平淡的生活创造出神秘的火花的呢？在秋日的早晨与伴侣一起在阳台上喝上一杯咖啡的幸福感也可以延续一整天。这就是说许多小仪式有助于维持爱情。

价值观的吸引力在于我们可以从中获得一些特别的感受。而实现价值观的方法就是仪式。我们不能只是嘴上说说，还要用行动为双方带来美好的感官体验。将美好的经历仪式化的能力是将一段关系变得让人充满兴致的重要指示。如果没有仪式，或者随着时间的推移没有将仪式推陈出新，那么关系通常会变得黯淡下来。在某个时候，那张10年前被封为永恒之作的唱片里最受欢迎的音乐再也不能激起对方的热情。爱也因此蒙尘。

在这种情况下，爱情顾问会建议人们做出改变。人们应当发挥创造力给伴侣一个惊喜。然而在艰苦的工作和家庭生活中，这真的是说起来容易做起来难。因为给一个认识你很久的伴侣一个惊喜，或者给一个对你的惊喜并没有兴致的伴侣准备一个惊喜，往往带来的是风险而不是机会。最迟在一个月的第五个惊喜之后，你可能会让对方彻底抓狂而不是把他从闷闷不乐中拉出来。

而翻阅书籍也并不会改变生活和伙伴关系——至少从长远来看不会。成功的爱情很少会从所谓的爱情建议中受益。这听起来并不妙，但人们大可以放心，毕竟一千个绝对中肯的职业建议也不能培养出一个优秀的领导。无数关于成为百万富翁的指导也并没有显著地提高德国百万富翁的占比。而人们真的会通过阅读一些聪明的书籍而变得更加苗条吗？这同样也是值得怀疑的。

这些读物之所以失败的原因很简单。也许大多数人以为他们想改变，在这一点上是没错的，但实际上很少有人真的要去改变。我们绝不能低估我们对自我感觉的坚持力度。因为那些真正改变的人就不得不质疑对他们来说最重要的东西，即他们的身份认同。即使是像约施卡·菲舍尔①这样的行动派也在所谓的"跑向自己"②后依

---

①约施卡·菲舍尔（Joschka Fischer，1948年4月12日—）：生于德国巴登－符腾堡州，1998—2005年任联邦德国外交部部长、联邦德国副总理一职，1999年1月1日至1999年6月30日任欧盟议会主席。他曾经是德国绿党（B'90/Grüne）内的一名重要人物，2005年德国联邦议院选举之后退出政治舞台。

②"跑向自己"是作者一语双关的说法，它指的是约施卡·菲舍尔的一本自传《跑向自己的征程》以及他的长跑瘦身运动。这本自传中记录了约施卡·菲舍尔改变生活的那一年的报告：彻底的减肥，每天的越野训练——以及这对他的思想、工作和生活态度意味着什么。

然和以前一样胖。几乎没有任何一场危机是如此戏剧性，以至于人们可以从中得出日后长期不变的结果。但为什么爱情中事情就有所不同了呢？我们心灵的希望感总是没有现实感强烈，尽管希望感常常出现在我们的梦中。无论是我们的伴侣还是我们自己，我们都不期望对方发生重大变化。这就是为什么最新的、最流行的夫妻疗法没有将人们带上天堂，而是将他们推向了专制。

第四节

自爱是灵丹妙药

　　夫妻治疗是一门蓬勃发展中的学科。当随处可见的广告和小册子中总是强调着"每一场婚姻都应该得到拯救"时，越来越多的夫妻被婚姻咨询吸引。他们其中大部分人从中获得了成功，但今天情况有所改变。就在几年前，夫妻治疗的目标还是搭建起成功的伴侣关系。治疗师的意图是稳定这对夫妇的"依恋纽带"。如果成功了，那么这一目标就实现了。而伴侣们就能彼此相处得更好，更能理解彼此。然而过了一段时间后，虽然二人结下了深厚的友谊并实现了深入的理解，但他们最终依然还是以离婚的形式结束了他们的关系。

　　老派夫妻治疗把婚姻设定为恋爱关系的目标，但在今天不是这样的，尤其是在年轻人中。而新派的夫妻治疗关系深谙此道。然而，在不同的时代里人们对治疗的期望也不尽相同。那些曾经想要拯救婚姻的人，今天想要的更多：他们甚至想要拯救"爱情"。因此仅仅做到避免冲突已经远远不够了。

创建新派治疗方法的是大卫·施纳奇。作为科罗拉多州常青树婚姻与家庭健康中心的主任，他可能是目前治疗师行业中最成功的心理学家。《性激情心理学》是他1997年享誉国际的畅销书的标题。很明显他很有雄心壮志。作为夫妻治疗师，施纳奇不再想修复各种关系中的困扰，而是想保全爱情。他寻求规则来维持这种通常很容易转瞬即逝的状态。于是他发现了一个灵丹妙药："爱自己，在自己体内安息，不要从别人那里得到你的幸福。"

而他的这一要求无疑符合了西方高度个性化社会的时代精神。他提出了四条规则，而它们也许能帮助恋人在爱情中获得几乎绝对的自主性从而拯救爱情。施纳奇是这个想法的作者，用最近一本德国书的书名来表达这个想法就是：《爱你自己，而嫁给谁并不重要》。

作为一名现代心理学家和治疗师，施纳奇在大脑研究中找到了他的理论基础。他的出发点是海伦·费舍尔提出的三个"大脑回路"理论，这三个回路已经在上文中被详细地讨论过了，它们分别是性欲、吸引和结合。而施纳奇的特殊成就就是扩展了这三种状态，即添加了人类对性的渴望作为第四种基本动力：它是人类发展和保持"自我"的欲望。这种冲动往往比性欲、吸引和结合更能控制性欲。在性欲、浪漫的恋爱以及结合结束后，它是将关系长期保持下去的黏合剂。

施纳奇的设想很滑稽。因为在这里，哲学家、心理学家和生物学家用充分的理由小心翼翼地分开的一切重新混为一谈。但知识进步的历史并不是一条上升的线，它一次又一次地颠倒着。诚然，性是一种本能，这是无可争辩的。然而如果说恋爱也应该是一种本能就很值得人怀疑了。而如果把培养"自我"的冲动也说成是一种本能的话就完全是一种疏忽的断言了。因为像个体化过程这样复杂的问题，在任何情况下都不是由本能或动物属性驱动的问题。但施纳奇显然喜欢把我们"自我"的形成称为一种"本能"。即使我们可能永远不会在大脑中找到相应的"回路"来制造出"自我"，这听起来像是心理学见解下的生物学基础。

为了支持自己所提出的自我本能学说，施纳奇在旧石器时代的稀树草原上进行了一次冒险之旅，并将这种本能的诞生日期确定为公元前160万年。此时，对自我的渴望在我们的大脑中形成，因为在那之前，我们显然是非自我的。如果说海伦·费舍尔奇怪地将她的三个回路都算入了性欲中，那么施纳奇则更别出心裁地将他的自我本能也算入了性欲中。就连西格蒙德·弗洛伊德——那个几乎能将所有东西都普遍性化的大师，看到这样的操作也惊恐地退缩了。

然而为了在实践中达到效果，人们也许不必对这一切太较真。决定性的问题是：我们所谓的"自我"冲动在多大程度上是维系着我们关系的胶水呢？

对此大卫·施纳奇给出了答案。其中的四个部分都包含在这些规则中。这些规则中的第一条是，如果你想拥有一段幸福的恋爱关系，你就必须保持稳定的自我意识。"稳定但灵活的自我意识

（solide flexible self）是一个人的内在自我，其稳定性不取决于他人的看法。大多数人依赖'镜像的自我意识'，这种自我意识需要他人的接受、确认和配合。"但实际上，稳定的自我具有很大程度的自主性。

曾经充斥在生物学中可怕的无知，如今又在心理学和哲学中占据了主导地位。"大多数人依赖'镜像的自我意识'"的表述是错误的。正如萨特所表明的以及每一位发展心理学家都会证实的那样，所有人都依赖于镜像的自我意识。那些感受不到自我意识的人会遇到一个严重的问题，那就是他们并不会形成"固定的自我意识"，而是患上了病态的自闭症。

所以就像艾里希·弗洛姆或彼得·劳斯特一样，施纳奇也是一个损害理论家。大多数人都是不完美的，甚至有点愚蠢。然而，他们的目标却始终是变得完美和无可挑剔。在这种情况下，第二条规则也完全不让人感到意外，即"一个能控制自己的恐惧的人就能减轻自己的痛苦"。这是一个很好的主张，它听起来很有诱惑力。但真正能做到这一点的人就不再只是一个伟大的恋人，而是一个超人甚至不是人。能控制自己恐惧的人就不会再受到来自恐惧的困扰，而那些能够缓解自己痛苦的人可能会被人怀疑是否仍属于人类。

然而，这些规则的真正亮点在于，施纳奇所希望看到的那种能自给自足的人可能不再需要爱情了！如果人们依然选择了需要性结构，那么驱动其他一切的引擎就不见了。施纳奇的理想类型有着一种完全自给自足的外表，因此是一种不讨人喜欢的类型。在他看来，最好的恋人会是一个根本不在乎爱的人。

这样的人即使是被人喜爱也并不会特别具有吸引力。因为即使我们是完美的，不完美的伴侣也有可能会和我们分开。例如，他可能没有感知到我们的品质。或者正如他所说的那样，他在我们的社交圈中感觉很糟糕，并且从中有理有据地推测到，我们彼此之间并不适合。毕竟谁想要一个完美无缺的恋人呢？尽管我会因伴侣的缺点而感到苦恼——但我也会因此而爱他。

相比之下，施纳奇的第三条和第四条规则更加温和和现实。一个人不应该对自己的伴侣反应过度，并且为了发展一段关系而强行接受令他感到不舒适的东西。这倒是正确而明智也令人安心的，因为，谢天谢地，这条格言不需要超人般的能力，也不需要通向自我的"驱动力"。

然而，夫妻情感治疗的名声想依靠施纳奇来补救已经为时过晚。与常青树的治疗师相比，艾里希·弗洛姆和彼得·劳斯特是人畜无害的梦想家。当然，如果恋爱中的人自爱且对自己的爱人或伴侣也没有过分的期望，这没什么错。但是，要求人们爱自己并在心理上完全不依赖他人的宣言传递的却是一个黑暗的信号。因为它不仅将自闭症患者上升到了理想的状态，而且作为一个疑点重重的治疗案例，自闭症患者还以他们那善变的自爱威胁着每个正常人。简单来说，拥有成功的爱情生活并不容易，而且这样的需求往往是一种苛求。然而相比之下爱自己显得更加困难。任何由于童年经历而无法做到自爱的人很可能永远都学不会自爱。他最多可以学会如何更好地处理自己缺乏自爱的问题。心理治疗并非炼金术，它并不能从我们微不足道的自爱铁屑中锻造出纯金。任何对此向你打包票的人都是在嘲笑你。

第五节

爱的艺术

成功的爱情关系没有公式。有一些策略可以避免伴侣关系中的痛苦，还有一些好主意可以让爱情的收获更加可靠。这就是爱情策略所能做的，至少不是一无是处。

所有那些看似聪明的办法之所以无用，是因为人们并不能在一朝一夕之间就改变自己的感觉和行为。把我们黏合在一起的黏合剂是一种生命的冲动，它来自动物性的间脑，而不是来自大脑的理性区域。然而，感情比理性的洞察力更难改变，毕竟爱情是两个人之间的事情。自信、善良、通情达理和包容是很好的品质。然而，它们有时在恋爱中并没有多大用处，甚至往往是匮乏的。

在这种情况下，即使是鼎鼎有名的爱情建议对建立一段成功的伴侣关系也无济于事。因为爱情和伴侣关系是两个不同的东西，这一事实已经牢牢地扎根在中青年和年青一代的脑海中。和爱情相比，恋爱关系就像对幸福感到知足。在伴侣关系中，常规剂量的催产素和垂体后叶荷尔蒙就已经是这段关系成功的一半。然而，对于爱情来说，多巴胺和肾上腺素的释放是不可避免的。如果说建立一段伴侣关系时双方需要相互配合，那么在爱情中人们所需的东西往往总是相互对立、陌生和易产生摩擦的。因此，长期恋爱关系的要求是双重的：当人们想体验令人兴奋的事物时，他们的伴侣就得必须能够百变多样。而当人们想要体验的是平稳的、一成不变的事物，那么他们所需的伴侣就得能保障情绪的稳定性。

当然，艾里希·弗洛姆说爱情不仅仅是命运也是任务，这并不是大错特错的。然而他不知道的是他正在引发一场雪崩，将自我疗愈置于夫妻情感治疗的中心。"艺术"这个诱人的词汇把恋人提升到艺术家的地位，然而治疗师却把他们变成了残疾人。在他们那里，弗洛伊德的损伤理论中所宣扬的人类在爱情中对认可、鼓励和确认的自然需要最终变得畸形，而他们对这种不完善进行了解释。事实上，爱情不仅来源于共情的能力，也来源于对他人的同情和理解的期望。在此基础上，许多不同的爱情观都成了可能：平等的关系和不平等的关系、平衡的和紧张的、极度热情的和相对平静的关系。这一切本质上都不是错误的、不成熟的、可谴责的或可悲的——只要双方都没有遭受痛苦。

但爱情最大的威胁是来自理想的恐怖主义。理想不仅威胁到我们的真实关系，使它看起来平庸或低劣，而且在任何情况下爱情看起来似乎都不值得被追寻，也并不完美。特别是找到一个所谓的尽善尽美的情人的办法其实并不怎么奏效。一个不断地从另一个人的口中觉察出他的愿望的人是无法自我成长的。任何自我发展都以自身利益为前提。仅仅通过对他人的回应来成长是不可能的。

爱情是如此美好，人们不应该总是对它有所苛求。并不是每一段婚姻都值得挽救。如果和一个人在一起生活更加美好和充实，那么与另一个没有爱的伴侣在一起生活是多么可怕啊。对他人负责的底线，就是对自己负责，这是必不可少的利己主义。毕竟，谁会仅仅因为责任感就不选择离开呢？

我不知道这位来自绍尔兰的伟大情人从弗洛姆的著作中得出了什么结论。这位市长是否已经将自己从资本主义的商品世界中解放了出来？他学会了无欲无求的爱吗？他成了自己的偷窥狂吗？或者他是否知道，希望爱人只将期望指向自身而不是他人一定是一个莫大的挑战？或许他也注意到，每一本关于爱情的书，都是对它所写的那个时代的期望的一种反映？他是否知道，"爱情"以及获得和维持它的秘诀是一种稍纵即逝的而不是永恒的东西，恋爱中人也并非生活在一个一成不变的社会中，他的"真实自我"也不是毫无变化的？事实上，他的个人关系代码总是由他生活的社会环境塑造……

第十章

完全正常的不可能性：
爱与期望有什么关系

当人们并不知道坠入爱河为何物时，人们便很少相恋。

——弗朗索瓦·德·拉罗什富科

第一节

爱情是一种发明

他是一位哲学家、医学史学家和社会学家。他是个伟大的情人，生活中洋溢着激情，放荡不羁的背后却写满了悲惨的遭遇。他就是米歇尔·福柯。1926年，福柯出生于法国的普瓦捷[①]，他是一位解剖学教授和外科医生的次子。尽管他是个优秀的学生，但是他的同学们都躲着他。在严肃古板的耶稣会学校中，他就如同一个局外人，一个几乎只对书籍感兴趣并只与自己分享那奇怪的幽默感的孤僻小孩。[②]福柯和其他同龄人不一样，甚至可以说是鹤立鸡群。

---

①普瓦捷：法国西部城市。
②1940 年，福柯进入由天主教修士所创建的斯旦尼斯拉夫书院。

他的父亲希望他成为一名医生，但福柯的决定却辜负了他的期望。在巴黎，他所学的是哲学和心理学，而不是医学。1951年毕业后，他去了瑞典、波兰和德国。28岁时，他出版了第一本关于心理学和精神疾病的书。那些不寻常的、极端的和病态的东西勾起了福柯的兴致——他对那些像他一样已经脱离常态的人感兴趣，对资产阶级社会曾经并且仍然面临着的巨大困难感兴趣。1961年，作为克莱蒙费朗大学的心理学讲师，他写了一篇近千页的巨著：《疯癫与文明》。

福柯以无数的资料和文本为佐证，论述了精神错乱的历史并点评了对它的各种评价。当斯坦利·沙赫特在芝加哥提出他的心理二元情感理论时，这位年轻的法国人在克莱蒙费朗提出了一种社会学的二元理论。据此，精神疾病不是客观存在的疾病，而是遭遇了社会的判定后才出现的东西。因此，这种现象和对它的评价是两码事。根据当时的习俗和知识，精神疾病，即"精神错乱"，被归因于一个有行为问题的人。然而这种疾病并非事实，而只是人们从"归因"①中得出的结果。

法国学术界对这本书保持了沉默，但福柯的野心并未因此而减弱。在他后来的作品中，他继续向前探索，这一次福柯没有就任

---

①归因理论（Attribution theory）：社会心理学的理论之一。"归因"是指观察者从他人的行为推论出行为的原因和因果关系。"归因理论"是研究人们如何做出归因，以及为何在某种情况下做出归因，在另一种情况下做出另一种归因的理论。

何具体的主题展开研究，而是审视了自启蒙运动以来世界范围内一直存在的分类模式。当时克莱蒙费朗只有30名学生来听他的讲座，而他们中的大多数人则是作为预备护士需要这门课程的参与证书。但当这本书在1966年出版时却引起了爆炸式的轰动。这就是《词与物》。在此之前，从来没有人如此看待知识和科学。

福柯"建构"出了对知识和真理的非正统观点，这使他成为法国哲学苍穹中耀眼的明星。然而，克莱蒙费朗大学却将他送到了突尼斯。当学生起义冲击了巴黎的社会秩序时，福柯却在海边的一座小山上住了下来。在一间白墙、蓝色百叶窗的小旅馆里，他写下了一篇关于科学方法的论文。直到1968年底，福柯才返回巴黎，并参与了学生运动。巴黎第八大学①作为法国左翼政党所建立的"实验空间"为他提供了教授职位。福柯的立场是激进的，有时甚至是疯狂的。他喋喋不休地嚷嚷着"人民的敌人"和"人民的法院"，为法国大革命的大屠杀辩护。同时，福柯颇有影响力的支持者们让他获得了应有的教授职位。1970年，他接任了闻名遐迩的法兰西学院中"思想系统史"系的名誉主席。

福柯的世界观与在伯克利和牛津同时兴起的人类形象和进化心理学世界观完全相反。作为思想系统的研究人员，福柯的观点没有稳固的根基，它只是试图对人类的思想进行排序。这一切所围绕着

---

①在1968年法国学生运动发动之后，巴黎大学被拆分成13座独立的大学。巴黎第八大学是在法国1968年春天后的一阵创新激情之中成立的（当时曾被命名为"万森纳实验中心"）。

的概念是"知识""真理""权力"。像萨特一样,福柯将人视为一种没有自然品质的生物,一种"身份不明的动物"。他们过着一种不断解释自己的世界的生活。解释机构和他们自己创造的游戏规则决定了社会如何判断某件事以及人们如何看待世界。有了这些工具,他在20世纪70年代初开始了对性的研究。

如果说萨特是20世纪法国哲学界的浮士德,那么福柯就是它的墨菲斯托——一个总是把否认他人认为是理所当然的魔鬼。一个身穿白色高领毛衣的瘦削而秃顶的花花公子,是个特工般的挑衅者。在20世纪70年代初期,他开始着手创作他的多卷组巨著:《性史》。

福柯的目标是找出社会是如何决定我们对性的观念以及对情欲和色情的理解的。为此,他回到了基督教世界观的起源。与几乎所有其他历史学家不同的是,福柯并不将基督教简单地视为一种通过禁令和法律限制人们性欲的威权主义力量。福柯将早期基督教的性道德理解为一种新的"自我教育"形式和新的"生活技巧"的指南。《肉欲的忏悔》后来成为他四卷本系列的最后一部分,但从未出版过。1976年出版的《认知的意志》如同引言,解释和总结了福柯的性学研究项目,即对人类性行为在权力结构和权力的影响下所做的研究。那么一种新型的基督教人类形象的发明如何成为人类经验的新形式呢?毕竟,经验并不能决定发明。但在福柯看来,这一情况恰好相反:社会概念为我们的经验赋予了相应的形式,我们就是我们脑海中所认为的样子。而我们认为自己是什么样的人在很大程度上取决于我们所生活的社会环境。

《认知的意志》后来成了《性史》的第一卷。与人们所预料的不同的是，福柯的视角并没有深入现代社会，而是在《认知的意志》之后的两卷中出人意料地回到了基督教。《快感的享用》和《自我的关心》探索了古典希腊世界中的性行为。古希腊人如何将性与道德联系起来？他们是如何创造出自己的想法和规则来处理好彼此间的亲密关系的？

福柯在极度痛苦和筋疲力尽的情况下完成了对这两卷的最后一次更正，此时的他被他所谓的"悲惨的流感"折磨得痛苦不堪。1984年初夏，他在医院完成了出版。最终于6月25日死于艾滋病。

那么福柯对学界究竟有什么贡献呢？事实上，他提出了一种全新的看待事物的方式。他研究过社会的游戏规则，即他所说的"真理游戏"。我们所认为的"好的""正确的""得体的""美丽的"都在我们自己内心深处无迹可寻。相反，我们是从外部接受的这些想法。社会为我们给定了一系列意义，我可以从中或多或少地进行选择。但我们并没有发明出用来做出选择的标准，我们只是将它们全盘照收。

社会的真理游戏不仅影响人们的判断，而且在很大程度上决定了他们的感受。一个人的每一次自我设计和每一次自我感觉都是由外部设计和情感规范组成的。福柯所钻研的问题用他自己的话来说就是："当人类认为自己是疯子时，当他认为自己是病人时，当他认为自己是罪犯且应该受到惩罚时，人是根据哪些真实的游戏来思考自己的存在呢？"最后，"人类通过什么真理游戏来认识和承认自己是一个充满欲望的人呢"？

福柯写了很多关于性的文章，但他所写的关于爱情的文章却非常少。然而，他所提出的问题同样适用于对爱情的提问：一个人基于哪些真理游戏来感知自己是爱和被爱的？这两个问题看待事物的方式可能非常相似：如果社会真的是自己诞生的，那么"爱情"就是一个社会性概念。"爱情本身"是不存在的。那么对"爱情"的理解，如何看待、评估、界定与他人的关系，将是（命令）秩序的产物。

从这个角度来看，我们应该把爱看作一种社会效应。这与戴维·巴斯在他的进化心理学教科书中所说的完全相反，即"从非洲南端的祖鲁人到阿拉斯加冰雪沙漠中的爱斯基摩人，全世界所有的文化中的人类都体验着爱情的思想、情感和行为"。这种"爱的现象"在结构上无论在哪里都是一样的——从唱情歌，从违背父母意愿的恋人，从诗歌和"民间传说中提到的浪漫联系"中可以看出。

为了正确评估我们的爱情的社会维度和个人的爱情观念，我们不得不在两个几乎不可调和的立场之间来回徘徊。哪种看待事物的观点是正确的？爱情真的在任何地点、任何时候都是完全一样的吗？还是说它是社会"真相游戏"那转瞬即逝的效应？根据进化心理学家戴维·巴斯的说法，所有人在任何时代的爱都是一样的。只是在聚会、婚礼和缔结婚约的规则上有着文化的差异。然而根据哲学家福柯的说法，爱情根本不存在，存在的只有不同的社会概念。简言之，浪漫的爱情是我们的天性还是文化的一部分？是永恒的经验还是暂时的发明？

爱情与西方

很少有人尝试去记录人类爱情观的历史。为数不多的例子之一是瑞士作家丹尼斯·德·鲁日蒙于1938年出版的《爱情与西方世界》一书。这一书名既美丽又充满力量。由于直到今天还没有一本名为"爱情与东方世界"的书，所以这本书在爱情史的领域中依然显得独树一帜。尽管这部作品的作者今天几乎被人们遗忘，但他在50年前却享誉盛名。这位来自瑞士法语区牧师的儿子年纪轻轻地便写下这部立意深远且内容丰富的巨著。按照他自己的说法，这本书是他花费了"一个小时"和"一生"的时间所写成的。他的整个青年时代都被一个问题所围绕，即什么是西方传统中的爱情。在两年的时间里，他做了翔实的笔记并阅读了有关该主题所能想象得到的内容。

而他潜心研究的成果便是由文学研究和思想史组成的相当奇特的混合物。在比福柯早出生的30年里，鲁日蒙并没有关注爱情的"建构"，而是认真对待西方的神话、文本和传说，仿佛它们是关于人类、关于男人和女人以及关于爱情的永恒陈述。"爱""婚姻""自由""忠诚"这些字眼在1200年前的意思好像和今天完全是同一回事。根据鲁日蒙的说法，中世纪所面对的始终是一个不变的冲突，即激情与婚姻之间的冲突。到底哪个更重要且更正确？充满激情的爱情还是节制的婚姻？

对于鲁日蒙而言，爱是经验，而不是发明。即使是经常使用的术语"宫廷之爱"（Die höfische Liebe）实际上也是1883年的一项发明，它是由罗曼学者加斯顿·帕里斯所创造的。骑士或吟游诗人的爱情究竟是怎么样的，实际上并没有严格的、具有普遍约束力的概念。许多人能想象得到的中世纪爱情，就是如同宫廷文人、宫廷抒情诗人或吟游诗人所吟唱的那样。因为我们所知道的关于中世纪爱情的一切，几乎都是从他们的文字中得知的。简言之，如今我们对中世纪文学中的爱情的了解远多于对其现实情况中爱情的了解。

所以如果要写一本关于中世纪爱情故事的书，执笔人要么非常年轻，要么非常勇敢，要么既年轻又勇敢。尽管阅读量很大，但鲁日蒙对中世纪的理解就像德斯蒙德·莫里斯对石器时代的理解一样少。事实上，即使是保存下来的文献也没有给出某种统一的画面。一个重要的原因是，中世纪的诗人总是在相当僵化的体裁框架内传播他们的爱情观念。破晓歌、宫廷抒情歌、田园诗中所歌唱的都是爱情，其关注点却各不相同。而宫廷史诗中崇高的爱情故事和集市中下里巴人之间粗俗的爱情闹剧也存在着天壤之别。"没有人会像当年亚瑟王传奇中的英雄那样，将全部的努力都付诸骑士战斗和为宫廷服务并以此取得煊赫的宫廷荣耀。诗人所描述的不过是一个童话世界。"中古日耳曼学者约阿希姆·布姆克如是说。除此之外，他还写道："今天，对于什么是宫廷之爱，人们似乎还不如100年前那样笃定。"

据推测，中世纪的爱情与今天一样多种多样、充满矛盾且多变，并且它同样受到环境和教育的影响。它是一种性快感、贪婪和激情，同时也是美德或"艺术"。自从罗马诗人奥维德在艾里希·弗洛姆之前2000多年写下了第一部《爱的艺术》以来，对爱情的崇拜和奉献就一直延续下来，它们时而被与肉体的欢娱相提并论，时而又被认为远比肉体的欢娱崇高。与一人海誓山盟但同时又觊觎另一人，这对于古代和中世纪的人们来说就和它对于今天的许多人一样是不可思议的。

所谓的中世纪的爱情其实并不存在。这都是后人的发明。历史总是后人写出来的。早期的爱情事迹在这样的回顾中看起来像是初步阶段。从这个角度来看，中世纪的社会是一个僵化的阶层社会，浪漫的爱情只能作为一种理想来歌唱，但与今天不同的是，它并不能被个体所体验。自1939年以来，尤其是德国犹太社会学家诺贝特·埃利亚斯在许多科学家的头脑中深深地植入了这一观点。在他的两卷本《文明的进程》中，他将西方文化的历史描述为不断地向上发展的进程。礼节从粗鲁中诞生，美德由不道德发展而来，强权变成了自由。而日后这种理想的自由浪漫的爱情也是逐步从社会的强制性爱情中发展而来的。

这种观点在今天仍然很普遍，既不是完全错误的，也不是完全正确的。但它似乎是合理的，因为从中世纪到现在，西方国家的自由和选择无疑增加了。这当然也适用于爱情。以前不可逾越的社会阶级界限和不可改变的行为规则限制了人们，而今天的社会相对更具渗透性，而爱情市场的规则也变得更加宽松。然而，文明的进程史的错误在于，它假设这个进程应该是连续的。当第二次世界大战和大屠杀开始时，埃利亚斯刚刚完成了他的作品。难以想象的野蛮行径居然发生在文明程度如此之高的阶段，西方世界不断向上发展的想法随即遭到了强烈的谴责并被指是一种谎言。

埃利亚斯对中世纪的生活的看法也是相当笼统的。贵族是一个微不足道的少数群体，他们的生活比农民的生活受到更多的束缚和规范，尽管我们并没有书面证据来证明此事。那些谈论中世纪爱情的人，就像埃利亚斯一样，主要指的是宫廷文化，即精英集团的文化。人们也可以怀疑宫廷情诗（Minnesang）是否真的是浪漫爱情的起步阶段。因为宫廷情诗的目的既不是与被仰慕的贵族女子进行精神上的结合，也不是肉体上的结合。将他人过度美化成理想的形象在今天看来是浪漫的。但在萨福、欧里庇得斯和奥维德等古希腊人和罗马人身上也可以找到。因此这样的过度美化并不是中世纪的发明。

不过埃利亚斯在浪漫爱情史中取得的成就是科学界共有的知识财富。威尼斯卡福斯卡里大学的意大利哲学家翁贝托·加林贝蒂在此基础上写道："在技术的帮助下，我们已经抛弃了那个并没有多少空间让我们进行个人的选择和寻找自己的身份的传统社会。除了某些群体和精英能够负担得起自我实现这样奢侈的事情外，爱情不只是两个人之间的关系。它首先要联系起两个家庭或氏族，这两个家庭或氏族可以通过它为家族产业获得经济的安全保障和劳动力，通过继承财产来确保自身的安全，如果他们是特权阶层，则可以借此增加他们的财富和声望。"但问题的症结在于，雅典的民主社会和晚期的罗马社会也属于"传统社会"，但我们可以推测，那时因爱而结合的婚姻很可能比19世纪市民阶级和小资产阶级中因爱而结合的婚姻还要多。

我们现在所理解的浪漫爱情并不是逐步得到解放的。正是因为不存在这种持续的向上发展，我们今天完全有理由问自己，浪漫的爱情到底应该是什么？古人对"爱情"的理解有多少与我们对爱的理解是一致的？跨越时空的感觉到底能对此做出多大的贡献？历史和文化又在其中扮演着什么样不同的角色？

第三节

受损的“主体”

为了回答这些问题，我们必须弄清楚西方传统中的浪漫爱情究竟是什么。正如进化心理学家在非洲大草原发现他们浪漫爱情的创世故事一样，人文科学家和哲学家也共享着一个浪漫的爱情起源神话。

例如，弗莱堡社会学家君特·杜克斯讲述的这个故事是这样的：曾经在一段时间里，“主体”与自然和谐相处。这个时代没有确切的时期，但它是在资产阶级时代开始之前的某个时候。这个“主体”靠他的手工活讨生活并且从不会质问自己任何艰难的问题。他并不会过多考虑自己在世界中的地位，一切对他来说都是顺其自然的。但后来资产阶级时代开启了工业和现代的劳动社会，于是生活变得复杂了起来。突然间，一切都变得不那么自然了：“主体”与大自然的关系、与异性的关系，以及与自己的关系。用杜克斯的话说就是：“世界失去了主体。”

曾经一切都是自然而然地与彼此联系在一起的，现在却充满了不确定和混乱。"由于世界的丧失，主体陷入了意义的危机。这是因为他再也找不到任何依据来确定他在现存世界中生活方式的意义。很显然，他将行动的意义导向了自然。然而，这会严重导致可能性的丧失以及社会世界中意义的固化。"换句话说，无论是自然还是其他人，都没有为"主体"提供生活的立足点。在这种情况下，主体被浪漫的感觉征服，他意识到分裂他生活的巨大鸿沟。一方面，主体仍然渴望一个伟大的统一的生活意义、一个坚定的支持。另一方面，他现在明确地知道，在任何地方都再也找不到这种支持了。因此，主体将对绝对的追求从外部世界转移到内心世界，而主体以一种冒险的方式变得内向。一个复杂的灵魂世界是由纯粹的情感建立起来的，然而，这些情感与日常生活几乎没有任何关系。正如杜克斯所说："逻辑的分裂，传统的绝对主义逻辑和现代的功能关系逻辑，使主体陷入计划的无意义和对意义的绝对渴望之间的分裂中。"

然而，为了融入世事，主体现在将他的渴望转向性结合。在两性的结合中，主体应该庆祝他与自然重新产生了联结，而这种纽带是早已被撕裂的。在这个意义上，用浪漫主义者弗里德里希·施莱格尔的话说，爱成为一种"普遍性的实验"。即使生活不再具有任何精神意义，爱也会将这种意义重新带到我们身边。这就是浪漫爱情的本质。

那么这个有关主体的故事应该怎么解释呢？当然，首先令人困扰的是"主体"这个词。它到底应该指谁呢？"主体"一词是18

世纪的发明。当哲学家们认为他们应该谈论"主体"而不是真实的人时，"主体"诞生了。主体成了人类内在的术语，所有使现实变得冗余、花里胡哨和混乱的东西都被拒之门外。这个概念事关人的"本质"，而不是真实的人。

这就是"主体"这一概念的构想。但它的含义令人费解。事实上，在我们关于浪漫爱情起源的故事中，它也非常令人困惑。因为"主体"这个词在某种程度上暗示了他是一个生活在传统世界中以及与自然密切接触的存在，然后，100年后，他却发现这种与自然的联系被打破了。但事实并非如此，其中隔着几代人的经历。完美世界和破碎世界之间的差距，真实的人是感知不到的。因为他们生活的世界是不同的。

今天仍然讨论着"主体"的人们展现出对于陈旧观念的依赖，这种观念是在大学的象牙塔里被培育并传承下来的。这极大地加剧了今天许多人对人文学科的矫揉造作和风格僵化的不满。更糟糕的是，"主体"的叙述者将自己也包裹在这团迷雾之中。与浪漫主义哲学家和诗人的文本保持适当的距离会对此有所帮助。1790—1830年的德国资产阶级知识分子，即那些今天被我们称为"浪漫主义者"的人是不断消亡的少数派。在德国之外，人们对"浪漫主义"和类似的"浪漫主义者"也有着相似的看法。当时的法国和英国诗人以及思想家也受到工业化的影响。但他们还是和如今普遍存在的两性融合的思想相去甚远。

所以杜克斯所说的"主体"只是少数有着奇怪紧张幻想的人。

当哲学家约翰·戈特利布·费希特、施莱格尔兄弟或诗人诺瓦利斯幻想着图林根州的耶拿小镇的传统世界及其与自然的无可置疑的亲密关系时，他们几乎不知道自己究竟在说什么。当时还没有现代史学，人们认为他们所知道的关于"过去"的一切都是谣言。因此，他们有充分的空间为自己在过去创造一个完美世界以对抗他们自己的思想世界。

事实上，例如在古代，人类并非毫无疑惑地生活在一个接近自然的世界中。人类的历史并不是一条自我意识不断上升的路线。希腊人和罗马人比中世纪的人就要先进得多，他们在宇宙中的无家可归感也比后来的基督徒要强烈得多。他们的神只是象征性的人物，他们的事迹或多或少只是小孩子才会信以为真的故事。深切的虔诚是罕见的，与自然之间无可置疑的关系也是不可接受的。柏拉图和亚里士多德的哲学，欧里庇得斯、索福克勒斯或埃斯库罗斯的戏剧都明确地指出了这一点：没有停止，无处可去。另外，在18世纪末，只有极少数人像诺瓦利斯、弗里德里希·施莱格尔等人那样感受到浪漫的激动和紧张。

所以浪漫的爱情与其说是现实世界的现象，不如说是文学中的幻想。尽管如此，爱情的生命力依然经久不衰。长久以来，浪漫爱情的宿敌，不是无意义的世界，而是资产阶级时代严格的阶级道德和性道德。英国的"浪漫主义者"珀西·比希·雪莱在1813年直言不讳地说出了这一点："即使是两性交往也无法摆脱现有秩序的专制。法律自以为能控制不可抑制的激情，给清醒的理智套上枷锁，并通过诉诸意志来征服我们本性中自发的冲动。爱不可避免地跟随着对美的感知而产生，在强迫之下枯萎。自由是它的本质……男人和女人只要彼此相爱，就应该团结起来。任何强制他们在感情消亡后仍要生活在一起的法律，都将是完全不能容忍的暴政和有辱人格的假慈悲。"

这种难以忍受的暴政和有辱人格的假慈悲是19世纪初所有西方国家的常态。直到20世纪，它们仍然是许多当代社会的准则。所以小说中热烈的恋情才更令人兴奋。虽然它们的作者大多是男性，但读者群体几乎都是在19世纪中产阶级婚姻中不幸的女性。浪漫的爱情与其说出现在现实生活中，不如说是由令人心碎的文学作品发明的，直到今天它们在小说中的地位仍无可撼动。从此，它飘进了读者的脑海，将他们的想象世界解封。随着时间的推移，美好的想法引发了对更自由的性和婚姻道德的需求。爱情也从"死气沉沉的必修课"变成了自由和选择。

如果说以上推断都是正确的，那么浪漫的爱情并非起源于400万年前的大草原，也并非起源于1790年左右的耶拿小城。它最迟出现在英国启蒙时期的小说中，并大获全胜地横扫欧洲。浪漫的爱情是一种反传统的梦想。另外，其他一切似乎都是关于浪漫主义诞生的浪漫故事：大草原的心碎，世界消失于图宾根。

无论以前的故事在我们的脑海中多么根深蒂固，人们都应该时刻警惕历史的倒退和对它倒退的解释。最晚自19世纪以来，早期文化就一直被视为当今文化的先驱，这一直是史学的一部分。历史上社会因此而消亡的情况并不少见，那些永恒的问题，例如关于爱情的问题，似乎被扭曲了。

如果我们仔细总结一下我们认为可能发生的事情，我们可能会说：浪漫的爱情是一种在18世纪形成的渴望。它反对的是不考虑感情的婚姻市场。歌德所写的那部令人肝肠寸断的小说《少年维特的烦恼》当时一经出版就成了畅销书籍。18世纪后期的一些德国思想家把爱情夸大成了具有终极意义的系统。这一切的背后暗藏着一个巨大的矛盾：一方面，资产阶级的发展机遇与贵族相比显著增加。另一方面，市民在社会生活中依旧被宗教的紧身衣束缚得严严实实。尽管上流社会中的沙龙生活成为两性聚会的新场所而蓬勃发展，但几乎只有在文学作品中浪漫的渴望才有存在的空间。

这一切与"主体"都没有多大关系，更多的是人们缺乏机会做更多的事情，而不仅仅是谈论爱。然而，即使在他们最浪漫的幻想中，浪漫主义作家也很少把他们所倾慕的女人视为真正可以与他们分享经验的平等的伴侣。按照当今的爱情理想，这往往并非真正的灵魂融合。

18世纪末之所以对我们的浪漫爱情的观念产生如此大的影响，其中很重要的原因是精神分析的兴盛。弗洛伊德喜欢早期浪漫主义者的想法，即对爱的需求源于失去的经历。对弗洛伊德而言，幼儿时期失去对亲密关系的体验就如同浪漫主义者失去了全世界一样。它真正的本质我们已经详细介绍了。毫无疑问，母子（或亲子）联结的丧失会推动日后性爱关系中类似纽带的重建。然而，不幸的是弗洛伊德将这种渴望病态化了。就这样，浪漫主义者的被害幻想转化成了精神分析领域中的被害幻想。而在心理上完全正常的过程，却表现得像是因性冲动而头脑不正常：作为"水仙花"①，我们努力提升自己。在"升华"中，我们出于同样的目的美化着所爱的另一个人。

20世纪的精神分析文献中充斥着把人类天性中对浪漫性的疏离等同于孩子对母亲的疏离的论调。二者都是关于天性的丧失。确定的环境消失了，"我"开始意识到自己所身处的世界的孤独。然而，浪漫主义者所谓的天性的丧失并不是一种普遍的经历，这一事实已经被讨论过了。谁说孩子从和父母的关系到转变成日后与伴侣的性关系时必然会出现问题，而这一转变完全不能是一个正常的过程呢？

人对爱的需要并非一种损害。这是群居的类人猿的正常期望，它的智力和敏感性赋予了它日后以其他形式重新体验其童年早期时重要的依恋关系中的元素的能力。另外，在它们的被害模型中，精神分析学家重复了大多数生物学进化论中常犯的错误，即认为世界上存在的一些东西必须具有某种功能。用精神分析的术语来说，这意味着它必须补偿另一些东西。

与之相反，我认为两性之间的爱并不能弥补任何东西，而是会

---

①水仙花：意指自恋者，因为自恋者的英文和德文恰好都源于"水仙花"一词。

通过其他方式延续某些东西。当你还是个孩子的时候，圣诞节的想法会让你兴奋不已。而到了青春期时，对圣诞老人的期待则变成了对一个男同学或女同学的幻想。从生物学的角度来看，青春期是人们适应新环境的时期。一些重要的东西被削弱了，新的东西补充进来。随着环境的变化，似乎"本性中"无法解决的东西也增加了。理所当然的东西在不断减少，不明所以的东西却在增加，这令人既恼火又兴奋。对于18世纪末的一些知识分子来说，这是失去世界的表现。他们觉得自己是巨大的时代变动的见证者，并创造了一个非常个人化的、悲怆的"浪漫爱情"理念。而时至今日我们仍然在讨论它。但我们这个时代的大多数浪漫恋人都不必像18、19世纪时浪漫小说的读者那样对世界中具有划时代意义的消亡倍感失落。

第四节

相同的情绪，不同的想法

那么爱情到底是一种每时每刻都相同的感觉还是不同的感觉呢？这个问题的答案究竟是什么呢？如果从身体的兴奋层面来看，答案似乎很简单。我们的情绪有几十万年的历史，有些甚至历经了几百万年，至少我们对性的贪婪是这样的。多巴胺、苯乙胺和内啡肽等传导物可能在很长一段时间内推动着人们坠入爱河，在这一点上它们对所有的文化都施加着相同的影响。

但在此之后事情就变得复杂起来。正如斯坦利·沙赫特所表明的那样，我们不仅有着感受，我们还要解释它们。但这种解释的模式无疑是不同的。在浪漫爱情的概念出现之前，人们肯定会感到兴奋或不安，但可能不像浪漫的恋人那样——"浪漫"这个概念原本没有任何意义。本章前言拉罗什富科的那句优美的名言可能有点夸张，但它的确说明了一些东西："当人们并不知道坠入爱河为何物时，人们便很少相恋。"——或者说他们不会"浪漫"地彼此相爱。一个迹象表明，在文艺复兴时期和巴洛克时期，爱情只是偶尔被人们提及。然而，在我们当今的社会中，爱情总是为人们所津津乐道，这便引发了对爱情令人难以置信的需求和几乎无法满足的对浪漫的消费。

当我们被激情席卷时，我们能感受到的都是些老生常谈的东西，而在此过程中我们思考的是一些新的东西。就这种情况而言，将爱情不仅视为一种体验而是一种发明无疑是正确的。因此，它受制于真理、知识和权力的游戏规则。换句话说，恋爱的念头，对爱情的理想，以及或多或少受限的爱情可能性是同时存在于爱情当中的。这三者都完全依赖于人们所生活的社会环境。

因此，浪漫爱情的具体概念永远不会相同，而是因时而异，因文化而异。即使同一文化内部也有着许多差异，这取决于一个人到底归属于哪个群体以及他为了创造自己的身份而吸收了什么样的影响。20世纪初的艺术家和波西米亚人对浪漫主义的期望通常与下层人民和中产阶级不同。至少他们打算从爱情中得到更多。而20世纪60年代末，乌施·欧博梅尔[1]和尤斯奇·格拉斯[2]的浪漫主义思想可能也不完全相同。从这个意义上说，当来自拉斯维加斯内华达大学的美国民族学家威廉·扬科维亚克和来自纳什维尔范德比尔特大学的爱德华·费舍尔将浪漫爱情解释为一种"普遍的感觉"时，人

---

[1]乌施·欧博梅尔：时装模特、女演员，与1968年德国左翼运动有关。她被认为是所谓的"1968一代"和1968年抗议活动中的性革命的标志性人物。

[2]尤斯奇·格拉斯：德国著名女演员，作家。年轻时曾是红极一时的艳星，曾以裸体写真走红。

们就不得不对他们的说法产生强烈的质疑。激烈的情绪当然是普遍的，这种激情夸大了爱的对象并理想化了他们，并且这种情况只针对自己所爱的人，就连福柯在这一点上也不会提出异议。但是，强烈的陶醉感还不能构成一个普遍相同的"浪漫"。

像爱这样凌乱的感觉不仅是由情感构成的，更重要的是由想象构成的。而这些想象反过来又在很大程度上决定了我的期望。如果爱只是一种情感，那么在恋爱关系中，伴侣就不会做错事。毕竟我们自己在恋爱中已经如痴如醉了。那么爱情将是一场只有一个球门的足球比赛。但事实上，爱情的赛场上有着双方的两个球门。复杂的想象重叠和并存，以不同方式交织在一起。而人们对爱人最起码的期望就是他们能理解自己的想法。如果他的某些想法和我一样（即使不是全部的想法），那就再好不过了——这就是人们最低的期望了。没有期望就没有爱情。迪特里希·朋霍费尔，这位牧师和反战人士曾经说过这样一句话："爱并不是向他人索取什么，而是为他人奉献一切。"这句话非常感人，但它是错误的，因为期望是爱情中不可分割的一部分。

行政专家的爱情

当人们感到被爱时，就会觉得自己被重视。人们会觉得自己是一个特别的存在，就好像他对于某人而言十分特别。对爱情最重要的基本期望之一就是："让我感到自己是特别的！"当然，这种期望并不会这样被表述出来，因为不是所有恋爱中的事情都应该大声说出来。否则，这种特殊的魔力很容易消失。即使是面对自己，我们也并不想告诉自己，我们想要被爱是因为想被重视。

特异性的问题实际上可能是一个相当现代化的问题。我们对世界了解得越多，做出的比较越多，我们就越难发现自己的特别之处。我们不是最聪明的，不是最漂亮的，不是最好的，不是最有才华的，不是最完美的，不是最成功的，不是最有趣的，等等。无论我们想成为什么样的人，我们总会遇到"更好"的人。我们的特别之处包括我们对音乐的品位、我们的时尚风格、我们的家装风格。但我们与成千上万甚至数百万人共享着这一切。我设计的客厅似乎很符合我的风格，我最喜欢的CD也很符合我的风格。但不幸的是，完全陌生的人也会和我有着相同的风格，而他们很可能是我压根就不喜欢的人。

给这种特殊感造成特定的负担的是职业。很少有人有着我们所认为的特别的工作。大多数人的职业生涯使他们很难感到自己的独特之处。特殊感对于艺术家们来说可能很容易被感受，但对行政人员来说不是这样。那么行政人员在工作之外更需要特别感，我们可以这样说吗？换句话说，他们更需要爱情吗？那么让我们来询问一下行政人员，看看他们对此如何回答。

尼克拉斯·卢曼于1927年出生于吕讷堡，他曾是一名法学生。自1953年以来他一直在吕讷堡和汉诺威的高级行政法院工作。但这似乎并没有让他满意。在他的业余时间，他似乎阅读了所有领域的专业书籍，并做了大量的笔记。33岁时，他申请了波士顿哈佛大学的奖学金。作为行政科学的进修生，他参加了美国著名社会学家塔尔科特·帕森斯的讲座。当他回到德国时他的知识已经相当丰富了，对他在施派尔大学行政科学担任顾问这一职位绰绰有余。幸运的是，他偶然间出版的《正式组织的功能和后果》进入了德国最有影响力的社会学家之一薛尔斯基的视线。薛尔斯基费了很大的力气，才将这位行政人员吸引到明斯特大学来，在这里他很快就获得了博士学位，并获得了执教资格。1968年，卢曼成为新成立的比勒费尔德大学的社会学教授。在他去世后的10年（他于1998年去世），人们将他与福柯相提并论，而他也成了20世纪最重要的社会学家之一。

福柯和卢曼之间有着惊人的相似性。这两位法德社会学巨头之间只相差一岁。与他们的前辈相比，他们俩都拥有惊人的自信。当然，他们既不想互相了解，也不想互相提及。

和福柯一样，卢曼也对描述历史和社会的传统形式持极其怀疑的态度。福柯很反感将西方文化的历史看作一个不断向更高的方向发展的概念。而卢曼对这样一种观念同样感到不满：社会是一个存在的整体，而不是由许多子社会组成的。福柯的社会学是一种不连续性的社会学，而卢曼的社会学则是独立社会子系统的社会学。它不认为存在着绝对的真理，也不承认有绝对独立的道德。福柯说，真理和道德是掌权者所定义的真理和道德。而卢曼却说，真理和道德是社会制度中的功能变量，它们有时重要，有时则不重要。例如，对于科学来说，真理是重要的；然而，对于商业、艺术或行政来说，情况并非如此。

卢曼在他的《作为激情的爱情》一书中述将爱情描述为社会系统——"亲密关系"系统——中的一个功能变量。这种观点最初令人大吃一惊，因为尽管卢曼的老师塔尔科特·帕森斯将社会分解为独立的功能系统，但他永远不会将亲密关系计入其中。而卢曼的系统理论也研究了情感。他在1968—1969年冬季学期的第一次演讲中讲了爱情。此时时机选择得刚刚好。当时柏林的"公社一号"（Kommune 1）正在尝试和研究新的亲密关系形式。嬉皮士运动也高举着"爱与和平"的口号。这位西装革履、睿智的行政人员就此远远领先于他所处的时代。他似乎对1968年遗留下来的东西有预感，哪些东西将引发一场真正的革命，哪些希望会很快破灭。但是卢曼具体是如何看待爱情的呢？

卢曼也认为，爱人的目标是感觉自己是特别的个体。然而社会越复杂，这一目标就越难实现。在行政部门工作的10年似乎证实了卢曼的这一观点，即社会制度并不关心个性。如今，人们在许多不同的领域分裂着自己：在家庭中他们是父亲或母亲，在工作中他们扮演的则是另外的角色，他可以是一个运动保龄球手或羽毛球运动员，是一个互联网社区的成员，是一个邻居，也可以是纳税人和配偶。而一个统一的身份认同在这种情况下是很难形成的。当人们与社会脱节时，心灵就会崩溃。其结果是对爱的加倍渴望，因为"在一个关系主要是非个人化关系的社会中，要找一个人们可以感受到自己作为一个独立的整体并以此来发挥作用的地方变得越发困难"。因此，一个人在爱中所寻求的，在亲密关系中所寻求的，首先将是自我表达的验证（Validierung der Selbstdarstellung），换句话来说就是"自我证明"。

就这一点，我们在第八章和第九章中已经有所提及：在现代社会中，爱情是一面被赋予了特权的镜子，个体在这面镜子中感受到了自己作为整体的存在。恋爱中的人将自己与对象联结在一起，而这个人"相信存在与表象的统一，或者至少将其作为他自己的自我表达内容，而这些内容反过来也势必会被对方相信"。但是，这种奇怪的相互之间的自我表现在细节上是如何运作的呢？从长远来看，它还能奏效吗？它又是根据什么规则才能奏效呢？

第六节

对他人的期待

对卢曼而言，现代社会的爱情不仅是一种游戏，而且是一种代码——一种按照既定规则进行的游戏。

个人的"自我概念"——或者像福柯所说的"自我技术"（Selbsttechnik）是交际交流的结果。它是通过说、读、听、看、抓、想等产生的。"交流"（Kommunikation）一词是卢曼提出的一个关键概念。但恋人是如何相互交流的呢？爱情交流的典型特征是什么呢？

在"亲密"系统中，交流的实质不是亲吻、拥抱或言语。在卢曼的理论中，这些都只不过是交流的形式。交流的实质是各种期望，它们构成了恋爱关系的框架，是爱情真正的主题。但期望是如何交换的呢？又会带来什么样的结果呢？换句话说，交流是如何设法以这样一种方式交换期望，从而产生一个在某种程度上稳定和可靠的"亲密系统"——这一过程我们称之为爱情？

首先，恋爱中人通过对心爱的人产生情理之中的期望来创建这种亲密系统。当我们处于恋爱关系中时，我们首先在意的并不是对方能赚多少钱、制定出多少法规、创作出什么样的艺术品或是对上帝多么虔诚。我们所期待的是关注、喜爱和理解。同时我们假设对方对我们也有着同样的期望。除此之外，我们还假设对方了解我们内心的期待并能够正确评价这些期望。这便是恋爱的游戏规则。

因此，亲密的爱情关系构建了一个由期待塑造的社会制度。更准确地说，由持续而稳定的期望和代码塑造的社会制度。今天我们对爱的理解与其说是一种感觉，不如说是一种代码。顺便说一句，卢曼还推测，一个典型的资产阶级代码是在18世纪后期的小说中被发明出来的。用卢曼自己的话来说："从这个意义上说，爱的媒介本身不是一种感觉，而是一种交流的代码，根据它的规则，人们可以表达、形成、模拟感觉，把一些感觉归为其他感觉之下，否定一些感觉，对感觉所产生的后果做好思想准备。

如果真如他所言，那么"我爱你！"这句话就不像"我牙疼"一样是一种情感的表达，而是一个完整的承诺和期望体系。谁要想使爱情得到保障，就会做出承诺，表明他觉得他的感情是可靠的，他很关心他爱的人。而这一切在社会其他人的眼中意味着他已经准备好成为一个恋人了。

恋人带着期望交流。然而，正如每个男人和女人都知道的那样，要使各自期望达成一致是很困难的。他们很容易遭遇失望，因为期望很容易不被满足。我很可能在自己的期望和伴侣对我的期望中迷失自我。尽管我"所憧憬的期望"的确稳定了这段关系，但它们本身并不稳定。而这正是爱情中的悖论：偏偏是所有代码中最脆弱的代码提供了最高水平的稳定性。

当恋爱中的人必须美化他的情人时，爱情就会变得艰难起来。一个人在另一个人眼中的形象被爱改变和决定，以至于他会用一种偏离正常的方式来看待所爱之人。这是他们之间独特的情感品质：情人只能看到对方脸上的微笑，而不是牙齿的缝隙。用卢曼客观的话语来说："外部的支撑被瓦解了，内心的刺激强化了。现在必须通过个人资源来保证稳定。"

尽管爱情的规则很稳定，但它的高波动性和脆弱性使它成为一种罕见的以及不太可能实现的交流形式。因此，爱情的不确定性是显而易见的，即"在他人的幸福中找到自己的幸福"。

因为人们知晓了爱情难以实现，所以它就变得弥足珍贵。因为人们已经意识到了它"难以保留"的问题，所以爱情始终面临着威胁。我会"以爱之名"去关心我的伴侣，我也会去做如果不是因为爱情就永远不会做的事，比如在电影院里看着自己平时并不会去看的电影，专心聆听那些自己永远也不感兴趣的想法。我为所爱的人和我们的爱做了这一切。正如吉尔伯特·赖尔所坚信的那样，对于恋人来说，爱情就像一个孩子或一个宠物，是人们用来关心和担忧的东西。

这个故事中很明显的矛盾之处在于，人们可以像照料孩子或宠物一样照料爱情。越是将爱与风险隔离开来，激情消失的危险性就越大。用卢曼的思维方式来说：恋爱中他或她对稳定的期望越是能够得到满足，爱情关系中就越是缺乏这种激情——无论这种激情是好是坏。双方完美协调的期望是可靠的，但同时也不会产生兴奋刺激的感觉：产生吸引力的不确定性消失了。因此，卢曼认为，把爱情视作情感、性欲和美德的统一体的浪漫观念实际上是一种苛求。要在他人的世界里找到意义——即使只是暂时的意义——也已经是很高的要求了。

　　这便是卢曼对爱情理论的贡献。这种观点的优势是显而易见的：只有那些理解了这种微妙期望游戏的意义和规则的人，才会看透爱情关系的意义——它是一种关于内部稳定的关系，如果没有爱，这种内在的稳定就不会存在。但是卢曼的理论有一些弱点，它漏掉了系统理论中的一些东西。只有当一个人从一开始就对心理的情感维度不感兴趣时，才能写出"爱不是情感"这句话。对于社会学家来说，这种有点狭隘的观点是合理的。但这对于爱情的现象而言并不公平。有趣的是，卢曼没有过单方面的爱情关系，没有过不幸的恋爱，也没有过未实现的渴望。爱情在他这里总是相互协调的期望。简言之，对于社会学家来说，只有稳定的爱情、婚姻和伴侣关系。因为只有它们形成了社会学中一个有趣的"系统"，而它被称为"亲密关系"。

　　然而，爱情当然也是一种感觉。如前所述，它不是一种生理意义上完全明确的兴奋情感，但它是对这种兴奋状态的想象性解释。从将它解释成一种期望再到对其进行另一种解释，这中间还需要跨越很大一步。在中世纪，当一个农民一看到一个少女被激起爱欲时，他可能并不打算在他对她的爱中寻找某种"意义"。卢曼也解释说，爱情是一种现代的期望。但即使在现代，这种期望也绝不是理所当然的。

如今很大一部分的爱的感觉都找不到可以与之共情的对象。因此，这些感觉并没有形成一个相互稳定的亲密系统。然而这些爱的感觉因此就不复存在了吗？它们是否没有任何社会学的意义？例如，一个社会中单恋的数量下降或是上升是否能被确定？而"我爱你！"这句话是否远不只是一种感情的表达？

"我爱你！"这句话当然远不只是一种感情的表达。在这一点上，卢曼无疑是对的。但爱同时是一种感觉，而卢曼的爱情概念中肆无忌惮地混合了一系列不同的意识状态。迷恋和爱情变得毫无差别。然而这种差别不仅呈现出生物学的相关性，而且与社会学息息相关。例如，暗恋某人并不一定意味着想要在对方的眼中得到确认。否则，青少年对流行偶像的爱将是愚蠢的，因为这无疑是在为以后的爱情而试水。对性的需求通常也与暗恋有关，但不一定是对整体体验的需求。性对于一些人而言妙趣横生，但对于其他一些人而言又是一种禁忌。与其说在性中人们可以找寻并确认自己的身份，不如说这一过程是人们对某种角色甚至性格的渴望，而它可以创造出独特的性冲动。

第七节

结论

那么我们从这一章中得到了什么启示呢？我们对爱情的想象并不是一个生理化学问题，而是一个社会问题。不同的社会中，相同的激情所引起的事件被赋予了不同的意义。我们当前与性别有关的爱情概念——"浪漫爱情"实际上是爱情的一种模式。这种想法的核心就是将性与爱融为一体。然而，尽管这一思想在不同的时代和文化都有先例，但它是很难实现的。据推测，历史上没有任何东西与我们今天在富裕的西方世界中浪漫的爱情形象完全一致。而它所带来的结果是恋人间全新的"自我概念"，伴随着它的还有同样崭新的"自我技术"。换一种说法，无论是对我们自己，还是在与所爱的人打交道时，我们不仅对兴奋的解释不同，我们的行为也不同。最重要的变化可能是我们的期望。我们不只是想把性和爱结合在一起，我们想要的其实更多：爱情的强度和持续时间。我们的期望不断增加。因为我们知道别人的期望值也在提高，所以我们会提高对自己的期望。

但是期望越高就越难以实现。其中的风险在于，没有任何一个伴侣能够真的满足我们。想要获得爱和不能长期爱之间诞生了今天的中心主题。看来，和其他事物相比，我们更热爱爱情……

第三部分

今日爱情

第十一章

**爱上爱情：
为什么我们总是在寻爱，
但爱却越发无迹可寻**

婚姻生活的艺术定义出了一种在形式上具有双重性、在价值上具有普遍性、在强度和力量上具有特殊性的关系。

——米歇尔·福柯

婚姻在天堂中缔结，在汽车座椅上分崩离析。

——尼克拉斯·卢曼

第一节

爱情是自我实现

我的祖父母在结婚时毫无选择的余地。他们的父亲在铁路工作，因此他们是在媒妁之言下订婚的。就这样，年纪相差5岁的小玛丽莲和小威廉步入了婚姻的殿堂。尽管他们的婚姻维系了50多年，但这段婚姻从来都没有多么令他们称心如意。然而我的祖父母没有选择的余地。无论如何，他们没能为自己选择任何东西：他们的爱情、他们的工作、他们的居住地、他们的医生、他们的信仰、他们的生活方式、他们的电话运营商、他们的社区、他们的同龄人群体，甚至他们的治疗师都不是他们自己能决定的。他们生活在小村子里终日无事，那里只有一个小小的教堂。除了1933—1949年这段时间，我的祖父母每4年都会在选票上勾勾画画。德国和奥地利是他们所了解的，而我祖父唯一一次长途旅行就是随军参战。然而并没有人问过他，是否想这样去波兰。

当我的父母结婚时，他们有了自主选择婚姻的权利。他们了解生活，但也只是一知半解。他们结婚很早，当年我的母亲只有22岁，那是在20世纪50年代后期，我的父亲不需要参军，因为当时德国处于特殊情况中，所以并没有军队。因此他获得了去大学深造的机会并成了一名设计师，当时这在德国是非常新鲜的。后来国家变得越来越富裕。20世纪60年代来临后，奥斯瓦尔德·科勒[1]振兴了联邦共和国。"性"从一个强制性话题变成了自由选择。我的父母经过西欧来到摩洛哥，飞往韩国和越南。他们开启了对另一种生活的尝试，并与我的祖父母的价值观发生了分歧。他们放弃了信仰和教籍，在城郊买了一套房子，经历了中年危机，为额外的第三方频道买了一个卫星天线，还有一个遥控器。

当我高中毕业的时候，德国有了第一台录像机。那是1984年。那

---

①奥斯瓦尔德·科勒：性教育家、记者、作家和电影制片人，1928年10月2日出生在德国最北部的基尔市，父亲科特·科勒是一名著名的精神病学教授。奥斯瓦尔德·科勒没有子承父业投身医学事业，而是从事了记者工作。不过多少受父亲的影响，对精神病学感兴趣的他利用其媒体人的身份发表了一大批关于人类性问题的文章。

时的电话还有电话线，隶属邮局管理。这个国家变得更加富裕。然而面对职业教育中汹涌的学徒大军，即使是受过高等教育的人也没有了理想的工作前景。我可以自由选择我的学习地点，并迅速在十几个电视节目中来回切换。我可以去任何我想去的地方，1990年后我甚至去了遥远的东方。我不得不学习如何使用电脑。我可以选择我的爱情、我的职业、我的医生、我的信仰、我的生活方式、我的电话运营商、我的社区、我的同龄人，如果我愿意也可以选择我的治疗师。我自由了，也长出了第一根白发。防晒霜的保护因子增加了十倍，气候灾难已成为事实。人们可以在报纸和书籍上随处读到势不可挡的生态崩溃信息。电视向我们展示了人口过剩、移民和自然资源战争。

　　然而，在我们现实的生活环境中，人们可能对周遭的任何事情都鲜有体察。相反的是，我们渴望得到更多的东西：爱情和极致的性爱体验，幸福和健康的最大化。每个人都想要显赫的声名、完美的身材以及长生不老。

　　我们不再像我们的祖父母那样书写着循规蹈矩的人生传记，我们所书写的是满是抉择的传记，或者更确切地说是"手工艺品传记"。我们在具有越来越多的可能性的生活中做着选择，我们也必须选择。我们被迫实现自己，因为如果没有这种"自我实现"，我们显然什么都不是。而自我实现无非就是从各种可能性中做出抉择。如果你别无选择，你就无法实现自己。相反，那些必须自我实现的人绝不能放弃做出各种选择。而"做你自己"的绝妙机会也是一种险恶的威胁。毕竟，如果我做不到这一点呢？

同样地，在当今的爱情中，我们的期望也是数不胜数——因为我们相信我们是值得被爱的。我们可能还在为我们的亲密关系寻找社会的立足点。但更重要的是，我们正在浪漫的爱情中寻找一种实现自我理想的可能性。

浪漫主义将迷恋中转瞬即逝的这个特性置于爱情的框架内，并在自画像中赋予它永恒的面容。这种设想并非新鲜事儿。据推测，在古希腊和文艺复兴时期就有浪漫的类似形式，至少作为一种理念，在中世纪的宫廷文化中也能看得到它的影子。正如上文所说的，这种浪漫的想象并没有持续地发挥着作用，甚至我们的祖父母对此也知之甚少。然而，毫无疑问，它现在是一个众所周知的概念，至少在西方世界的富裕国家中是这样，许多其他国家也是如此。唯一的区别是他们的民众特性是不同的。然而，无论浪漫主义在曾经的想象世界中究竟如何，它都绝对不是为普罗大众所准备的。浪漫主义不是普通凡人的现实期望，而是上流社会的艺术幻想、特权阶层的激情绽放。

今天，浪漫主义是一种无处不在的宣言。即使人们叹息着抱怨他们的爱人有着这样或那样的缺点，任何阶层谈论两性情爱的人其实都在谈论激情和理解力、兴奋和安全感。我们的社会不仅拥有历史上前所未有的繁荣和独一无二的教育水平，通过汽车、火车、飞机、互联网和移动电话架起的空间和时间桥梁，它对幸福和选择也提出了前所未有的要求。

即使财富分配不均，贫富差距越来越大，即使我们社会中的下层阶级被称为"教育的灾难",至少人们对于爱情中幸福的诉求几乎是无处不在的。然而在今天,这种诉求可能是有所不同的。《欲望都市》中所展现的光鲜亮丽的大都市文化,与展现弗里斯兰和上普法尔茨的农村地区婚恋风貌的真人秀节目《老农寻妻记》①必然大有不同。但在爱情中,对幸福的诉求毫无疑问是很普遍的。

起义的军队在这场大规模的争夺战中迷失了方向。如今,浪漫的爱情不再是颠覆性的,也不再是忤逆世俗之举。相反,它是对世俗的确认。在18和19世纪,浪漫的爱情往往是革命性的,把激情置于阶级问题之上。决定爱情的不是社会秩序,而是情感的爆发和激增。这与1968年运动的新浪漫主义是不同的。在这里,被颠覆性地进行质疑的并不是阶级的对立,而是小资产阶级约定俗成的性传统。今天,这种冒犯不再存在,因为它们不再被视为颠覆性的,这是一个好兆头。如今,在爱情中获得精神和身体自决的诉求被广泛接受。浪漫主义者在文学中所表达的,新浪漫主义者在"邂逅"中所阐述的,都已经在当今的生活中占据了一席之地。

我们想让我们的爱情有生命力。而我们在爱中的表现很大程度上是具有目的性的。当代感情关系是因为爱情而存在的,而并非如同过去的几代人那样,即像早期浪漫主义者弗里德里希·施莱格尔那样把婚恋关系理解为"普遍性实验"。如今我们比他想象中的要激进得多。

----

①德国的一档真人秀节目。

第二节

自我实现是糟糕的吗

　　人们对这种新形式的恋爱关系的评价可以说是大相径庭。对一些人来说，它是自由的胜利，积极的"个性化"的最高阶段，然而对另一些人来说，它却是令人厌恶的。例如，保守的意大利哲学家翁贝托·加林贝蒂认为它一点都不讨人喜欢。他在通过爱情来完成自我实现的主张中看到了形影自怜和虐待："自我可以不受任何限制的生活的空间已经成为激进个人主义的舞台，在这个空间里，男人和女人都在他人身上寻找着自我。在这种关系中，他们更关心的是发展和延伸自我而不是与他人建立联系。这是一种顾影自怜，当人们处在一个每个个体的身份都是依据他们在这一系统中的适合性和功能性来确定的社会中时，这种自怜是无法表达的。由于这种奇怪的互动，爱在我们这个时代对于自我实现是不可或缺的，但也是前所未有的触不可及：在爱情关系中所寻求的不是他者，而是通过他者来实现的自我。'你'对'我'而言只是一种工具。"加林贝蒂提出了一种反对这种自我崇拜的治疗方法，那就是宗教式的自我

311

净化。他自信地宣称："欲望是超越。"

然而，在邂逅这种全新的爱情时，不只保守派和宗教人士对其中自我实现最大化的部分感到反感。正如加林贝蒂一样，普林斯顿大学的美籍哲学家哈里·法兰克福也感到不安。法兰克福也希望出现一种没有利己主义、自我参照和自私思想的爱情。他对"爱"的定义是排他性的："最重要的是，爱是对所爱对象的存在以及对爱情本身有益的东西不掺杂任何利益考量的关切。恋爱中人所希望的，应当是自己所爱之人充满朝气，不受伤害，而不是想借此支持自己的其他目的……对于恋爱中人来说，所爱之人的状况本身是重要的，这与状况本身是否依赖于其他东西并不相关。"

法兰克福所定义的"爱"可能存在于父母和孩子之间。然而这位普林斯顿教授本人也怀疑这种爱的原型是否适合男女两性之间的情爱。因此，他很艺术地打了个太极。如果他对爱的定义不适用于男人和女人，那么在男人和女人的关系中发生的浪漫的东西就不是爱情："特别是那些本质上浪漫的关系或性关系，在我看来并不能提供非常真实或有启发性的爱情的范式。这种类型的关系通常与一系列让人眼花缭乱的元素相关联，但它们都并非那种不掺杂任何利益考量的爱情的本质。事实上，它们是如此令人困惑，以至于人们几乎不可能弄清楚究竟发生了什么。"

如果事情是这样，那么人们当然可以把这个麻烦抛在脑后了！如果男人和女人之间发生的事情让人"困惑"，那么人们根本就不会把它说成"爱的本质"的一部分。但这种"本质"实际上只是法兰克福先生自己对它的定义。爱情应该包含在"奉献和自我利益的身份"中，这是一个很好的想法，与早期浪漫主义的理想密切相关。但在现实生活中，有无数激情燃烧的案例都显示出，人们并不清楚这个身份所谓何物。但这也并不是说，"当我们意识到为爱人的利益服务的不过是无私时，追求自己的利益与无私地为他人的利益服务之间的冲突的表象就消失了"。

人们不必成为迈克尔·吉塞林可怕的利他主义理论（"抓伤一个利他主义者，你就会看到一个伪君子流血"）的追随者就可以得出这样的结论：法兰克福的奉献和自我利益的身份既非常态，也不是爱情关系中的永久状态。也许在洋溢着幸福的时刻，这会是真的——然而在日复一日的各种各样的情况中，事实绝不会如此。相反，两性爱情关系中的真正问题在于，利己主义和无私之间的紧张关系不是必须消除的，而是必须忍受的。也许正是这一点赋予了爱情紧张的悬念。

现代恋爱关系中的众多的选择一次又一次地将私利与无私分开。永恒的极限拉扯代替了不断的融合。现代浪漫主义不再是自我利益和他人利益无条件且持久的融合，而是一种在（新的）理解过程中永不停息的冒险活动。

但如果就此便可得到满足似乎也并不容易。也许这就是为什么批评者们会指责夸大爱情中自我实现的思想是自私的。他们认为现代人看似在爱情中找寻到了万事万物的意义，实际上他们只是制造出了一只纸老虎。例如，加林贝蒂写道："在社会现实中，任何人都不被允许做自己，因为每个人都必须像机器一样运转，生活被认为是陌生的，作为对社会现实的平衡，爱必须成为意义的唯一避难所。"

我们一定不可能在爱情中寻找到人生的所有意义。为什么今天"不允许任何人成为他自己"？真的是这样吗？曾经的情况会更好吗？倘若在神圣罗马帝国、魏玛共和国或第三帝国，我的祖父是否被允许活得比今天的我更像他自己？这听起来就像早期浪漫主义者（以及今天的早期浪漫主义社会学家）所认为的传统社会中的生活更井然有序一样是一种谬误。此外，谁是决定人们生活的"机器"？这些话也许是斯大林时代的特色，但并不是我们2009年的今天在西方世界的生活。除此之外，今天究竟谁觉得自己的生活"很陌生"？这样的想法完全就是来自一位研究艾里希·弗洛姆和西奥多·W. 阿多诺的理论的非常传统的思想批评家。社会学中最顽固的谣言之一就是今天的人们感到一种陌生感，因为左派理论就是把现代的工业世界定义为异化的世界。但谁又理所当然地该遭受这种在他出生前几十年就已经发生的损失呢？一个人对他所失去或获得的东西的参考点始终是个人的经历而不是过去的历史。当然，当童年给予他们的价值观在当今丧失了意义或被搁置时，人们就会遭受痛苦。然而，"异化"所带来的结果则完全不同。在与自然割裂时，我们注定会遭受痛苦而不会为享受到中央供暖而感到高兴。我们也许思考着远离科技并希望再次以贫农的身份生活。尽管我们有时会遇到许多自然浪漫主义，然而通常情况下，城市森林残余的自然属性对我们而言已经足够了，几乎很少有人真正想回到"异化"之前的时代。

　　加林贝蒂以他有点笨拙的方式想表达的可能是，"个性化"的过程给人带来的并不只有好处。个性化是一件好事，毕竟我们今天因此享有前所未有的自由。从来没有一代人有这么多时间来关注自己的心灵。但当然，个性化也包含着自私、孤独和反社会的危险。难怪许多社会学家认为当今富裕人群的个性化不仅是一个机遇，也潜藏着对我们爱情关系的威胁。按照他们的说法，婚姻是为了自我实现而缔结的，也是为了自我实现而破裂的。个性化是婚姻中最重要的主题，也是最危险的悬崖。人们寻找另一半是为了活出真我，但又为保持自我与他们分道扬镳。这种宽泛的诊断并非完全错误，但也不完全正确。因为在今天的关系中，期望和对他人期望的游戏要复杂得多。只有当我们将个性化的概念与另一个概念结合起来时，它才变得更容易理解．那就是"重建依恋纽带"。

依恋纽带的重建

研究无条件的个性化的社会学论文认为，我们的生活是由两个因素决定的：自由的净益和方向的丧失。我们或我们的父母生来就被灌输的价值观已经变得令人怀疑。宗教信仰和政治世界观都失去了意义。作为一个欧洲公民，甚至是一个世界公民，人们似乎在任何地方都有宾至如归的感觉，但好像又不完全是这样。我们不再在意识形态之间做出抉择，而是在操作系统之间来回选择。当道德主义者向我们宣扬着保守派和左派的价值观沦丧时，我们必须接受这一点。也许我们会时不时地停下来安慰自己，因为我们比我们年轻的时候更有阅历。我们还有纪律，至少有时是这样。我们对世界和平与正义有一种责任感，至少在理论上是这样。

显然我们对这一切并不感到安全，也许我们并不对此感到陌生，但我们常常不知所措。我们不知道该为别人做什么，也不知道该为自己做什么。而我们在爱情关系中的感觉也与它没什么两样：社会学家乌尔里希·贝克写道："家庭、婚姻、父母身份、性、情色、爱情是什么，应该是什么，或者可能是什么，都不能够再被假定、质疑和有效地制约。相反，它们在内容、边界、规范、道德等方面发生了变化，最终可能因个人而异，因关系而异，并势必在如何、什么、为什么、为什么不等细节中得到解释、协商、否认和证实。"

即使我们今天想要在爱情中寻找所有的意义是错误的，但想要找到意义在任何情况下都是很困难的。如果个性化是今天驱使我们找到意义的唯一因素，那么这种意义的发现几乎是完全不可能的。2007年去世的法兰克福社会学家卡尔·奥托·洪德里希用一张充满智慧的列表反对贝克这一激进的个人化思想。当然，正如洪德里希所说，个性化今天驱使着我们。但与此同时，我们正在寻找一些相反的东西，这些东西将这种经常令人不安的个性化束之高阁。由于还没有相关的学术用词，洪德里希把这种倾向称为"重建依恋联系"。

让我们想象一下现代的两人伴侣关系。两人伴侣都在他们的关系中寻求着相同的东西：满足、肯定、兴奋和理解。用卢曼的话来说就是，他们想在彼此的幸福中找到自己的幸福。像所有的夫妇一样，他们来自不同的家庭，并且已经有不同的亲密关系史。这些家庭不一定有很大的不同，而他们所经历过的关系也不一定完全不同。我们不需要想象其中一人在塞内加尔长大，而另一个在莱比锡长大。这两人可能都来自索林根、比勒费尔德、凯泽斯劳滕、埃尔福特或奥伯豪森等德国中等城市的中产阶级。

在他们恋爱的初期，热恋掩盖了所有的差异。但最迟在半年后，人们的目光就开始变得挑剔了。如果他们现在搬到一起住，冲突就会增加。男人把他要洗的衣服扔进壁橱，女人则把它们折叠起来。不经意的小小对话中就清楚地表明了，这种情况不会改变，至少从长远来看不会改变。因为这样的差异只会给热爱干净的人带来困扰，但并不会困扰生活杂乱无章的人。对于生活井井有条的人来说，重要的是一些共同的问题，即双方都需要在关系中解决的问题。对于杂乱无章的人来说，他关注的是伴侣的个人问题：他是否古怪、做作、毫无忍耐力。

从表面上看，这是一个个性化的问题。每个人都希望看到与伴侣的共同生活和他们自己的方式相一致，而并不想降低自己的要求。于是人们相互妥协。例如，每个人都有自己的洗衣方式，但每个人都有自己的衣橱。对于激进个性化理论的倡导者来说，这是一个胜利。每个人都"做自己的事"，然而结果是分裂和消费。

然而，卡尔·奥托·洪德里希这样细心的观察者却看到了完全相反的情况。不再为洗衣争吵的协议不是个人的决定，而是共同的妥协。这种妥协不是以伴侣的其中一方，而是以关系的名义出现的。从现在开始，人们必须坚持下去。一方面，这种关系赋予了这对伴侣一种个性，但同时也决定了游戏规则。对法国社会学家让-克洛德·考夫曼来说，处理衣物的案例足以编撰成书：《脏衣服：普通夫妻关系的不寻常观点》。

然而，人们从衣物的案例中学到的教训要远比案例本身所反映的多得多。这不仅表明，在夫妻关系中，个性化几乎总是伴随着"集体化"。同时也展现出双方都在这段关系中带来了相当多的习惯和对事物固有的理解。这些远远超出了收纳或折叠衣物的问题。

但是，这些定义从何而来？从理论上讲，现代人究竟在哪些方面是意志不坚定的、不确定的和不受约束的，我们要从哪里获得安全感，不仅要它捍卫我们的习惯，而且要认为这些习惯是"正确的"？据人们说，在爱情中向前奔跑应该是追随着一个不确定的期待。然而在所有可以想象得到的迷失中，有一种期待是相对稳定的，那就是人们的原生家庭。作为孩子，你在父母那里得到的价值观有一种令人印象深刻的持久力。无论你在青春期多么强烈地反对父母的宇宙价值观，这些价值观几乎总是会在不知不觉中回到你身边。当然，你不必去买父母心仪的组合衣柜，还是会购买宜家的衣架，但这种衣架只是合乎时宜的他人的包装而已。

像吸收母乳一样一同吸收了的价值观，具有非常高的稳定性，因为作为一个成年人很少会再产生新的价值观。洞察力可以随着年龄的增长而增长，价值观则不能。在与伴侣发生冲突的情况下，旧的价值观浮出水面。在养育孩子方面双方所面临的问题与爱情中的也没有什么不同：为什么我们会对我们的孩子说那些即使是我们的父辈也一直讨厌的谚语？我们越老，我们就越不反对我们保守的一面；这种保守的一面让我们想起最初熟悉的东西。

自我实现不仅包括了个性化的残酷性，也囊括着一个保守的维度。它在我们现在的社会学分析中经常被严重低估。尽管股价暴跌和金融危机，雅皮士、高尔夫一代并没有放弃成本和收益的生活游戏。关于这些，我们想学的越少，重建依恋联系对我们来说就越重要。曾经美好的东西，如今又怎么可能会变得糟糕呢？

保守的一面包括熟悉的一面和传统的一面。它是非自我选择的，如出身和环境。这是第一个选择的：它也作为一个年轻人的第一个自我概念。它是爱情艺术家的安全网。然而，虽然通过个性化来解决的关系问题已经得到了很好的研究，但通过重建依恋联系来解决的问题往往还处在暗夜中并被低估了。它们可能是比任何所谓的个体化都更糟糕的捣乱者。因为新的想法可以与伴侣息息相关；相反，重建依恋关系则并非如此。它们作为一个难以辨认的文本出现在我们的"爱情卡片"上，尽管并没有决定我们对伴侣的选择，但是决定了长期的诉求和令人难以忍受的事情。我们年轻时越是觉得自己不传统，日后这种重建依恋联系的渴望就越强烈。

第四节

寻找爱情

个性化和重建依恋联系是当代自我概念的两端，在爱情中亦是如此。20年来，社会学家们一直就二者的价值进行着无聊的争斗。当1968年的左翼社会学家对个体化感到欣慰时，保守派则为重建依恋联系举杯相庆。全新的自由对一些人而言是激情和生活方式，但对另一些人来说就是婚姻和家庭的威胁。然而，从客观公开的角度来看，这场争论是匪夷所思的。因为个性化不是当今离婚率的罪魁祸首，而重建依恋联系也并没有给予一段关系必不可少的休息和停顿。那些尽可能实现个性化的人在其调整生活的过程中并不会因此而放弃对他人的承诺。而那些在危机时期追忆着自己身世的人也并不能挽救自己的婚姻。正如之前所推测的那样，在充满疑虑的状态下，重新建立依恋联系甚至会是对我们传统婚姻模式更具危险性的毒药。只有在所有的中产阶级的家庭背景都类似的时代，在农夫也只会与农妇结合的时代，重建依恋联系才可能是这种关系的共同纽带。然而，今天重建依恋联系不再是维系婚姻的保证。相反，它会加速夫妻之间新建立的价值宇宙被他们各自原生家庭中的旧有价值体系取代。

在过去的30年里，联邦德国独居家庭的数量显著增加。离婚率在20世纪70年代和80年代呈爆炸式增长。自1990年左右以来，德国三分之一的婚姻都以离婚而告终，在大城市中甚至约有一半的婚姻最终都破裂了。几十年来，德国人对养育下一代的热情让这个国家浮现出许多不足之处。但这一切的原因，真的是我们对爱情有着过度的期待吗？真的是因为我们想把我们真实的果仁放进浪漫主义的巧克力中吗？还是我们企图在烛光、厨房、避孕套和闺房之间找寻意义？

在第三章中我们引用了《明镜》周刊2008年4月的一项调查，依据这项调查，只有63%的女性和69%的男性认同"生活的意义在于幸福和谐的伴侣关系"这一观点，而这大约占德国成年人口的三分之二。然而更多的人选择了另一种观点，即人生的意义在于"有一个贴心的好朋友"——而这是73%的女性和66%的男性的选择。

在这种背景下，将爱情视为无家可归的人用来避难的梦幻城堡的理论失去了光彩。可是为什么在德国的成年人中，有近三分之一的人似乎并没有这种对爱情的渴望呢？

我们可以预想到这样几个答案：许多德国人可能不再相信他们能够在一个充实的伴侣关系中找到意义。也许对许多人来说，在这个时代里有许多比爱情更具意义的东西。再或者人们高估了德国人对意义的渴望。这个问题的答案似乎藏在另一个问题中，《明镜》

周刊曾经在采访中提问："你为什么单身？"在接受调查的女性和男性中，约有不到三分之一的人认为自己的"要求太高"。还有不到三分之一的人用"渴望独立"来解释他们的单身生活。其余原因则是女性和男性"糟糕的过往经历"以及男人的"羞涩内敛"。

那种完全不寻求爱情的单身人士可能是非常罕见的。但事实上，许多单身人士，尤其是大城市的单身人士不再希望建立任何亲密关系。对失望和损失的恐惧远远压过了对爱情中潜在的回报的期待。这种想要享受应有的权利的态度并不只局限于爱情。20世纪70年代以来，年轻人对生活的要求不断提高。无论是物质上还是精神上，在资源财富充盈的地方，从中获利并非什么难事。金钱不仅能提供商品，还能为生活提供莫大的机遇。然而它的副作用是让人们越来越难以被满足。我们的选择越多，遭遇的失败也就越多。我们的消费文化不仅仅是一种说"是"的文化，也是一种说"不"的文化。因为我们的性格不仅由被我们选择的东西决定，同样也由被拒绝的东西决定。在20世纪五六十年代，小资产阶级取笑无产者和外国人。然而，如今的中产阶级在选择自己最喜欢的歌曲时已经与当下的世界脱离。那些能让我对自己做出定义的东西正以惊人的速度衰老过时。每一次选择都在等待新的选择。因此，不仅"学习是一件终身的事业"是一句百用不厌的格言，"抱怨将伴随一生"同样也是。

因此，在今天，浪漫爱情的想法的要求往往高于其可行性也就不足为奇了。抱怨的主要原因在于自身的可行性。虽然西方国家的爱情市场是有史以来最大的，但个人在这个市场上的机会并不是无限的。对于许多人来说，对于潜在的爱侣的选择仍然非常有限。那些长相低于平均水平、魅力一般、被认为从事乏味的职业的人，通常无法选择他们的梦中情人。事实上，今天被认为有吸引力的人所具有的机会比以往任何时候都大，但对那些被认为没有吸引力的人来说，这不仅不是一个机会，反而是一个诅咒。虽然市场是开放的、多样化的和自由的，但它并不是对每个人都公平的。

对于其他将"渴望独立"置于夫妻关系之上的单身人士来说，他们往往认为和恋爱相比，事业是人生更重要的阶段。不幸的是，人们经常错过正确的时机。西方世界的大城市充满了以牺牲家庭为代价的职业女性，而她们的人生道路并不是从一开始就注定写满了妥协和放弃。然而，长时间的缺少爱情会导致她们对感情的截断或对当下的情况的随遇而安。现在所有的情感冲动都来源于幻想中的人主动做出些什么。大多数吻醒沉睡的睡美人的白马王子通常情况下对此毫无兴趣。反过来，童话中的公主也不会付出什么行动。

在这种情况下，自20世纪80年代以来，单身的概念不断被重新评价，无论是性放任的单身人士（swinging single），还是近来被称为"独一无二的单身主义者"的"乐单族"（Quirkyalone），都已不足为奇。美国作家萨沙·卡根认为，真正的浪漫不在于令人神经紧绷的关系，而在于未实现的渴望。迫切而痛苦的思念比爱情更浪漫——在这一点上，早期浪漫主义在文学中未实现的渴望与美国电视连续剧中的晚期浪漫主义大可相提并论。柏林作家克里斯蒂安·舒尔特在他的电视连续剧《甜心俏佳人》和《欲望都市》中完美地展示了这种快乐的单身现象。经济上独立的浪漫主义者经常尝试没有爱情的性爱，但最终就像凯莉一样，她们渴望"大先生"那样童话中的王子。舒尔特说，这些电视剧的特殊成就在于将女性单身者打造成了女明星。事实上，大多数女性单身人士的经济状况比同龄男性人士要好。于是，显而易见的结论是：女性单身是因为太挑剔，而男性单身是因为太愚蠢。

然而，据舒尔特透露，在新经济衰落的时期，单身系列的电视剧的诱惑力在迅速下降。富有、美妙、充满诱惑的生活方式不再令人信服。在舒尔特的书出版4年后，金融危机也随之而来。未来的电视明星可能不是爱无能的雅皮士，而是快乐的穷人——浪漫的在爱中陶醉的领取最低社会救济金的人。单身作为一种从困境中诞生的理想已经彻底破灭了。

但单身人群一定会继续存在。生活情境不可能像电视连续剧那样被改变。与同一个伴侣永久幸福的可能性一直在下降。至少偶尔单身是现在和将来的正常期望。

因此，"序列式一夫一妻制"①是一种可以想象的并时常会被付诸实践的生活方式。人类学家海伦·费舍尔希望在这里找到我们祖先在稀树草原上的原始生命形式，并因此沉浸在一种期待中：人们在一起共同生活三到四年，然后便共同孕育孩子。如果双方未能

---

①序列式一夫一妻制：见第一章。

孕育出子嗣，那他们就会产生"精神上的孩子"，即共同的愿望、想法和乌托邦。然而这些东西会在三到四年的生物节律的遗传中被不断磨损。难怪海伦·费舍尔说，今天我们又回到了序列式一夫一妻制。

然而，正如我们所看到的，这个想法只不过是人类学家的幻想。因为没有证据表明我们的祖先有过序列式一夫一妻制的生活。他们更有可能是生活在同一个团体家庭中，即有着姑妈和兄弟的大家庭。顺便说一句，我们真的可以回到那样的时代，这是完全可以想象的。关于这一点，我们将在关于家庭的一章中再次讨论。

平均而言，一位年轻人所期待的亲密关系的数量要比他的祖父母那一代多得多。然而，这一数量是否也远超他父母那一代人的期望值就不得而知了。而这样的期待所带来的结局并不一定是集体性的依恋和夫妻关系的无能。根据目前的研究，德国青少年进入性行为的年龄在过去30年中一直保持不变，却成为社会的关注热点。自20世纪70年代以来，青少年性伴侣的平均数量不断增加。虽然性不是一个可靠的指标，但我们并不能认为年轻人比我们自己更难以走入亲密关系。

似乎无论如何，我们都无法绕开这种对应享有的权利的高要求。我们对爱人的要求和愿望是很难限制的。当然，我们很久以前就知道，对方对我们也有很高的要求，由此也引发了我们的自卑综合征。然而，年青一代对他们的恋人提出了众多的要求，这可能不仅仅是因为这是恋爱市场的选择机制。我们对孩子给予的关注越来越少，而这也为他们日后寻找伴侣设置了高标准。一个人在孩提时代对自己越感兴趣，他就越想让爱侣对他做出回应。我的"爱情地图"不仅记录着我的依恋类型的特征，最重要的是，它们还记录着我的行为模式。它们为我日后的评估设定了标准。资本在爱情中追寻着最大化利益，在基因中它并不能找相符的东西，但在发展心理学中却可以找到理想的目标。

毫无疑问，我们寻找爱情的模式也有一个类似的结构。我们通过他人寻觅着有利于自己的高价值。我们的利己主义借助"夫妇身份"披上了利他主义的外衣。我们通过放弃自己来完成更多的事情。我们的个性和我们对依恋的渴望拧成一股奇怪的钢丝绳，并不断交叉和重新构成了一个安全网。当关系遭遇失败时，我们会对家人和朋友进行重新探索。

所有的一切都不能否认的一点是：这世间的确存在对他人"真心实意的"关心以及"真正的"同情。倘若一种情感能直接或间接激发出更高层次的利益，那么人们怎么能把它称为错误的呢？那些在别人的幸福中找到了自己的幸福的人，也会在别人的忧伤中发现自己的悲伤。为他人而"存在"，是人类的一种有着非常古老根基的原始需求。美国马萨诸塞大学波士顿分校的孤独研究员罗伯特·维斯认为，一个缺乏同理心的人比一个一无所有的人更糟糕。不懂得给予的人也不懂爱——这种认识并不新鲜。我们不仅想在爱情中拥有些什么，同时也想在爱情中给予些什么，是我们的"灵魂"吗？

第五节

爱情的宗教

许多人谈论爱和家庭，就像几个世纪前谈论上帝一样。20多年前，社会学家乌尔里希·贝克和他的妻子伊丽莎白在他们颇具争议性的著作《爱情的正常性混乱》中点燃了现代爱情中观念、思想和见解的绚烂烟花。这场由乌尔里希·贝克精心策划的离经叛道大大丰富了德国的社会学图景。作为慕尼黑大学和伦敦政治经济学院的教授，他是一位思想领袖，也是一个令人头疼的"孩子"。在政治上，他多次改变左派的立场，比其他人更激进，更不妥协，但不久之后，他就表现得像一个冷静的告诫者，时常妥协、犹豫不决。贝克激进的个体化论题不仅是其思想中最突出的倡导者，而且似乎是一种个人的生活计划。当代德国社会学家的思绪无论延伸到何处都能遇到贝克的身影。他扮演着一个为意义的缺陷而生的开拓者。毫无疑问，他有着自己独特的风格。

贝克的书是一本灾难读物：人们正在寻找爱，但它早已不再有成长空间。在社会学家看来，《甜心俏佳人》意味着："爱变得比以往任何时候都更加必要，也更难以企及。爱的美妙，象征性的力量，诱惑的力量，救赎的力量，都随着它的难以企及而不断增长。这个奇怪的规律隐藏在离婚和再婚的数字背后，隐藏在人们想从'你'和'我'中释放出的自大狂妄身后，当然也隐藏在对堕落的救赎的渴望中。"当代的人是狩猎者和采集者，寻找性和爱、迷醉和满足。所有这些都渗透到今天的每一个角落，在过去世界的蓝图中，上帝、国家、阶级、政治和家庭应该发展的是他们统治的地方。"你"是"我"和另一个"我"的救赎。如果不是"你"也会有别的"你"。

然而这种追寻完全与他人无关吗？我们压根儿不是在寻找适合我们的伴侣，因为我们最终既找不到也不想找到这样一个绝对答案，对吗？在这种情况下，如今爱情本身就成了目的。因为社会中的每一个恋爱中的人从一开始就知道，爱情在一定程度上必然让人失望：当电影中的有情人终成眷属时，事情就开始变得无聊了。感情不再升温，而是开始走下坡路。

因此在这个意义上，乌尔里希·贝克把爱说成一种宗教。更确切地说是"宗教之后的宗教""摆脱宗教之后的原教旨主义"，以及"围绕自我发展的社会崇拜仪式场所"。我们奋力去爱，去崇拜并渴望着被爱。对精神和肉体的憧憬成了我们在这些时刻最重要的状态。流行音乐和广告世界中的承诺包含着无限的隐喻，而它们不断地激发着我们的想象力，并当我们与他人相拥以及于床帷之间缠绵交融时激起我们对救赎的渴望。

那么贝克所说的是正确的吗？20多年后的今天，他的观点依然是对的吗？我们一定要把《甜心俏佳人》理解为一个无神世界中的探索者吗？她是鞋店中的圣特蕾莎吗？毫无疑问，今天的爱承担了以前属于宗教的功能。在宗教中，人也应该能够作为一个整体来体验自己。基督徒的上帝接受每一个人的原本面目，只要他完全信服于他。亲密的纽带使人保持稳定。人类在世界上所处的位置是上帝所分配给他的，正如今天的爱建造港口以使那艘自称为"共为一体"的船可以停泊一样。那么，宗教在西方世界是否因为人们在爱情中找到了一种爱的全新意义从而失去了意义呢？还是说，爱情作为一个超负荷的替代品，弥补了我们在虔诚衰落后所造成的心灵空洞呢？

首先，爱情和宗教幻想的融合似乎并不那么荒谬。因为从发展的角度来看，他们的需求可能非常接近。从人类生物学的角度来说，两性之爱和宗教信仰是一样多余的。在这两种情况下欲望仍旧是存在的，它似乎是我们感性的副产品。他们都试图填补一个巨大的空虚，这个空虚在人类第一次能够提出这个问题时就已经勾勒出探寻意义的轮廓。宗教信仰和两性之爱是我们情感和社会智慧的"拱肩"。比它们在当代社会中的融合更令人惊讶的是，它们在人类历史上经常被分开对待。因为在一神论宗教的传统中，信仰始终是爱与恨、兄弟情谊与异族敌对、香与火、棕榈枝与剑。令人欣慰的是，正如基督教在西方文明中失去了对真理的掌控一样，今天的它变得温和。而值得保留的似乎只有它在慈善机构中倡导的道德和慈善奉献精神。

爱和宗教在他们对整体性的主张中相遇。二者所讨论的都是关于更大的整体：整个人和他的个人宇宙。人类的头脑不可能理解他作为一个整体的状态、他的生活以及他的世界。整体性并不能被理解，而只能作为迹象（Evidenz）被感知。说白了，人们必须感受到整体大局。这就是为什么任何关于爱的概念总是太小，就像任何关于上帝的概念或任何关于死亡的概念一样。用德国文学人类学家沃尔夫冈·伊瑟尔的话说就是："因为我们活着，所以我们并不知道活着是什么。然而当我们活着的时候，我们总是尝试着弄清楚到底活着是什么，如果我们活着，我们不知道我们于何时是活着的。因此，只有不断发明新的图景并同时否认对它们以及真理的解释似乎才能为这种困境的存在提供场域。"

无论我们认为我们自己了解爱情的什么，它都是一个在我们的想象之外没有真正场域的概念。而这就是它成为一个看似理想的体验和自我经验的空间的原因。爱无法被反驳，只能令人失望。在没有和他人融合之前，人只是一个独立的个体。而在人们看到"爱情可能出现的源头之处，对方注意到的只有脂肪、胡须、头发和（冗长的）无言以对"。

事实上，爱情使"及时行乐"成了宗教在社会中的继承者。但是，如果按照天主教的观点，与上帝的关系不能被打破（或者如果可以也只有一次），那么今天的爱情就会建立一种关系，这种关系可以一次又一次地单方面终止。当梦寐以求的天堂变成地狱时，我们今天就可以瓦解这个联盟了。宗教和爱情的共同点到此为止。即使爱情能为人们提供安慰、给予接纳、滋养希望、赋予意义，但它仍然只能局限于两个相爱的个体中。相反，宗教赋予了一种社会性的意识，一种众人的行为准则，一种在社会中相互交往的道德。然而，作为宗教替代品的两性之爱是令人绝望的、反社交的且排他的。它最多能再将几个孩子纳入其中。在这个联盟中（大多数情况下）没有一个多余的第三者："我们与世界上剩下的所有人都不共戴天！"在一个荒凉的世界里，爱情的掩体只有两个人的空间：最重要的是，我们彼此拥有，也许还有"亲爱的那个他或她"。

第十二章

爱情买卖：
当浪漫成为一种商品

我想提醒大家，无数所谓的乌托邦梦想已经实现，但当这些梦想实现时，最珍贵的东西似乎都已经被忘却了。

——西奥多·W. 阿多诺

性是肮脏的吗？只有当它做的时候才是。

——伍迪·艾伦

第一节

与众不同

"那个说她和其他女人一样的人——她就真是与众不同的！"这句话是19世纪末奥斯卡·王尔德的金句之一。当然，这句话同样适用于男性。20世纪之所以区别于从前的时代，正是因为这样一句话："谁想和别人一样呢？"

这位爱尔兰作家和现代经济的先驱者生活在广告时代之前。但他在维多利亚时代的英国沙龙中看到了一种神秘的火花，这种火花决定了资产阶级的自我形象，如今也决定了西方世界几乎所有社会阶层的自我形象：人人都追求与众不同。今天，个体差异对我们来说似乎是理所当然的，所以我们并不会注意到个体差异这个词的新颖之处以及它新潮的用法。早在1930年，西班牙哲学家奥特加·伊·加塞特在他的《大众的反叛》一书中指出，人类正走在成为群居动物的路上：在平庸的人群中只有零星几个精英。曾经隐入人群中充满智慧的佼佼者们如今也改变了想法。没有人愿意再回归普罗大众当中，再也没有人愿意当一个普通人。一场反大众化的起义正蔓延到几乎所有的社会阶层中。如今奥特加·伊·加塞特时代的情况更加真实：普罗大众永远是所谓的"其他人"。

"有勇气为平凡的权利挺身而出，并四处贯彻这种平凡的权利"的普通大众已经不复存在了。根据我们对自我的理解，我们都是独立的个体。这种个体性不是哲学家的发明，而是广告营造出来的理念。人人都想变得富有和美丽，这是由来已久的，但个体这一概念的出现却只有短短数十年。至于"个人生活"嘛——这是我的祖父那一辈人闻所未闻的概念了。

"个性化"是个神奇的词语。从印有名字的咖啡杯到"个人"互联网入口——几乎没有人敢在没有这个词的情况下给他人推销售卖任何东西。个性化是现代营销的一部分，它就如同信件开头处"尊敬的"人物敬语一样。它代表我们希望成为最小众的个体，也代表我们希望被别人看到。然而，我们每个人都有着变得与众不同的愿望，在这一点上大家又是相同的。

对个性化的需求同时也是个性化最大的敌人。在时尚和众多趋势中，我们既希望与众不同，又希望自己标准化。我所认为的我的特点、我的品位和我的风格实际上是经过上千次甚至数百万次的制作所形成的规范样本。我的体味可能使我与其他人区别开来，然而彰显我"个性"的香水却并不会让我与众不同。没有任何衣服能让我像赤身裸体那样引人注目。

因此，对个性的诉求更多的是表象而不是现实。对于一些"个人主义者"来说，这正是令他们头疼的症结所在，但对于大多数私人产品的购买者来说这一点却是不疼不痒的。对他们来说，他们相信自己已经自由且独立地选择了产品，而这一事实就已经使整个事件变得极具个性。属于我的东西变得明确无误，这仅仅因为它属于我而不是其他人。无论如何，大多数人真的不想与其他人完全不同。毕竟有谁喜欢完全脱离他们的环境、他们的同龄群体或他们的小圈子呢？从一个怎么也算自己选择的群体中脱离出来，从而自由自在地生活，这并非我们想要的。我们在这里所体验的接纳对于我们的身份认知来说是必不可少的。今天，年轻的集邮者或观赏鱼饲养员比说唱歌手更加另类。今天，一个喜欢混搭风的年轻人拒绝接受一种固定的风格潮流，那么他的表现可以说是符合常规的。那些与银行家、牙医、公共汽车司机、部长、道路工人或摇滚明星等所有人所接受的风格截然不同的人通常会被认为是疯子。

与他人划清界限，即使只是表面上的界限，也会让我们"喋喋不休"自己的"与众不同"。我们的心态和我们的消费体系如此紧密地结合在一起，以至于很难将两者分开。我们希望以尽可能低的成本为我们的个性获得最高的回报。而资本在其中一直推波助澜。如果沓嚣真的是件很酷的事情，那么我们就不会购买广告中所宣传的热销电视或电脑了。然而，通过购买积累起来的幻觉让我们热血沸腾，我们梦想着一个童话般的悖论，并通过手机铃声来彰显个性。

美国社会学家阿尔伯特·赫希曼在讲述美国宪法中的国家目标时总结道：今天，追求幸福（pursuit of happiness）变成了追求某种东西的幸福（happiness of pursuit）。我们不渴望得到满足，而是通过渴望来满足自己。70年前，让-保罗·萨特提出了人类应该不断重塑自我的信条，但同时他并没有完全怀疑这种需求将伴随着巨大的消费。比找到幸福也许更永久、更重要的是处在不断的寻找中。不断燃起的不满情绪是现代资本主义不可分割的一部分。没有一种社会经济会不断产生新的刺激。今天，并非满足感和幸福确保了经济体系和与之相依赖的社会关系的发展，相反，是不满和不安使二者得到滋养。

个性是通过模仿产生的。这种道理向来都不是从商品世界中得来的，它由来已久。孩子们热衷于模仿他们想要成为的样子，而成年人也不例外。每个人都这样做，区别不在于我们复制的事实，而在于我们所复制的东西。在一个不断刺激我们欲望的社会里，我们不仅复制角色和世界观，每一个微小的风格都会被复刻和模仿。我们被商品、图片、独家产品、生活剧本和先入为主的心情包围。就连我们拒绝的态度也变成了产品。朋克发烧友也可以买到你欣赏的时装。而逃离都市文明和消费主义的自我意识者在昂贵的户外用品商店里囤积了一批又一批的商品。西藏的个人游和多米尼加的群众海滩狂欢在本质上并没有任何区别。

爱情也不例外。相反，它是最为所有商品行业所青睐的。对浪漫的消费创造了数百万个就业机会，在世界各地为数十亿购物者创造出快乐。几乎没有一盒夹心巧克力的包装盒上不装饰着爱心图案，没有任何一款香水会用麝香来做广告，相反，它们用来做广告的噱头是诱惑。而令女人渴望的气味往往并不是来自男人，而是来自那个瓶子。那么我们从石器时代继承而来的大脑到底在想些什么呢？毫无疑问，正如以色列社会学家伊娃·伊卢兹所写的那样，"在爱情中以痛苦的方式持续存在着的矛盾已经呈现出市场的文化形式和语言"。

第二节

大众的浪漫

那么，这种文化形式和语言在爱情中是什么样的？根据美国波士顿塔夫茨大学著名的心理学家罗伯特·斯滕伯格的说法，这种语言是电影化的。这位美国心理学协会前主席写了多部关于爱情的作品。在他的《爱情是一个故事》一书中，他独具一格地分析了恋人和配偶的行为是如何精确地贴近他们自己选择的剧本的。如果你震惊于那些争吵不休的夫妻没有放手反而让婚姻一直延续下去直到生命的尽头，而一对几乎完美的夫妻却因为一件看似微不足道的事情而分道扬镳，那么你可以在斯滕伯格这本书中找到答案：因为情感关系中有着各种不同的剧本。而威胁到这对夫妻以及他们的结合的，除了他们自选的电影和角色之外别无他物。那些把和谐放在首位的人，当遭遇夫妻间的和谐被打破时就会梦想破灭。而那些想过着冒险的生活的人必然不能容忍一成不变的生活。温柔的传奇小说或海盗的爱情都是自己选择的剧本，对分离的惩罚也势必遵循这一剧本。

斯滕伯格划分了26种不同的爱情电影模式。在爱情心理学史上，这一想法与约翰·曼尼"爱情卡片"一脉相承。如果那张幼稚潦草的爱情卡片决定了我喜欢谁或喜欢什么，那么爱情电影会将这些参数转化为一个故事：一个有着确定的角色、确定的内心期望和对他人的期望的故事。

和曼尼一样，斯滕伯格也认为这个选择发生的时间相当早。我们喜欢哪种类型，爱情电影还是情景剧，最迟在青春期就已经有了定论。斯滕伯格认为，这些剧本不仅可以是童话、办公室电影和家庭喜剧片，甚至可以是战争电影和科幻片。人们所挑选的电影的品位与他们的生活越相似就越般配。只要所选的电影类型一致，那么我们究竟在电影中扮演何种角色就已经不重要了。而且我们越准确地知道我们实际上出演哪种类型的电影，我们就越清楚地了解我们的角色和我们的关系。

但我们如何知晓自己所出演的电影的蓝本究竟出于何处呢？对于这一问题，斯滕伯格并未做出过多的讨论。但毫无疑问，对特定类型的尝试是必要的，只有这样才能够以预期的方式接纳和使用它。那些没有读过童话的人必然不会扮演童话王子。

我们基于童年的经历所选择的个人剧本与电影或电视剧本的摹本之间是否存在着确切的联系还尚不清晰。问题还在于，我们是否始终都遵循着同一个剧本。剧本的选择难道不是因为我们与伴侣有着特定的情感格局，而这会唤起我们的某些行为模式吗？还是说事实并非如此？不仅是我们的自我形象，而且我们的特质在很大程度上都会受到伴侣关系的影响。那些彼此相爱并且可以密切生活在一起的人不知不觉地采用了他们伴侣的手势、习语和表达方式。这种所谓的"变色龙效应"的框架在心理学中并没有明确定义，但伴侣互相模仿的情况并不少见。我们甚至经常会在不知不觉中进入他人眼中的我们的人设或角色，无论是好是坏。这样，往往很难去区分他人的形象和自己的形象。

因此，斯滕伯格所划分的26部爱情电影中的"非此即彼"似乎有点过于机械刻板了。难道我的脑子里就不可能同时有着不同类型的剧本吗？而这些故事彼此之间可能完全不相匹配。例如，一个家庭故事和一部冒险电影？喜剧和情景剧？难道我找不到一部能让我快乐的电影吗？

不过斯滕伯格的研究中最重要的观点似乎是有道理的：我们对爱情的想象和期望是史诗般的、富有戏剧性的，或者用今天的话来说是如电影般的。我们在自己和他人的形象中或多或少能看到各种电影类型的元素。这些类型反过来又是被我们的环境发明的，因此也是由影视节目所创造的。无论我们在自己选定的类型中想象些什么，这些脚本在很大程度上都是被他人写好的。几乎没有人自己能发明出浪漫的元素。送红玫瑰的人，在求婚时下跪或举办烛光晚餐，都是在复制他见过数百或数千次的模式。但是，如果他把喜林芋作为礼物，下蹲求婚，那么他的行为就不会被认为是独具创新的，而会被认为是古怪的。

那么《甜心俏佳人》和《欲望都市》这样万众瞩目的热播剧

到底是在追赶潮流，还是在创造潮流，还有待观察，但至少这种潮流在不断增强并成了数百万人的情感范本。因为我们所认为的浪漫都是我们从我们的父母和朋友那里或在电视剧和电影中学到的。我们认为正常的性行为，不一定是服从了内心的声音，而有可能是一种与他人的角力。电影中的情色不一定是现实的摹本，而是为配合最佳的摄影机位而有意设计的。自从性爱场面在20世纪80年代进入好莱坞的电影以来，几乎每一部美国故事片的经典之作都避不开女性直立而坐的玉体，她在那颠鸾倒凤的迷醉中狂野地甩动着自己蓬乱的头发，呻吟直冲天花板。然而这种呻吟并不是女性典型的性行为，但对于好莱坞来说，以这样的方式呈现性爱场面是最不下流的选择。当男性几乎从镜头中消失时，女人以骑马一样的姿势出现在镜头里。这种模式被复制了数千次，其影响力不容小觑。

对爱情电影和类型场景的了解使性和浪漫变得可以预测。它们使标准成为可能，这些标准被大多数人理解并或多或少地复制出来。当我们产生情感时，我们用不同的名称来证明我们不同的情绪。当我们以社会方式行事时，我们通过模板来使我们的思想更加开化。拉罗什富科说，如果我们从未听闻过爱情就不会坠入爱河。同理，如果我们没有通过大众媒体得知性和浪漫应该是什么样的，我们就永远不会表现得浪漫。

我们这个时代私人空间的公开化是一个充满悖论的现象。那些被我们认为我们最私人的想法是大众传媒时代可无限复制的公共浪漫主义。当像莎拉·寇娜这样的歌手和居尔坎·卡拉汉奇这样的播音员将他们爱情中的亲密关系写成书籍《沉浸在爱情中的莎拉与马克》以及《卡拉汉奇的梦幻婚礼》时，这种可无限复制的浪漫便已展现出了它的异常。为孩子和成人准备的剧本总是一个场景接一个场景地寻找着爱情中最广为人知的陈词滥调。电视节目中形成的陈旧模式使媒体人物在电视上为他们的感受狂欢：复制品的复制品依然是复制品。但他们的主题是：真实的浪漫。听到这里便没人能笑得出来了。

电视上对亲密行为的传播是如此理所当然，正如克里斯蒂安·舒尔特所写，它甚至完成了"教育任务"。如果视频剪辑、谈话和相亲节目、广告和每日肥皂剧没有每天在人群中传播当前的爱情观念和行为模式，那么很多人可能甚至不知道他们在床上和人际关系中究竟应该做什么。然而这并不能带来更多的真实性，而是制造了更多的混乱，期望也变得更难以实现。

大众媒体固化了我们的期望，但同时又不断地向它发出挑战。因为预先制定出我们期望的对立面是一种苛求。我们对他人的性生活和内心生活了解得越多，就越想扩大这种比较的范围。唯一的问题是，人们互相攀比的到底是什么呢？色情演员的性生活与普通的性爱之间的关系就像唐老鸭与野鸭之间的关系一样。我们在日常的肥皂剧中所了解到的寻常情爱生活也并非远离现实的空中楼阁。因此，在这些错误模板的包围下，我们有足够多的机会给自己施加沉重的压力。真正在电视里上演的爱情就像媒体上已经被百万遍传播的性生活和家庭生活一样罕见。

那些以电视、电影里的模型为榜样的人不断地以过分的要求苛责着自己。当18、19世纪的言情小说读者即使在婚姻中没有实现浪漫的目标也不得不忍气吞声时，今天的我们可以随时离开一段婚姻——如今莎拉·寇娜也可能不再为爱情疯狂，而是真的疯了。分开所需要的成本并不太多，即使仅仅是我们的关系缺乏本钱来重新拍摄新的爱情电影也可以成为分离的理由：没有钱喝着百加力或在晚霞映照下的屋顶上共享一根香烟。"贫穷而浪漫"的魔力并没有持续多久，毕竟连灰姑娘都嫁入豪门了，但谁知道我们浪漫的中产阶级的逐渐衰落是否会在这里创造出新的模板：无论是巴戈罗合湖畔的激情，还是在科尔布兰德桥下共享一块巧克力，抑或是在比特费尔德市哈尔茨四世大厅里举办"梦中婚礼"，蓬勃的创造力总是备受人们追捧的。 至于什么是创造力，人们只需看米歇尔·希尔特[1]——这位2008年横空出现的天才演奏家，便可知晓答案。

---

①米歇尔·希尔特：德国口琴演奏家，1991年在一场车祸中失去了一条腿和一只眼睛，后依靠社会救济艰难维生。2008年，在德国 RTL 电台选秀节目中，他凭借出色的口琴表演获得当年的"超级才华奖"。

纵欲过度和一片狼藉

2008年，六八运动纪念日这天，乌施·欧博梅尔在接受德国明星周刊的采访时表示，她想要的是一个由性和摇滚乐组成的社会。而她所盼望的这一乌托邦在40年后的今天无情地变成了现实。1968年带给了西方国家的改变在于审美和性的泛化。女性和男性的魅力被赋予了史无前例的重要意义。时尚杂志、电视和广告更是助长了这股两性的魅力崇拜，而这在人类文化史中是独一无二的。成千上万张经过修饰的面孔出现在杂志封面上，让消费者趋之若鹜。然而迄今为止，几乎没有人描述过这场在我们的大脑中爆发的革命。如果一个石器时代的原始人可以选择十几个甚至20个女人或男人来教他如何散发魅力，那么今天至少可能有数百万人可以教会他这些。

每个人都想要变得美丽。然而，和人类早期的文化不同的是，如今美丽不仅是个人愿望，还是人们不断衡量自己的标准。而这种愿望就此变成了一种强迫，一种存在于全世界范围内的真实面孔和人造面孔之间的竞争，其目的是获得最大的吸引力。在时装和化妆品的助攻下，越来越多的人被认为是很有魅力的。然而，反过来说，那些认为自己是丑陋的人的数量可能也从来没有这么多过。对于宣传广告而言，那些40多岁明明正处于人生黄金时期的女性已经太过苍老。没有哪一本关于爱情和两性的传奇杂志故事会以发福的油腻男人和浑身鸡皮的女人为卖点，而它们所讲述的故事主人公更有可能是现实中压根儿不存在的人（而这完全契合了故事的要求）。

　　吸引力对心灵而言是一种危险的毒药。人们总是觉得它太少，有多少都不嫌多。我们的肉体会随着时间而变化，它的状态是暂时的：人们会变胖，会生病，不可能永葆青春。我们凝视他人那如刀的目光和我们感觉到的来自他人的凝视都是一种潜在的恐怖主义。这既不利于迅速坠入爱河，也不利于满足性欲。按照耶路撒冷希伯来大学教授伊娃·伊卢兹的说法，这种恐怖主义因素是对自发的伟大情感的最大攻击："社会心理学教科书中经常不断重复的一种流行的爱情观是，爱情在刚开始时是'盲目的'，但通常在最初的痴迷消退后，就会发现盲目的原因。"然而，"爱情作为一种强烈而自发的感觉模式已经失去了其影响力"，因为性和爱变得越来越泾渭分明："性没有必要被升华为一种爱情的精神理想，而按照一项研究多组伴侣的实验的说法，'自我实现'是一种被一见钟情所赋予的绝对性体验，然而它在今天已经衰减为一种在闲暇时光消遣时直白的享乐主义以及理性地寻找最契合的伴侣。追求快乐和收集暧昧对象的相关信息在如今只是爱情的初始阶段。"

在大众媒体可以制造浪漫的时代，伊卢兹看到了爱情市场的三个决定性特征。第一，性快感本身已成为男女双方的合理目的。第二，如今每段风流韵事都有着其固定的信物和消遣时光的仪式。第三，今天，当人们扮演着情人的角色时便会采取一套众人心照不宣且基本相似的态度。人们彼此之间兴致勃勃地互相倾听、赞美、表达同情、尽可能变得幽默，并想出很多有趣的事情去做。

今天，任何想要为自己的吸引力获得最大收益的人都会巧妙地在上述这些东西中来回切换。我们想要获得经济收益、快乐并俘获别人的心。"这东西对我而言有多大价值？""它能为我带来什么？""这值得吗？"这些问题支配着我们的生活，那么为什么它们并不能决定我们的爱情呢？活出精彩，不错过任何事情，这是大众媒体和我们这个时代的信条。

而这一信条所带来的最严重的后果便是性行为的无处不在——作为一种想法、一种需求、一种幻想、一种堕落、一种欲望、一种刺激、一种渴望，一种竞争等，性充斥着人们的生活。今天，每个16岁的小伙子在电影、电视、广告牌、DVD或互联网上看到的裸体女性，比我们祖父母这一代人一生中看到的还要多。即使他们自己几乎没有实际经验，但他们至少在理论上知道一切，或者他们认为必须知道这一切。而这些视觉刺激在他们的脑海中形成的负担是巨大的。这种前所未有的无禁忌的实验所形成的长期后果是未知的，着实令人担忧。

在自恋与色情书刊、虚拟网络与爱的大游行（Love Parade）①、暴露狂与伟哥的交火中，一种新的社会身份被催生出来。现已关闭的法兰克福性学研究所的长期负责人、医生和社会学家福尔克马·西古希称他们为新性恋者（Neosexualitäten）。像德国的许多人一样，西古希在过去的40年间一直在反思性革命给我们的社会带来的后果。对他而言，自1968年剧变以来，"爱与性欲的反叛行为带来的文化转变"并不是一条通往自由和个性解放的笔直的康庄大道，因为如今德国人的性行为不但没有增多，反而变得更少。这是一个奇怪的结果，因此非常需要被进一步解释。

根据西古希的说法，性的泛化是性意义丧失的重要原因。如果说福柯仍然把性讲述为一个特殊的、无政府主义的和被排斥的故事，那么今天的性是司空见惯的、庸常的和被广泛接受的。人们对性的渴望取代了情欲。如果我能在没有任何实际风险的情况下体验到关注和验证，那么表象反而变成了实际的内容。西古希以"爱的大游行"为证：他的参与者不是在寻找性，而是在寻找自我表达。于是性行为从目的变成了手段。

因此，当今性的特征是"分离""分散"和"多样化"。生

---

①爱的大游行：始于1989年的露天电辅音乐舞会，每年在德国举行的电辅音乐节与游行，最早是1989年于柏林举行，形式是和平游行，四个月后柏林围墙倒塌，其后逐渐演变成今天的大型露天音乐节，以音乐和舞蹈宣示"爱与和平"的主题。它是世界上规模最大的舞会活动，自首办以来已吸引了约1200万人参与。2010年7月24日在杜伊斯堡举行的活动由于过度拥挤而发生踩踏事件，因此已经永久停止举办。

育、本能、欲望、亲密——这些曾经紧密联系在一起的东西正在溶解、离散和蒸发。如今，借助试管就足以生出孩子，情欲让位于被渴望的"满足感"，没有任何性伴侣能达到像色情电影和广告里的那种期望。毫无激情的性产业让我们焕然一新，却也让我们变得陌生。我们视线所及之处尽是性用品的清仓和换季大甩卖。在接受新性别者的文化领域中，曾经由福柯引起的轰动一时的想象已经变得乏善可陈：恋物癖、同性恋和性虐游戏。自由可能会导致毫无责任意识，而这已经并不是什么新鲜事。放荡不羁隐藏着堕入平庸的危险，慷慨豁达也会孕育出冷漠无情。所有这一切都解释了当今这个国家的性状态：纵欲过度和一片狼藉。

在美国20世纪90年代的一项研究中，三分之一的女性受访者表示，她们对性生活并不太关心；而在男性受访者中，这一比例仅为六分之一。性高潮障碍和阳痿是一种明显的时代性病症。根据科隆大学的一项研究，400万至500万德国男性有勃起问题。然而导致这一问题的原因是有争议的：到底是心理因素还是身体因素？

由于性在大众中变得更加重要，而在私人场合中反而变得不那么重要，所以工业界正在寻找市场中新的刺激点。不仅色情刊物和影视市场渴望推陈出新，追寻刺激的极致体验，在世界各地的化学实验室里，科学家们也正在研制伟哥和情欲喷雾剂。我们对大脑和身体化学的了解越多，就越能有效地操纵它们。如果我们在现实生活中失去了快乐，那么效力和刺激性药物将在未来再次激起我们的兴致。当情欲可以在技术上被复制时，它将赢得一个价值数十亿美元的市场，而伟哥只是一个开始。与之相比，人类最易感知性刺激的区域"大脑"则是蕴藏着千倍价值的下一个目标。目前已经出现很多颇有见地的发现了：α-促黑激素是一种神奇的物质，它不仅能抑制食欲，还能释放催产素和多巴胺，这样的影响着实令人印象深刻。除此之外，α-促黑激素还可以帮助男性自发勃起，女性也会因为这一物质而不再性冷淡。这是一种鼻腔喷雾，一旦获准进入市场，很可能会成为大热门。

催产素、垂体后叶荷尔蒙和苯乙胺，这些能产生依恋和兴奋作用的递质被看作大脑中的服务者而广为人知：多巴胺用于产生刺激，而5-羟色胺用于提供满足感，如今这两种刺激性物质已经可以毫不费力地人为释放，然而这并不代表不存在风险。毕竟，人为操纵多巴胺和血清素会严重干扰到荷尔蒙的运行回路。而多巴胺和血清素都不是性激素，它们只是控制人体激情的加热和冷却。人们在唤起情欲增加兴奋的同时，会不受控制地影响到其他情绪，甚至是记忆力。

而副作用是无法控制的。德国尚未批准的催情药VML670实际上是一种治疗抑郁症的药物。它特殊的魔力在于它既能改善情绪，又能提升情欲——这是一种罕见的组合。通常情况下，这两者并无交集。抗抑郁药提高了"满足感荷尔蒙"5-羟色胺的水平，当然，与此同时，性欲也会随之下降。阴沉的情绪变得明亮起来，对性的饥渴也消失了——这种非常奇特的关系广为人知但又几乎不能被理解。我们是否需要一定程度的不满足才能产生对性的贪婪？在生活中心满意足的人可能不那么敏锐吗？他们会期待着下一次的床上危机吗？

除了生理上的不确定性，心理上存在的期望压力也会造成勃起障碍。我们对自己施加的压力越大（包括服用兴奋剂），成功感受到性快感的可能性明显就越小。到目前为止，按下一个按钮就能欲仙欲死的事情并不存在，而通往性高潮的道路是崎岖又艰难的。没有一种催情药能持久地保持欲望，因为人的生理有一定的极限。虽然快感刺激会影响我们的生理，从而影响我们的情绪，但我们仍然需要虚构出与之相匹配的感觉。即使是像MSH这样的药物，也只有当我们面对已经喜欢和渴望的对象时才会奏效。那些被我们认为无聊、平淡无奇，甚至令人厌恶的人，即当我们的大脑无法产生和他们发生生理关系的情欲时，即使是化学物质也不能让我们轻而易举地对他们产生欲望。

任何操纵多巴胺和血清素平衡的人不仅会影响自身兴奋和幸福的状态，还会产生依赖性。换句话说，兴奋剂越强效，成瘾的风险就越大。酒精和香烟也会操纵我们的荷尔蒙。实验室是否能研究出一种药物，可以防止出现持久的高科技的性感受呢？一关灯，"性致"就上来了，这是未来的行动口号，当然也有副作用。然而，大脑不会无偿地为我们提供快乐，任何一种快感都会有其化学性的偿还：疯狂吸烟后的头痛，咖啡因和可卡因过后的疲倦，以及长期快乐后的心力交瘁。我们把欲望的螺丝钉拧得越紧，我们就越可能陷入一片泥潭——在某些时候，如果没有药丸，什么都做不了。

因此这种幻想注定没有结果。人们对于性的美好愿望依旧充满疑云。任何人睁开眼睛从这个梦中醒来时，都会看到许多生命不可忍受之事。那么把它当成一种愿望吧，毕竟人不可能得到想要的一切。

困境的出口

文化服务于生活，而技术则效劳于生存。自从我们的祖先第一次使用原始手斧以来，这种区别就已经存在。生火、制造武器和工具使人类更容易生存下来，而社会规则、语言、仪式和图像则增强了人类的凝聚力。当然，在发展的过程中，技术的地位大幅提升，因此今天它不再为谋生而存在，成了人们的消遣之物。汽车、飞机、照相机、电话和电脑都不再是生存所需的器械。然而，它们对人类的行为方式的影响是巨大的——它们彻底改变了我们的文化，但是，其中蕴含的内容几乎没有任何改变。直到2000年左右，绝大多数人仍在使用SMS和MSN传递信息，这种分享信息的行为完全可以追溯到石器时代。我们使用着最令人叹为观止的未来主义无线通信技术，利用高性能的机器给彼此发送的，不过是一个石器时代就存在的图案——一个微笑的表情。

如果交流的内容保持不变或大体一致，但技术发生了翻天覆地的变化，那么这对意识也会产生一定的影响。如今技术或媒体可以策划内容，并使它的面貌焕然一新。荧幕上所展现的内容成了美学的典范，而这是一种没有实体的人造美学。光滑的皮肤取代了身体的真实情况，而皱纹、汗水和体毛也随之消失了。用2001年去世的德国文化哲学家迪特马尔·坎贝尔的话来说，在现实中，我们所接触的越来越多的是"无形象的实体"，而在电视和互联网上，我们处理的是"无实体的形象"。

如今，媒体所塑造的人造美是一种纯净的典范。从剃除私密处的毛发到整容手术，人们所追求的东西都是非人化的理想。体味、汗液、毛发——这些数百万年来用于塑造和装饰人类的东西，在今天看来却是令人厌恶的累赘，带给人们持久的困扰。如果说过去两个世纪的资产阶级文化史是在语言和道德上对身体实施压迫的历史，那么今天的我们希望尽快摆脱并最终解放我们的身体。从禁忌的黑暗中醒来，我们发现自己的身体不再美丽。我们在杂志和屏幕上看到的人造美人越多，就会发觉我们自己的自然躯体越发丑陋。"那些图片里女人的完美形象，"坎贝尔总结说，"像一个死人。"

技术是否使我们越发与自己疏离？它会让我们在自己的身体里变成局外人吗？它会摧毁所有的真爱吗？

对技术充满敌意是一种在哲学家中非常流行的运动。文化的"主体真实"与技术的"非主体真实"总是对立的。例如，对翁贝托·加林贝蒂来说，技术是个体最大的敌人。因此，爱情可能是"对社会中普遍存在的默默无闻以及最极端的孤独的唯一回应，而这种孤独正是在技术时代中各种联结消失后所产生的"。

然而这是真的吗？与网上聊天调情的人有多少接触才算得上触及"最极致的孤独"？根据2003年德国权威民调中心埃姆尼德机构的研究，德国有8%的夫妻关系是通过互联网建立的。也许正如卢曼所推测的那样，今天的夫妻或许还会因为汽车座椅而吵架，但他们同样会因互联网而结缘。

互联网绝不是一大群孤单的人相聚的大本营。相反，它促成了数量惊人的新联结，这些联结大多转瞬即逝，但即使是转瞬即逝也依然被人接受。现实生活中人与人之间的交往很少以紧密性和持久度为目标，但为什么这在互联网上却大不相同呢？那么到底什么东西是既可以出现在冷静的兴趣交流也游走于热烈的调情中呢？长期的亲密关系更像是乌托邦中的幻想而非现实。而浪漫的爱情似乎是与他人之间的一种交流形式。这使得爱情不再被无限的悲怆淹没：永无止境的应该是悸动而不是它所持续的时间。今天的年轻人尤其以两个特点著称：渴望着情感，又深知它的转瞬即逝。

在《心灵的密码》一书中，克里斯蒂安·舒尔特对互联网时代的爱情进行了分析和解释：它是一种新型的真理游戏以及由期望和对他人的期望所编织的巨网。对他而言，"互联网为表达个人特性提供了极佳的条件"。虚拟世界预示着无限的可能性，在匿名的保护下，人们可以像在"现实"中那样自由自在地行动。

近年来，互联网在调情、性冒险以及建立短期和长期夫妻关系中所起到的作用正在日益增长。特恩斯市场研究公司于2006年发布的14岁及以上的德国互联网用户的《数字生活报告》也印证了这一说法。在2005年建立新的伴侣关系的所有受访者中，超过三分之一的人都是使用过互联网来进行情感交流的！互联网约会网站"不要亲吻青蛙"（KissNoFrog）从2008年10月开始的一项研究显示，20~35岁年龄段的单身人士平均每周花费三个半小时在互联网上寻找伴侣。当您将这个数字与现实生活中交友的时间（每周只有一个小时）进行比较时，这个数字就显得格外有趣。例如，人们每四个星期就会在周六晚上花四个小时去结识某人。另外，想要快餐式约会的人则依赖于尽可能高的效率。从前人们只能交换（修饰过的）图片和文字，而今天人们则使用网络摄像头和语音聊天：这样做的目的是避免在一个有所伪装的人身上浪费时间和精力。

在互联网的游乐场上，测试自己和接近他人的可能性都正在迅速地增加。在现实生活中往往只是羞怯地和拘谨地发展的东西，在这里以一种有趣和轻松的方式通过虚拟舞台展现出来。寻找调情或生活伴侣不仅超越了真实的空间，而且超越了直接的生活和工作环境。它也克服了顾忌和自我怀疑。因此，互联网成为一个独特的第二个"生活空间"，也是一个"爱的空间"，它有着自己的品质。到目前为止，使用这些空间的主要是年轻人，然而在未来，它们可能会对老年人产生决定性的影响。对他们来说，寻找伴侣通常比年轻人困难得多。正如舒尔特所指出的，有着特殊癖好的客户和有缺陷的人群奇迹般地从互联网中受益。单身母亲或父亲、聋人、瘾君子和艾滋病毒阳性者——每个群体都有不止一个单独的门户网站，在这个网站中，人们可以平等地相互交流。

　　网络调情的批评者喜欢指责网络上的滥情是缺乏浪漫的。在这里人们与其说是逢场作戏和激情上头，不如说是对效率有着冷静的思考。倘若这一批评触及了问题的本质，那么在虚拟的网络世界中寻找伴侣的行为就和查尔斯·达尔文的资本主义进化论中对基因的看法一样：他们总是在为快速的经济投资寻找最佳的回报。但对于舒尔特来说，互联网上的情况却恰恰相反：这是一种古典浪漫主义的重生："这种浪漫主义传统尤其出现于超现代的互联网中，电子邮件和聊天中的匿名性质意味着你倾向于想象别人比实际情况更漂亮、更聪明，你也会以你希望的方式被他人注意到。这意味着：改变形象势在必行。对一个看不见的陌生人的迷恋可以比对一个有血有肉的对象更热烈。这种理想化是一种风险，因为它会导致过高的期望。但它也是浪漫的基础，因此这意味着回归传统的爱情模式。在网络中，肉体的结合并非始于感情开始时，而是在它结束时。如果今天的关系越来越多地建立在性爱中，那么在互联网上去寻找性爱体验就不一定是首要任务。从这个角度来看，人们几乎可以说回到柏拉图式的理想爱情了。"

　　事实上，正如加林贝蒂认为的那样，现代性使人类陷入了孤立。或者按照乌尔里希·贝克的说法，个体成了"群众性的隐士"，但与此同时，互联网引导他走出了这种孤立隔绝。然而，许多社会学家只看到了其中的风险而不是机会，害怕交流的人继续将自己深深地埋藏起来，而那些没有受过社会训练的人则放弃了他们必要的教育。然而，从整体上看，网络同时为现代的大众隐士指明了走出洞穴的道路，在一个近几十年来已经被遗忘的文化中书写网络爱情的新篇章。而爱情对于网络恋爱者的意义就如同信件之于浪漫主义者。

现代的情诗以一种令人震惊的方式与中世纪的宫廷情诗有着异曲同工之妙：有着严谨的文字，礼貌和不礼貌的规则，不得不表现的幽默与原创，与情敌公开或间接的较量。现代诗人的战争不再发生在瓦尔特堡，而是发生在城堡里：我的网络就是我的城堡。

而我们古老的家庭、传统的安身之地、市民们的住所、理想的栖息地，它又会变成什么样呢？

第十三章

充满爱意的家庭：
保存和改变了什么

家庭——是我们民族的希望所在，也是为梦想插上翅膀的地方。

——乔治·W.布什

加便宜的油，省下钱买避孕套。

——加油站运营商JET的广告（2002）

第一节

作为意志和想象的家庭

广告委员会和天主教家庭协会一致谴责：从未见过如此无礼的行为。他们已经做好了战斗的准备，并呼吁立即抵制加油站运营商JET的广告。这家来自美国的跨国石油公司的广告在道德上遭遇围堵。在它的广告海报上，一个八口之家如同参加宗教仪式一样一本正经地笑着：他们打着领带，戴着仪式所需的假领子，头发侧分并在脸上挤出一个僵硬的笑容。然后在这幅图片的正下方俨然写着这样的口号："加便宜的油，省下钱买避孕套。"同时还有一行非常小的字："JET加油站——为您省下该省的钱。"巴伐利亚家庭事务部部长抨击该广告是"有伤风化的"。黑森州拿骚教会主席认为这是一则"野蛮的广告"。国际人权协会（ISHR）则指出："这是侵犯人类尊严！"这起事件发生在2002年，涉事的海报仅仅几周后就从公众的视野中消失了。

家庭是我们全社会的神圣理想，如今它比以往任何时候都更加神圣。那些仇视家庭的人的立场与种族主义者或性别歧视者并没有什么太大区别。尽管德意志联邦共和国并非子女后代友好型的社会，但这一事实也并未撼动家庭的重要地位。"家庭"是一种无可厚非的理念。现在充气式飞机广告上随处可见，孩子们和他们的父母在一起，脸上洋溢着幸福的微笑。

浪漫的家庭和浪漫的夫妻是广告中同样永恒不变的主题。家用电器很难卖给单身人士。而在众多食物中，儿童食品是早餐类食物中必不可少的。（这也许是因为单身人士不吃早餐？）同时，中档旅行车成了最受欢迎的车型，而这是一款为家庭量身设计的产品，诚然，如今广告中的建筑储蓄合同主要是由没有孩子的夫妇签订的，虽然父亲们有时也会单独带孩子去看医生，但核心家庭（Die Kernfamilie）[1]的模式基本上没有改变。如果说今天每个人观看的电视节目都是不同

---

①核心家庭：指由母亲和父亲及其亲生子女组成的家庭，这些家庭成员生活在同一个家庭中。核心家庭是西方社会最普遍的家庭生活形式之一，除了这一家庭组织形式之外，还有其他一些被称为"重组家庭"（Patchwork Familie）的家庭。例如，单亲家庭、继父母制家庭、领养家庭等。

的，因此人们很少能再看到"家庭电视节目"的踪影，那么孩子们仍然是"家庭电视节目"的忠实观众。

然而在广告中，那种在大城市中相当常见的重组家庭却是其禁区。一个令人印象深刻的例子是大众为"夏朗"（Sharan）这一车型做的广告：一位父亲从前妻那里接走了女儿。而这则广告在观众中口碑坍塌。接下来重拍的广告中，这个男人把度假用具放在了他的夏朗车里。随后在他身旁出现了两个年轻而傲慢的家伙，他们取笑他分明就是个家庭主夫。而就在同一时刻，他高大苗条的金发美女妻子以及三个身材同样修长的金发女儿出现在人们眼前并上了这辆车。于是这位父亲嘴角微微上扬勾出一个微笑，然后缓缓地把车开走了，只留下那些困惑的男孩在原地震惊：他拥有所有家庭中最富有的东西！而该广告在YouTube上获得了巨大的商业成功。

家庭对社会进行了划分。在没有家庭的人中，对家庭生活充满激情的人很少。在拥有家庭的人中，憎恨家庭的人几乎没有。根据上面引用的2008年《明镜》周刊的一项调查显示，大约一半的德国人认为幸福感源于"生孩子"。更准确地说，56%的受访女性和48%的男性是这样认为的。家族观念虽然盛行已久，但也仅仅是一种想法而已，毕竟只有不到三分之一的德国家庭是传统家庭。即使自20世纪80年代以来，媒体一直强调着家庭的意义，但也无法改变这一状况。与此相反的是，在20世纪90年代后期，贪婪的单身汉被改造成现代（股票市场的）冒险家。"高尔夫一代"庆幸自己是"无后"的一代。然而，正如时髦的家庭生活方式并没有引发家庭数量的真正增长一样，股票市场中一贫如洗的参与者的悲伤也没有让他们迅速回归到父母亲与孩子的关系角色中。

这可以归咎于之前提到的当今年轻人对依恋关系的不信任。这种不信任的影响力是巨大的，它几乎完全不受制于家庭的时代形象。因为阻碍人们对亲密关系产生信任的并不是家庭观念，而是他（她）是否有组建家庭的契机，因此形象运动并没有切实改善任何困境。2002年，汉堡性学家和夫妻研究员冈特·施米特发现，在所有30岁的人中，只有约60%的人结了婚。在20世纪60年代，这一比例超过90%。如今离婚率约为40%，而20世纪60年代为13%。在德国，每对夫妇育有子女的比例为1.4%，而以前为2.4%。每年有200多万对夫妇分居，显然，这样的状况并没有为人们组建家庭提供任何稳定的条件。

虽然广告中的家庭形象仍然迎合了生活情感和人们梦寐以求的生活方式，但它所依据的现实基础却越来越少。2009年，"家庭"在德国不再是一件理所当然的事情，而是一个理想、一个想法、一个浪漫的梦想甚至是广告中的创意。在实际生活中，理想的家庭和理想的婚姻一样难得。然而，这并没有改变许多即将组建的家庭都参与着家庭的集体幻想并不断向其靠拢。一个充满爱、和谐和安全感的集体想象似乎总是在组建家庭之初就弥漫开来，同时在这一设想中，许多家庭不断孕育着他们的子嗣。只要是别人做不到的事，人们都会觉得自己是有可能办到的。

一个家庭的日常生活伴随着各种各样的妥协和障碍，这种理想经常受到严峻的考验。人们时常在两个极端之间摇摆：要么就是逐渐纠正自己对家庭的想象，要么就是因为自己的伴侣没有按计划履行家庭中的职责而与自己的伴侣疏远并坚持自己的初心。在夫妻分居的年轻家庭中，导致他们离婚的往往是（未能实现的）家庭观念。对家庭的理想越高，失望的风险就越大。这个严重的问题如今时常被忽视，即男性总是认为自己的伴侣没有满足自己对妻子和母亲这两个角色的想象。而按照以往的陈词滥调，那些抛家弃子的父亲仍然是不安分的利己主义者，而不是失望的家庭理想主义者。

因此，无论夫妻是否分离，两者对于家庭的理想都保持不变。在大多数情况下，伴侣都坚持家庭的理想。然而，这一理想在历史上从未像今天这样具有挑战性，许多家庭因此而破裂："家庭"这一无法实现的理想破坏了真正的情感纽带。即使是那些不忠、疏忽、缺乏思想或不负责任而危及家庭的伴侣，也往往无法摆脱他们对理想家庭的投射。一个理想的家庭越难实现，它在集体想象中就越有价值。

这种幻想最明确的标志是通过购置家庭所属物的"家庭游戏"来展现的。过去，三个孩子可以挤着坐在一辆大众甲壳虫的后座上，如今，中型旅行车也会卖给只有一个孩子的小家庭。如果你是一个喜欢怀旧的人，那么柏林的普伦茨劳尔伯格或科隆的公共广场中古老的鹅卵石路边可能就会成为你的心头好，但对于幼小的孩子来说，他们需要的是配备了顶级刹车装置的价值400欧元以上的儿童跑车。私有住房当然显得很"小资"，如果不是为了小麦克斯和小索菲亚的安全着想，那么买下这套房产就"真的显得很古怪"了。

今天，许多有孩子的夫妇都比他们的伴侣更不迷信家庭的一般观念。虽然家庭对前几代人来说几乎是一个不容置疑的责任，但今天它是一种自由、一种怀旧和传统的想象。所谓的"联排别墅"，实际上是大城市中的鳞次栉比的房屋，它唤醒了大资产阶级的幻想，是大城市新的家庭规范。个人的预制配装式房屋代表了当今最广泛的与孩子共同生活的幻想。

但这不是家庭的真正重生。从统计数据上看，具有长期凝聚力的家庭数量正在减少，而非增加。真正意义上的家庭变得越来越稀少，莱因哈德·梅的广告、电影或歌曲中展现的家庭浪漫观念变得更加强烈。人们也可以说，正是因为完美的家庭变得如此罕见，甚至几乎不可能，所以今天它被倾注了如此多的理想主义。

我们比以往更热爱我们的理想，但我们不太愿意为它们付出行动。这一状况适用于我们的浪漫爱情，也同样适用于我们的家庭。感情和期望的多样性使家庭这一概念变得并非理所当然。浪漫的想法，对意义的追求和对幸福的希望并不是成就一个家庭的可靠的成功因素。在日常生活中，在关于权利和义务的争吵中，在关于自由和负担、自由和责任的无数次谈判中，家庭的浪漫早已消亡了。我们的自私自利使我们的激情无论是在家庭还是在爱情中都发生了坍塌。而伊娃·伊卢兹所说的关于婚姻和爱情的真相同样也适用于家庭。它也"受制于对经济活动的清醒思考，受制于对自我满足和平等权利的追求——换句话说，它绝不是一种不道德的相对主义，那种相对主义会破坏我们的关系和我们的'家庭价值观'"。但这些确切的家庭价值观究竟是什么呢？

第二节

从未存在过的家庭

　　所谓的保守派或资产阶级政党，这两个极具误导性的概念都喜欢强调家庭的价值，或者认为家庭本来就是一种价值，强调所谓的"家庭价值观"。我们应该加强与家庭的联系，更重视家庭，在许多情况下，我们应该"回归"家庭。这听起来很不错，充满温情，令人感到熟悉和舒适：回到家人身边。但唯一的问题是——回归到哪一个家庭？

　　从字面上看，"家庭"是指家庭集体，但不是指父亲、母亲、孩子，而是指父亲的财产。仆人、奴隶和牛也属于罗马人的家庭。家庭作为有子女的婚姻关系的明确定义是18世纪才出现的。然而，即使在那时，人们也很少生活在那种没有亲属的小"核心家庭"中。几千年来，欧洲和世界各地人类的常见家庭形式一直是大家庭。这样的大家庭很大一部分由有血缘的亲属组成，包括未婚的兄弟姐妹和表兄弟姐妹、护士和家庭用人、监护人和仆人。农民和城市居民都生活在氏族中，与许多原始民族和游牧民族并没有什么不同。

弗里德里希·恩格斯出生在一个中产阶级的大家庭，他对核心家庭的形式深感不信任。他强烈地反对核心家庭是人类典型的物种联盟的想法。他对生物学非常感兴趣，于1884年出版了他的著作《家庭、私有制和国家的起源》。核心家庭把亲属关系作为一个悬而未决的问题而置之不理，这一事实证明，核心家庭最初无疑是从这个问题中产生的："当家庭继续存在时，亲属关系制度就变得僵化了，而当这个问题不断发展时，家庭就从这个问题中被催生出来了。正如居维叶可以从巴黎附近发现的动物骸骨中推断出它属于有袋目动物，并且推断出曾经灭绝的有袋目动物就生活在那里一样，我们也可以从历史中传下来的亲属关系系统中推断出相应的、已经消亡的家族形式曾经存在过。"

尽管恩格斯的古动物学论证的趣味性远大于其科学性，但人类学家海伦·费舍尔将父亲—母亲—孩子—家庭的诞生转移到史前稀树草原的有趣想法无疑是更奇怪的。没有证据表明我们的祖先生活在核心家庭中。更有可能的是，他们生活在成群结队的队伍中，这与今天狩猎和采集社区的大家庭并没有什么不同。核心家庭，即使在文化史上偶有出现，也可能从未成为人类社区的主导模式。它实际上是通过现代社会立法才成为可能的。只要氏族在经济上依赖于男性个体的收入，他们就必须得到照顾。另外，核心家庭是一种非社会化的模式，在经济上排斥有需要的亲属。一个没有养老金、社会保险和收容所的国家不可能负担得起核心家庭。

核心家庭作为一种主导和标准的家庭形式是直到19世纪中期

才出现的，而且这种家庭形式当时只出现在大城市中。今天，根据1992年的一项规定，天主教会的教义将核心家庭确定为"社会生活的原始细胞"，当然，这不是参考了历史的维度，毕竟玛利亚和约瑟也未婚。而虔诚的天主教徒也不认为耶稣基督是婚生子。核心家庭之所以成为社会生活的原始细胞，其实是基于一个尴尬的情况，即一家之主再也不能养活整个氏族了。到了19世纪，工业革命的出现在城市中催生了无数的无产阶级和小资产阶级家庭。由于缺乏社会的保护，他们中的大多数人的孩子甚至被迫去从事童工，并且他们没有钱照料贫困的家庭成员。当时不仅男人要工作，女人也是如此。这就是现代核心家庭的起源。

在19世纪，出于爱情而缔结的婚姻依然是很罕见的，而在一段婚姻中，男性的忠诚在很大程度上也并不重要。婚姻更重要的是一个经济共同体。直到20世纪，爱情、婚姻以及忠诚才与核心家庭的思想融合在了一起。这种现代核心家庭模式于20世纪30年代至60年代在德国到达了意识形态的顶峰。然而，即使是所谓的保守派和资产阶级政党在今天也不想重振这个家庭观念。未经丈夫同意，妻子不得工作。而妻子甚至不被允许拥有自己的账户或签订合同。被判犯有"通奸罪"的妇女在离婚时将陷入贫困。另外，婚内强奸则不受惩罚。在经济奇迹①（Wirtschaftswunder）时期的婚姻中，对孩

①经济奇迹：指第二次世界大战后，联邦德国于1950年初至1973年所经历的强劲而迅猛的经济增长。当时的人们把此次"二战"后德国（西德）经济的腾飞称为"经济奇迹"。

子的爱是母亲的职责，而非父亲，父亲和孩子的共同活动最多限于周末。

今天，德国的已婚夫妇在有了孩子之后所面临的是一幅完全不同的景象。从儿童福利到失业保险和养老金，国家承担了各种基本的保障。对婚姻不忠不再是犯罪。孩子通常不再是家庭收入的来源，而是夫妻自由选择后的奢侈品。国家的社会网络帮助今天爱情的弄潮儿们将对亲密关系的渴望延伸到家庭。今天的家庭被赋予的经济意义越少，人们对它的生活意义的期望值就越高。

因此，对家庭的期望与对爱情的期望大体一致。这一要求让人耳目一新，所以人们对于父亲和母亲的角色期望也是全新的。今天的情侣们所渴望和梦想的家庭从来没以这种方式出现——或者，即使有的话也是非常罕见的：他们期望彼此之间的爱不受干扰，同时双方对子女都能给予额外的疼爱。他们期待着兴奋和刺激，同时也渴望和谐和安宁，这与浪漫的爱情没有什么不同。同时他们继续憧憬着他们的期望可以有些许变化，双方可以充分相互理解并和谐相处等——这些要求在20世纪50年代和60年代是几乎没人提出的。

今天，所有这些诉求的固定框架都不再是社会通用的，而是完全个人化的。因为把婚姻和家庭联系在一起的东西（几乎）与国家没有任何关联。今天，“婚姻义务”在民法上是无关紧要的。不忠不再因“通奸”而受到惩罚，“通奸者”甚至可以再婚。非婚生子女的父亲在法律上几乎与离婚者处于同一地位。把一个家庭维系在一起的东西必须从内部完成，而外部世界对它的影响在很大程度上已经消失了。

这种发展的后果是众所周知的：已婚夫妻所组建的核心家庭在今天看来仍然是一种理想的家庭模式，但在现实中，它只是诸多可能性中的一个。非婚同居者与已婚同居者分庭抗礼；已经分手的夫妻或情侣因为孩子而同住一个屋檐下；同性夫妇收养子女；"彩虹家庭"将志同道合的伴侣和孩子聚集在一起。"双核"家庭还包括分居两地缺少相互关心的伴侣。而且单身母亲和父亲的数量从来没有像今天这么多。

目前，完整的核心家庭相对较少，这不仅是普遍认可的"价值观"发生了变化的结果，也可能是自我实现的想法所带来的结果，例如女性的职场晋升。但更重要的是，今天我们希望实现一个从未实现过的家庭理想。如今梦寐以求的核心家庭是所有家庭模式中最具挑战性的：它须得是一个为每一个成员和女性提供自我实现和意义的团体。每对夫妇每天都必须重复证明的是，这个"浪漫的家庭"不仅仅是一种理想。卡尔·瓦伦丁有一句名言："家庭是美好的——但它制造出的任务太多了。"

并没有什么"回归"家庭，因为只有少数人真正想回到"爸爸去工作，妈妈爱孩子和厨房"的状态。可以肯定的是，曾经大多数父母的生活更糟，但他们也许有更高的道德感。对浪漫家庭的理想扭转了这种关系：无论是核心家庭还是重组家庭，我们今天的大多数人都过着更好的生活，但由于我们的理想，我们总是无法心安理得：我们真的是我们想要成为的完美的母亲或父亲吗？我们有足够的时间照顾我们的孩子吗？我们能够给他们足够的爱吗？在动荡不安和破碎的环境中，我们是否能为他们提供足够的安全保障？我们仍然是令人兴奋且善解人意的爱人吗？

第三节

爸爸和妈妈

在非自愿的面具下浮现出的东西包含着一个核心问题："新时代自我意识觉醒的女性，在很大程度上遭受着一种矛盾的折磨，即按照天性来说，她们不仅仅是一个独立的个体，或者说她们的第一要义并非一个独立的个体，而是一类特定的群体的集合。在这里习得的东西训练出了她们的这种品质并平衡了这种矛盾。女性作为一类特定群体，其生育能力让她们可以繁衍后代，而作为个体的她们拥有着爱的能力，这种爱是最深的奉献与最高的自尊相结合的产物。"

荷兰医生、妇科专家西奥多·亨德里克·范·德维尔德在他的著作《全能主妇：女人和她的助手们导论》中提供了关于性别的种类功能和爱情赋权的说明。"全能主妇"的标题是针对两年前的第一版的修订。而曾经这个标题是"完美的妻子"，正如作者自我批评的那样，这个属性使那些可怜的妻子被物化了。

与大多数同时代人相比，范·德维尔德是一个颇具进步思想的人。他关心的是现代社会中女性和男性角色所遇到的新挑战。他致力于成为一名两性顾问，当男人和女人都想从性爱中得到些什么的时候，他所希望的是能使他们的婚姻保持稳定。在短短6年的时间里，范·德维尔德在他的打字机上敲出了5本关于婚姻的著作：《完美的婚姻》《婚姻中的厌恶》《婚姻中的情色》《婚姻中的生育及其对愿望的影响》，以及《全能主妇》。他曾经是西方世界中的性爱教皇，也是魏玛共和国的奥斯瓦尔德·科勒。当他在1937年的一次飞机失事中丧生时，他关于婚姻问题的书籍已有了40多个版本。早在1928年，范·德维尔德就拍摄了一部关于婚姻的电影；1968年这部电影被翻拍。

早在女权主义和20世纪70年代的西德女性解放运动之前，范·德维尔德关注的问题就极具现代意义：他意识到，20世纪的女性在婚姻中至少有两个角色，而且是两个相互矛盾的角色。作为丈夫的爱人和孩子们慈爱的母亲，妻子成了两个主人的仆人。然而，作为一名医生，这位荷兰人主要致力于在技术上寻找问题的解决办法。因此，他建议女性对阴道进行肌肉训练，从而提高女性的性欲并增强她们的生育能力。然而，对于许多新出现的角色和婚姻的心理问题他却不闻不问。

正如范·德维尔德所认识到的那样，现代夫妻关系是一个组织问题，这一事实在20世纪30年代变得更加明显。如果说这一问题可以纯粹依靠技术甚至运动就得到解决，那就真是贻笑大方了。当时的技术现在已经变成了心理技巧。爱情、浪漫、自由、独立空间、个性和家庭以如此多样的方式相互影响和对抗着，因此哪怕只是使用一些小技巧、小把戏和小贴士，这些问题或许就可以迎刃而解。

但困难并非由于最初的浪漫主义在日复一日的生活中失去了其化学性的魅力。些许发灰的底色既不能毁掉任何亲密关系也不能毁掉任何家庭。如果没有灰色的底色，即使是丰富多彩的东西也会失去吸引力，因此伊娃·伊卢兹说，"不同于人们时常抱怨婚姻受到了'早期'情感强度的消退的威胁"，很明显，"日常生活——单调，乏味，平庸——是一个具有标志性意义的极点，浪漫的瞬间可以从中获得意义。这些时刻之所以重要，是因为它们是短暂的，不进入日常生活的。即使进入日常生活也不意味着爱的消逝，而是这两者有了规律性的更替。婚姻生活中的稳定性取决于人们是否能保持这种更替"。

比高涨情绪的暂时消退更成问题的是恐惧和担忧，因为它们是随时随地产生的。我们心中的爱情往往是至高无上的，因此它总是被失望侵袭。同样的威胁也很容易出现在家庭中，而且是以两种方式出现的。第一种，如前所述，真正的家庭生活并不总是符合浪漫的理想。最迟在孩子进入青春期的时候，家庭的浪漫就会时常受到严重干扰。毕竟，青春期的孩子天生具备的行为模式从家庭意义上看来是完全不浪漫的，并且他们渴望从和父母建立的密切联系中解脱出来。第二种，有了新生儿的家庭也不得不重新对家庭关系的卡片进行洗牌。甚至在孩子们第一次呢喃着叫出"妈妈"或"爸爸"之前，咿呀学语或呀呀乱叫时，爱情已不复以往的模样。如果说不久前丈夫还是一个冒险家，那么如今亲爱的丈夫就不得不耐着性子听妻子的抱怨，因为他拿错了盛粥的汤匙。要为这一要求做好准备并不是件容易的事情。在过去，恋爱关系为性快感、情绪稳定以及艾里希·弗洛姆所说的"自我认知"等方面"带来"了一些东西，然而现在它的目标和尺度已经完全改变了。年轻的家庭不再是具有自我意识的集体，他们的目光现在完全落在了孩子身上。

从这个角度来看，家庭通常是一种被感知的交换贸易。有所得就必有所失，因为在家庭生活中几乎没有什么会和曾经一样保持不变。那些在想象中扮演父母的人很少能想到，他们可能在很长一段时间内甚至永久地失去了什么。幼儿对父母性行为的影响通常是巨大的——他们会导致性生活频率迅速下降。在哺乳期间，夫妻的性生活会完全停止。为了哺乳孩子分泌的强效催产素和血管垂体后叶荷尔蒙对夫妻二人的性生活并没有多大帮助。如果我将性爱视为父母与孩子的爱中的"拱肩"的理论是正确的，那么这个过程在生物学上就可以解释得通了：在对孩子的爱中，爱回到了它的发源地。性爱也被置于父母—孩子—爱情的三角形的顶部而引人注目。

这种交换的积极方面是，承诺造就了一个新的"我们"，它是一个未知维度的自我确认空间。家庭是社会中的小社会，有自己的角色、真实的游戏规则、对自己的期望和对他人的期望。从理想的角度来看，这大大扩展了夫妻自我体验的空间。实际上，这一空间几乎在所有方面都变得更加狭窄：家庭消耗时间。而人们在家庭中扮演的角色以一种全新的方式被重新定义：曾经被认为有性吸引力的生物变成了爸爸和妈妈。不久前，2005年的《焦点》（*Focus*）杂志将女性的这种现象称为"突变"；而一些父亲的情况也好不到哪里去。那些不会因荷尔蒙和幸福中隐藏的失望而对自己失望的人，一定会因他人而感受到失望：那些没有孩子的女性好友会渐渐疏远；而那些没有孩子的男性好友则会觉得自己仿佛是一匹孤狼。

浪漫的密码变成了熟悉的密码：刺激对抗着单调，安全感与不安全感也成了对抗着的两极。家庭形成自己的意义体系。你在家人眼中的样子与其他人对你的看法通常是不一样的。这一观察既适用于父母，也适用于孩子。几乎没有什么比父母和兄弟姐妹对你的形象的认知更坚不可摧的了。家族的天赋和品质的权力结构以及其所带来的机缘巧合相对而言决定了一个人的性格，而这些东西似乎是一个绝对性的形象。即使是幼子和最小的孩子有朝一日也会变成老年人，相比之下，与自己的兄弟姐妹在情商、社交智慧和理性才智方面完全不同的人对我们日后的生活也会产生影响。然而，旧日的形象通常仍然在家庭生活中扮演着不可磨灭的角色，因此没有什么比这种家庭中的陈词滥调更难以纠正了。

家庭在许多方面创造了新的责任。而承诺为责任带来了压力。在个体化的时代，不断出现的选择的限制使每一个新的定义都很容易看起来像是压力和过重的负担。难怪今天每三个女人中就有一个没有孩子。更糟糕的是，劳动力市场——至少在德意志联邦共和国——仍然没有充分面向那些夫妻双方都需要工作的现代家庭。1990年，乌尔里希·贝克将社会诊断为"个人失败，特别是女性"，而今天，这种情况几乎同样适用于男性。这种关系中的社会和个人期望压力也要求他们在组织和心理上将劳动力市场和家庭结合起来。

难怪在这种情况下，社会观念和自我形象出现了混淆。20世纪90年代，女权主义者朱迪思·巴特勒不由自主地将单身理想与新经济相提并论，并认为理论上家庭这一概念不复存在。对于这位以同性为导向的文化哲学家来说，异性恋浪漫主义已经是一种难以原谅的罪恶。因为浪漫爱情的异性恋传统确定了男女行为的规范。换句话说，浪漫主义在爱情中创造了固定的角色分配，阻止了女性和男性在没有角色分配的情况下找到自我和个人性别。从这个角度来看，浪漫的核心家庭是最坚硬的水泥，它最终夯实了这种固定的角色分配。那些在浪漫的核心家庭中担当母亲这一角色的人（巴特勒对父亲不那么感兴趣）会贬低自己，放弃所有可以实现自我的可能性：比如，带有期望的讽刺游戏，有目的的拒绝，对文化标准的放弃。

具有讽刺意味的是，今天的年轻妈妈们，尤其是生活在大城市精致街区的人们，只是把这一螺丝钉拧得更紧了。母性是一种在公共场合上演的表演，带有讽刺意味的是："我是一个母亲，这就已经很好了！"而巴特勒在这里被自己的论据打败了。因为在今天的场景中，我们不仅有一种矛盾的母性表现，而且不能拒绝表现得像个母亲：今天的反女权主义正在吞噬其精神上的母亲。例如，克里斯蒂安·舒尔特从这个意义上分析了普伦茨劳尔伯格的家庭场景，认为这是一种符合时代精神的自我展示："特别是柏林的例子表明了……今天生孩子这件事除了繁衍后代之外，还能发挥什么功能。因此，在普伦茨劳尔伯格的荧幕上，为人父母已经成为一种真正的流行现象，一种展示自己个性的方式。"

作为地位和场景的象征，潇洒的T台妈妈和孩子们创造了自我肯定的世界，借此逃避、削弱或平衡"妈妈化"。从这个角度来看，它并不是最糟糕的解决方案，即使它给当事人带来的乐趣明显多于旁观者。

当然，普伦茨劳尔伯格的电视场景中妈妈和爸爸也只是很有限地代表了今天的母性和父权。在它东边10公里处的霍恩豪森，世界看起来就不一样了。那里的男人好像从年青一代的父母那里学到了些什么：家庭和个体性不一定相互矛盾。个人的个性化也被约束包围，而不是一个无限自由、自我发展的地方。反过来，家庭不仅会导致新的约束，还会消除旧的约束。强制性选择消失了。那些没有太多空闲时间的人不必再绞尽脑汁地选择空闲时间究竟要做些什么。因此，通过孩子而实现的自我约束确实有好处。有了家庭——无论它看起来如何—— 一种强迫和自由的混合体被另一种强迫和自由的混合体取代。自由和约束现在以不同的方式混合，但不一定毫无吸引力。这尤其体现在这样一个事实：尽管并没有人真的愿意承担有了孩子后的巨大压力，但几乎也没有人真的希望他们的孩子不存在。

近年来，凭借这一积极评论所产生的效果得到了深入的研究。

毫无疑问的是，几乎所有的父母都爱他们的孩子，没人想失去他们。但孩子真的像父母说的那样给他们带来了喜悦和幸福吗？诺贝尔经济学奖得主、普林斯顿大学心理学教授丹尼尔·卡尼曼和他的同事艾伦·克鲁格对此想了解更多。他们的目标是建立一个尽可能可靠的幸福测量系统。他们怀疑，人们在民意调查中经常自欺欺人。那些回答关于幸福的问题的人通常会给出一种中庸式的答案。然而，实际中他的幸福常常被扭曲和加以修饰。因此，卡尼曼和克鲁格不仅提出了"您的孩子让您感到快乐吗？"的问题，他们还要求父母一点一点地重述他们的日常生活。得到的结果是：孩子们并不怎么讨他们喜欢。至少对于美国的家长来说，在这样的情景中与孩子共同相处并不如购物或者大扫除来得痛快。然而，在实验开始前，他们说的是，在所有幸福因素中，孩子才是最重要的。似乎健忘是使父母对孩子们有着更美好记忆的关键。而生命的意义也不仅仅是所有幸福时刻的总和。

第四节

大象式家庭

　　在德国的大城市里，有一半的家庭都是核心家庭。而在法国的主要城市中，这一比例仅为30%。其他的家庭形式主要为单亲母亲或父亲所构成的家庭，继父继母式家庭或人员大量增加的复合家庭，即所谓的"重组家庭"。

　　这种家庭形式并不新鲜。《旧约》中就已经存在这种重组家庭。在特殊的情况下，这甚至是一种义务。当一个年轻男人撒下了一大家人撒手人寰时，利未拉特婚姻制度①便是强制这个亡故的男人的兄弟接管他的家庭并把它当作自己的家庭。所有的宗教和神话都是重组家庭的来源，从古希腊神话中的宙斯到北欧神话中的奥丁，各类神话中都不缺这样的家庭。对神灵有利的东西，对早期的文化也是有利的。《格林童话》中深入地处理了这个重组家庭的主题，

---

　　①利未拉特婚姻制度：《旧约·全书》中律法要求的娶寡嫂制，即寡妇与亡夫的兄弟结婚的制度。

以至于人们在几个世纪以来认识到它的紧迫性。汉赛尔和葛丽特、灰姑娘和白雪公主都是重组家庭的受害者，在这三个故事中，悲剧都是由主人公生母的早逝酿成的。

与过去相比，今天造成重组家庭数量众多的原因已经发生了变化。然而，它们的结构和问题往往是相似的。从法律上讲，核心家庭仍然是一种标准形式。但在过去的几十年里，全社会对重组的家庭接受度在迅速增加。至少在大城市里，它已经成为一种完全常见的生活方式。来自重组家庭的孩子不再是边缘人群，而是成为被广泛接受的生活模式中的一部分。

重组家庭给儿童的成长带来的利弊很难研究。毕竟情况各有不同，案例的可比性太差了。有成功的重组家庭也有失败的，有冲突少的也有冲突多的，这和核心家庭的情况没有什么两样。父母的分离会给孩子造成创伤或者缓解家庭状况。新的伴侣可能是比孩子的亲生父母更加称职的父母，但也有可能很糟糕。有时父亲和继父彼此竞争激烈，有时则不然。有时新加入的孩子融入得很好，有时人们会就分享、责任和感情的问题不断发生冲突。而所谓的拼凑为一体的重组家庭实际上是不存在的。

有人猜测，来自重组家庭的孩子更容易被培养出各种技能，而来自核心家庭的孩子则更难达成这一目标。这种差异有着重要的意义，因为核心家庭的规模在过去几十年中变得越来越小，而且往往已经简化为独生子女家庭。在大家庭和重组家庭中，分享和处理复杂的社会情况、帮助和沟通、解释感情、预测和权衡他人利益等技能更容易被培养出来。然而迄今为止，还没有关于这一主题的有意义的长期观察和广泛的研究。

然而，对于浪漫的爱情来说，重组家庭有一些不争的优势。今天的社会对离婚和分手的接受度越高，婚姻和恋爱关系就越和平，那么夫妻的自由空间就会变得越大。让孩子们在周末和假期与亲生父亲或亲生母亲共度时光，同时满足了新旧配偶的利益需求。虽然这些自由空间不是重组家庭的目的，但它们毕竟是这一过程中的一个很好的副产品，因此，如果人们愿意的话，这也是一个所谓的"拱肩"。

然而，重组家庭作为一种常规情况，甚至是未来最常见的家庭形式，可能会引发更多的变化。今天，不仅分居的伴侣在心理上保持着更强的联系，而且亲戚，尤其是祖父母，也再次出现在家庭的画面中。人们可能会认为，他们从来没有像今天这样有价值，至少在过去的100年里是这样。当单亲妈妈和爸爸不得不把独自抚养孩子和工作结合在一起时，当重组家庭规划着每一个家庭成员不同的兴趣时，奶奶和爷爷正在经历一个高光时期：他们越来越频繁地、有规律地、不可或缺地介入家庭生活中来。卡尔·奥托·洪德里希写到，当核心家庭的框架破裂时，"我们把另一部分转移到其他框架，转移到其他人身上。他们很可能是父母、兄弟姐妹、祖父母、姑姑、叔叔、表兄弟姐妹、儿时的朋友，也就是我们熟悉的人"。弗里德里希·恩格斯的"僵化的亲戚关系"也因此活跃了起来。

核心家庭的解体加强了传统的家庭关系，这一观察与保守派和左派的敌友观点截然相反。一方面，"多代际家庭"是一种保守的资产阶级家庭模式——它是核心家庭的雏形。和以前一样，它是一个紧急的经济共同体，诞生于缺少父母、时间和金钱的单亲家庭。相反，今天的紧急情况却有着不一样的原因：工作和家庭的结合，以及亲生父母非常现代化的利益冲突。今天的大家庭，包括朋友，很少住在一个屋檐下，而是分散在许多地方——毕竟现代交通技术使之成了可能。

威廉·汉密尔顿，那个不断提醒着我们将"整体适应性"原则置于生物学相关个体理论中心的人，可以对此感到欣慰。今天，亲戚们确实关心其亲属的生育状况，这是很长一段时间以来都未出现过的。然而，这并没有产生具有约束力的规则。另一个悬而未决的问题是，目前的做法今后将如何继续下去。如果像洪德里希所说的那样，家庭变化的运动"不是从传统的联结和约束到选择性的联结，而是恰恰相反的"，而且重组家庭的分量越来越大，那么下一代会做什么呢？毕竟越来越多的人都不再来自核心家庭，"身份出处"变得越来越复杂。有时祖父母和姑母、姨妈出现的频率较少，有时则更多。责任也变得模糊不清。寻根的桥梁，洪德里希称之为"重建依恋关系"（Rückbindung），在某些时候会越来越难找到稳固的港湾。

在这种情况下，我能想到的是家庭联盟与大象的群落有一定的相似之处。大象作为群居动物，是一个由母亲和姨妈、祖母和姑祖母、子女和孙子组成的大家庭。领头的是一头经验丰富的年长母象：它为象群提供了支持和方向，也传达着各种行为准则和"价值观"。这一切过程中是没有任何雄性参与的。大约在12岁的时候，年轻的公象身上会出现一些可怕的变化。当冬天来临时，大量的睾酮涌入它的大脑，毒害它的感官。性激素浓度膨胀到以往的60倍。一种黑色的分泌物从颞腺渗出，躯干底部肿胀，于是公象排出恶臭的汗液和尿液，它的阴茎包皮变成了绿色。而当这种可怕的现象出现在作战的象群当中时，波斯人将这种转变称为"Musth"①。在这种情况下，公象对象群来说是无法忍受的，它不得不独自或和雌象结对在森林和稀树草原上游荡。当新的睾酮激增迫使它交配时，它会再次接近象群。只有远离其他象群成员，它才能接近一头母象并与之交配。此后它不再和这个家族有任何关系。

　　大象不是人类，两者之间的联系仅仅停留在双方都是哺乳动物的层面上，这两者只是5000多种哺乳动物中的两种。因此，参照大象族群结构的比较与进化心理学意义上的比较完全不同。在西方世界的人类社会中，让我想起大象的是十多年前人们哀叹的"无父社会"。背弃家庭的父亲人数今天仍然很高，但自20世纪90年代以来没有进一步增加。而生活在单身汉协会中的男人，他们大多数人在结束了学生时代后就放弃单身了。在这种比较中，更重要的是新的大家庭结构。我们的宗族仍然是血缘关系密切的小团体。但是，今天越来越多的重组家庭聚集在一起，这就使我们的宗族群体变得更

---

　　① （象等动物）在交配期中的狂暴状态。——作者注

加复杂——无论是在基因上还是在社会上。如果说女性将在这方面发挥关键作用，那么我对此并不会感到惊讶。

　　这种发展是否会以这种方式或类似的方式发生，当然还只是一种猜测。它们的可能性不仅取决于社会的心理动态，也有经济方面的问题。财富越少，我们的选择就越有限。寒冷和饥饿总是把身体和灵魂聚集在一起。在经济衰退时期，自我实现的幻想也会减少。从这个角度来看，在金融危机时期，传统家庭模式的复兴并非完全不可能。

第十四章

**现实意义与可能性意义：
为什么爱情对我们如此重要**

也许我有义务为

每一次爱，每一次结束辩护

也许我将有理由相信

我们所有人都会被接受

在恩赐之地

——保罗·西蒙

第一节

斯宾塞的梦

"不难理解的是，高智商的培养始终与社会的进步并驾齐驱，因果相通。"文化与社会的关联越密切，人们就会变得越聪明。而当人们越来越聪明时，他们的文化就会越来越复杂。当经济记者和哲学家赫伯特·斯宾塞写下这篇文章时，世界正处于一场革命的黎明时期。彼时，查尔斯·达尔文刚刚出版了《物种起源》。而1859年达尔文在自然界中的发现被斯宾塞移植到了社会领域中：不断的进化同样是社会发展和进步与生俱来的原则之一。从星星到苔藓和鼹鼠，再到人类，进化把万事万物都推向更优良、更完善的和谐境地。

然而，仅仅是了解这一宇宙发展所依据的"原则"便一定可以理解包含人类在内的万事万物吗？斯宾塞将人类的分析从生物学、心理学、社会学推动到伦理学的梦想在今天具有史无前例的现实意义。他——而不是达尔文——是社会生物学和进化心理学的先驱。然而，构建生物学地基的原则和材料同样存在于心理学的大厅中，那些社会学大厦的底层建筑和道德的顶层如今早已过时。而面对汗牛充栋的心理学、社会学和哲学著作，倘若将对这些问题的见解简化为对生物的进化原理的构建则是相当幼稚和鲁莽的。

奇怪的是，从生物学到心理学再到社会学，我的爱情实验似乎总是在建筑物里的同一层楼上不断进行——当然，如果没有基层建筑，这一切探讨都不可能实现。然而，假设每一层都是新的和独特的，随着每一个新的楼层的出现，新的困难和它们所遵循的规律也会出现。我们的基因推动我们繁衍。我们的情绪促使我们将它们解释为本能或爱的感觉，而爱的感觉又会引发我们的爱意。同时我们的爱意编织了对爱情的想象，引发了期待，但在这一切中，我们基因的逻辑并不是我们情欲的逻辑，情欲的逻辑也并非感受的逻辑，感受的逻辑也不是我们思考的逻辑，而我们思考的逻辑其实也不是我们行动的逻辑。

如果我们真的想理解人类的进化，就必须将其心理学化，而不是仅仅将其视为一种自发的心理。哲学家格奥尔格·卢卡奇在《灵魂和形式》一文中写道："在心理学开始的地方，行为不复存在，取而代之的是行为的动机；任何需要理由、需要辩解的东西，都已经彻底失去了坚定性和明确性。也许它们的残骸之下可能留有一些遗物，但地面的洪水很快就无情地将它们席卷而逝。"

卢卡奇在写这篇文章的时候并没有联想到进化心理学家，毕竟那时他们还不存在。而他们的前辈，社会达尔文主义者，也不是他的对手。对他来说，这是一个关于人类的哪些方面可以被真实地叙述以及被记录下来的问题，因为人类比他的行为总和所揭示的要复杂得多。一个用望远镜监视我们日常生活的外星行为学家可能会认为我们相当无聊：我们睡觉、穿衣服、吃饭、走路、坐卧、说话、宽衣解带、偶尔做爱，然后再睡觉。但是使我们成为今天的我们的是我们的意念、动机、愿望、本能、欲望、纠结矛盾、心猿意马、半途而废、犹豫不决和堕落绝望。如果没有这一切，我们就无法理解我们近来的进化，也无法明白当今社会所了解的爱情和性活力中迅速的、非理性的、喜怒无常和无规律的变化。

凝聚在爱的最深处的东西不是自然法则。而将他们联结在一起的正是"爱"这个词，正如拉罗什富科所说，如果没有这个词，人们永远不会有坠入爱河的念头。爱的概念和我们现代浪漫的概念不仅创造了爱的雏形，还创造了爱上一个人时希望将他们与我们永久联系在一起的合法性。这种合法性是必要和重要的。正如我在第六章中所指出的那样，我们对性爱的需要不是一种本能或进化的必然性。相反，它是一个"拱肩"，就像我们的宗教信仰一样，它是我们情商的副产品。从生物学的角度来看，母亲对孩子的爱是有依据的，但男女之间的爱却不是这样——它甚至会干扰我们基因的优化。

性爱在其社会形式和惯例中的合法性使我们能够弥补高强度的亲子关系中所缺失的东西，并以一种"混乱"的方式将我们对爱的需要投射到性伴侣身上。这会形成两种结果。首先，我们幼儿和童年时期对爱的经历将会让我们一生都在爱侣的身上做着"混乱"的投射。我们"爱的地图"早在我们第一次亲吻心仪的男孩或女孩之前就已经打印好了。

其次，大脑中并没有控制性爱的神经化学元素，也没有掌管的浪漫"模块"。由于性爱在生物学上似乎既不是必要的也不是富有意义的，因此我们的大脑并没有进化到适应它。制造肉体的愉悦、精神的兴奋以及安全感、爱慕和信任的化学物质只会在大脑中转瞬即逝。这种理解在西方文化的历史中直至资产阶级登上历史的舞台都被视为"愚蠢的知识"。直到此时，想要拥有一切的"万能实验"才出现，它就是"浪漫主义"的发明。浪漫将欲望、激情和依恋这三个完全分开的领域杂乱无章地混为一谈——我们的大脑无法处理这个问题，现代性的生物心理也超载了。

性刺激和依恋刺激不仅发生了短路，甚至火花四溅，而且"浪漫之爱"也成为对性伴侣普遍合理的期望。爱情、依恋和性——今天，我们喜欢把这三者作为一个整体来思考，就好像浪漫的爱情是常态而非例外。我们相信它，就像我们相信上帝一样。我们所梦想的依旧是乘着"家的马车"在这最后一条神圣的道路上行驶，而不是骑着自行车在路灯照亮着的小路上颠簸并陷入泥潭。

然而在现实中，一切都一次又一次地分崩离析：就结合和理解的意义而言，如果伴侣的生活中没有发生太多翻天覆地的变化，那么这对于爱情可能是有好处的，然而，当爱是对刺激和兴奋孜孜不倦地追寻时，那么就没有什么比改变关系和对伴侣不断提出新要求更妙的了。处于动荡关系中的伴侣渴望寻求稳定，而在多样化和兴奋之后处于平稳关系中的伴侣，则渴望转变和刺激——至少对于他（她）仍然关心着"爱情"而不是伴侣关系而言的确如此。所以伴侣的关系要么过于微妙，要么太过无聊——所谓的"真爱"应该介于两者之间。从生物学的角度来看，我们在爱情的游戏中想要的是一场由小提琴、电吉他、竖琴和定音鼓等多种乐器所构成的交响乐会。我们既想要多巴胺的冲动也想要血清素的平静，还想要催产素舒适的柔和旋律和苯乙胺紧张刺激的鼓声。

至此，我们从爱情的美梦中醒来。在我们的日常生活中，我们知道生活不是一场期待已久的音乐会。越来越多的人以适合我们时代的熟悉方式行事。当愿望和现实不匹配时，我们放弃对功能的需求，转而进行神经化学和心理的分工：我们在家做饭，在网上调情，寻找特殊的性伴侣，与我们最好的朋友一起感受爱和安全感。在不知不觉中，我们的行为又回到了浪漫主义之前的时代：性和依恋正在分道扬镳。拥有美好肉体的伴侣为我们的情欲提供温床；精神上的同行者则会创造和滋养相互依恋的纽带。

在这一切中是富足和闲暇支持着我们。它们允许我们今天不再需要成长——成熟和完善。那些没有受到恶劣环境的压迫而不必直接做出选择的人，那些不必担心饥饿、寒冷、战争和资源匮乏的人，都可以负担得起不断的寻觅和求索；只要身体不再服务于生殖，他们甚至也可以不断地追寻肉体之间浪漫的交融。

如果正如法国医生埃米尔·德沃在20世纪20年代所认识到的那样，人类之所以能够学习，是因为大脑的很大一部分是在出生后才发育成形的，那么，人类的文化也应该如此。德沃称大脑的晚期生长为"幼态延续"（Neotenie），它激发了智力的形成。在这方面，我想谈谈"文化的幼态延续"，即由于富足和闲暇而导致的人类成熟速度的减慢。文化的幼态延续将成为我们在现代社会中的机遇（或诅咒），就像新生的人类在任何猴子的幼崽面前都显得很无助一样，与我们祖先的成熟过程相比，我们在文化的幼态延续中也是无助的。

"中年危机"这个词今天几乎绝迹了。原因在于当今西方世界的人们生活在永久性的中年危机中。它最晚在人们20多岁时开始并且永不停歇。今天，我们越来越快地迎来了感知上的中年，并在其中停留的时间越来越长。营养、医学和媒体确保富裕国家的年轻人以惊人的速度成熟。每个人都想尽可能地长寿，但又不想衰老。体育锻炼、身体塑形、冥想和健康饮食可以保护我们免受衰老的伤害。只要不达目标，我们便会一直探索和寻找。这很有趣，但也令人筋疲力尽。

在这种新的文化幼态的生活计划下，即使是模范家庭的浪漫观念也成为一个过渡阶段。即使它存在之稳定令人震惊，但它仍然不再是一个谋生的项目。虽然平均而言，我们开始建立一个家庭的时间有所推迟，但孩子离开家庭后我们仍然拥有比最初组建家庭前更多的时间。今天西欧人的平均年龄是70多岁。再过三四十年，可能会到90岁甚至更高。当孩子们离开家的时候，人们可能才真的来到了人生的中年。如果当真如此，那么后果便已经是可以预见的了。当生育不再是一项任务时，男人和女人也不会失去对性爱的兴致。女性的情感动态不再受她们生理动态的影响。

行为举止中凌乱的情感

荷兰行为科学家弗朗斯·德瓦尔推测，没有任何动物像人类一样"受到来自内心冲突的困扰"。就他们对爱的感觉而言，浪漫主义以一种如此彻底的方式理想化了与伴侣的交融，以至于生活被挤压到失去了鲜活的气息。难怪这个欣喜若狂的时刻只是一个瞬间，即使它可以获得生命，也只是在文学的虚构中。19世纪，人们试探着想把这个想法变成现实，直到20世纪，人们才表现出对爱情关系的普遍期待。这就导致当今男女之间的混乱冲突——忠诚与不忠、个性化与和解、自我实现与组建家庭之间的冲突。在几个世纪之前这种"真实的游戏"还没有立足之地，因为那时这些需求并不被法律认可。

所有这些都表明了当今的浪漫关系是多么脆弱——尽管它很脆弱，却并非毫无存在的可能。正如伊娃·伊卢兹所描述的那样，中产阶级和中上层阶级手里握着的是真正实现浪漫主义的好牌，"因为他们有必需的经济和文化先决条件，现代的爱情实践通常与他们

的社会身份特别是工作身份相适应。这也就是说，富人很容易理解
爱情的乌托邦意义，但他们在浪漫爱情中却没有确定的价值感和身
份认同感"。

当今的中产阶级缺乏价值感和认同感，这并不是过分自私和放
纵的性观念导致的后果。在一个供大于求的社会中，除了大量的机
遇之外，还存在着个性化的冲动，同时也出现了价值爆炸。并非价
值观的缺失，而是价值观的过剩导致今天人们失去了方向。因此人
们也很容易迷失在"真"情与形形色色的商品中，迷失在纸醉金迷
的浪漫与内心的浪漫之间。有时即使没有伴侣，加勒比的假期也能
带给人们浪漫感，但是如果没有加勒比的度假之行，即使有伴侣也
不会有浪漫的感觉。

我们的价值观并不比以前少，而是变得更多。情侣关系中的幸
福是我们的心之所向，而不以情侣关系为终点的幸福终将会消失。
但没有幸福的情侣关系并不是平衡二者的解决之法。我们的主张早
已使以前的所有主张黯然失色。今天，在个人的恋爱领域，特殊性
比可靠性得分更高，每种个性都增加了吸引异性的概率。谁还会想
要一个"现成的"毫不引人注目的伴侣呢？我们的年轻人就像国王
和好莱坞明星一样，首先是通过选择伴侣为自己创造了意义，即再
一次，通过别人的目光为我们自身创造了意义。

这种情况的自相矛盾之处在于：我们想通过爱情得到什么和我
们在爱情的过程中想要什么几乎是如同鱼和熊掌一样不可兼得。通
过爱情，我们想得到支持和依恋，而处在爱情中时，我们想要的却

是自由和兴奋。我们在大脑中幻想着未来，现实和虚幻之间不断发生变化。

从消极的角度来看，我们变得不可靠，对自己和他人都变得不可预测。任何斯滕伯格的剧本都没有明确和永久地定义我们今日的角色。当有了新的合作伙伴时，我们可能会改变自己角色的状态。我们深知那些关于自己的和他人的陈词滥调。营造浪漫氛围的产业将我们心灵的各个角落扫荡了一遍，在电影、电视以及每盒巧克力的广告中，都有浪漫的产物。我们的幻想其实并非只属于我们。

从积极角度来看，我们不再那么容易对事物感到震惊。不仅在性方面，对我们而言，几乎没有任何东西还会让我们感到陌生——至少在理论上是这样。性别冲突不再让我们措手不及。我们的孩子早在高中舞会之夜之前就知道这样的冲突。过去令人震惊、惊奇和不安的事情现在已经是众所周知的了。心理上的尺度随着习惯而增加。年轻的歌德，在斯特拉斯堡大教堂前流下了钦佩的泪水，而这在当今学校中嚼着口香糖的孩子眼中纯粹就是个疯狂的骗子。当哲学家瓦尔特·本雅明在20世纪20年代担心时速40公里的柏林城市轻轨会让他的理智陷入崩溃时，今天的人们不会脑补自己在现代的交通工具中会有什么闪失。

今天的浪漫爱情比以往任何时候都更加是一件不得不让人深思熟虑的事情。它不再让人们措手不及，而是早在逼近之前就已经被人们感知到了。人们也明白什么是容易终结浪漫的陷阱。对感情的勇气和警惕日常的威胁往往从一开始就铭刻在爱情当中。尽管我们很早就知道爱情的模式，但是个人在情感中的真相游戏可能每次都是焕然一新的。和从前相比，期望带来的失望并没有减少，而这些失望所带来的痛苦也没有减少。然而，它不再让我们感到惊讶了。等我们到了合适的年龄，渴望拥有一个完整的家庭，但我们没有做到这一点时也不会人惊小怪。

可以肯定的是，如今夫妻关系和家庭中的角色划分越混乱，发生冲突的可能性就越大。然而，同样可以肯定的是，普通的关系或婚姻从未像今天这样充分了解双方的需求。那些从未被我们的祖父母提及的东西却成为我们今天所有的男性和女性的要求。曾经爱情主要是为人们所传唱和歌颂的东西，而今天的夫妻双方却不得不在现实生活中认真地谈论它，即使他或她在此过程中总是苦苦挣扎。

这是一个新的展望吗？今天，我们对爱情的情况和结果有了很好的了解。但我们对这一了解本身的情况和后果仍然知之甚少。爱情或许对自身有了诸多了解，但它到底仍然可以以纯粹的形式为人所享受，还是我们总是要在其中加入一点讽刺？现代世界几乎已经从宗教意义上解放出来了。神圣的幸福、尘世中的天国、天堂般的状态必须由看透它们的人创造出来。看透的人们知道这些是要靠自己创造的，而不是生来就有的。不管在过去还是现在，财富和时间都有助于创造幸福，然而，它在西方世界的持续时间并不遵循自然法则。文化幼态延续的实验，（随着人们不断的自我确认）不一定会无限期地继续下去。当民主在雅典达到顶峰，当哲学家们推动了人类的自我启蒙，雅典的文化也不过在短短几十年间就土崩瓦解了。

第三节

方形鳄鱼

　　这本书以许多动物开始，也应该以动物结束。我的继子大卫常这样评价我："当他对人类一无所知的时候，他总是会去谈论奇怪的动物。"虽然我在本书中试图尽可能地揭开进化心理学家对动物间仓促比较的面纱，但事实的确也如他们说的那样。在亚历山大·克鲁格1967年的电影《马戏院帐篷顶上的艺人》中有一个美丽的小故事：一个男人买了一条鳄鱼和一个水族箱。一开始鳄鱼很小，水族箱也很小。于是售货员提醒鳄鱼的主人说，鳄鱼会长得非常快，所以用不了多久水族箱对鳄鱼来说就会变得太小了。然而，鳄鱼的新主人无视了他的建议。后来鳄鱼不断地生长，但它的栖息地始终很小、很逼仄。于是不知何时，鳄鱼已经和水族箱合为了一体。水族箱和它完美契合，而鳄鱼也完全变成了四边形的样子。

　　我不知道您听完这个故事后会作何感想，但这个故事让我想起了恋爱关系。人们可以赋予它一个足以茁壮成长的框架，然而随着关系的成长和发展，它会变得更加多样化。但在大多数情况下，框架不会随着时间的推移而变大。那么很多事情都会变得不符合最初的想法，所以人们开始互相指责。但究竟是谁让人失望呢——鳄鱼还是水族箱？

当然，回想起来，鳄鱼并不是适合家养的动物，或者圈养对动物来说本身就是错误的，但是像动物饲养员这样最现代的"精神诊疗师"所说的那样，即使动物园中使用的设施是由与自然相近的建筑材料制成的，也不能保证生活在其中的鳄鱼永远快乐。同样地，没有任何设计和框架可以保证我们人类的精神状态和亲密关系永远稳定，无论是宜家货架还是设计师的沙发、杂志架还是抽油烟机、联排别墅还是筒子楼、农家乐还是连锁快餐店、游乐园还是城市森林、迪士尼乐园还是游乐场。

我们真的知道自己想要什么吗？我们真的明白什么对我们有好处吗？而当我们喷着香水、精心打扮并在现代夜生活的珊瑚暗礁中与小丑鱼、天堂鲈鱼、网海鳗和锤头鲨嬉戏拍拖时，我们所寻觅的难道不是真正的自己吗？还是说此时我们像翁贝托·加林贝蒂所希望的那样，正在训练"一个能够打破我们的自主性，改变我们的身份，动摇我们身份认知的防御机制"？

这一问题的答案是自相矛盾的。本书讨论过性生活和情感生活都相当离奇的动物，它们苦苦寻觅着万事万物和它们的对立面。安全与陌生，亲近与距离，兴奋与安心，力量与软弱，动摇与坚定不移。动摇打败坚定的一个基本优先原则是哲学意义上的意愿，反之则会变得更加不坚定。人们想要改变的意愿与能坚持长期改变的能力一样容易被高估。许多大脑研究人员推测，作为一个成年人，我们依然有可能有高达20%的性格是未知的。在这种情况下，加林贝蒂对"无条件地臣服于他人"的极权主义要求与那些想要教育病人们大公无私的治疗师心中所包含的善意恐怖主义一样，都是一种苛求。

夹在激进生物学家毫不妥协的"自利原则"与治疗师和生命哲学家的利他主义戒律之间，即使是所有动物中最奇怪的动物也不再需要与灰伯劳鸟、角斗青蛙或草原田鼠进行进一步的比较。当然，进化心理学家所说的"获取资源"对它肯定是同样适用的，但这些资源不仅仅是基因、金钱和权力。恰恰是我们非常个体化的心灵感知的可能性才使我们能够被他人启发。当一个人与他人交往并在精神上"投降"于他，那么这个人一定能拓宽他的视野，用可能性的感觉取代了确定的现实性的感觉。这种感觉让人感觉到、看到、思考和生活在更多的可能性当中。它远远超出了生物"资源"。与富有魅力的思想、令人陶醉的音乐、迷人的魅力或令人臣服的幽默相比，一个塞满食物的储藏室能算得上什么呢？

当我们坠入爱河时，我们便打开了对可能性的感知：我们的动机变得更强烈，我们的愿望变得更明显，我们的欲望变得更炽热。当我们在一起的时间变长，我们的迷恋变成了爱，遥远的地平线变成了近距离的可能性。我们不想再遮遮掩掩了，我们想感受熟悉，让许多小的悸动取代无限的激烈。

我们对现实的感知和我们对可能性的感知是密不可分的。二者间的动态支配着我们的生活，将它们撕裂，调和它们并再次将它们撕裂。斯宾塞梦想，世界的本质和人类的本质走向和谐，走向所有组成部分的永久和解，这是一种幻想。人类不是因为幸福的永恒与持续被创造出来的，而是因为对幸福的梦想而被塑造出来的。但并没有证据可以支持这一观点，而且所有的经验都表明，我们祖先的大脑以及它们复杂的化学成分都曾经为幸福而"优化"过。对环境的适应不需要永久幸福的状态，也没有什么恒久的幸福副产品（拱肩）会在适当的时候恰好出现。相反，生活不会建造任何东西，它不会从其他地方获取石材。我们的大脑也不例外，每一种强烈的情绪都会引发与之相反的情绪。我们生活中的一切都从这种对比中获得价值：没有孤独感就没有归属感；不了解常规和世俗，就没有浪漫；没有经历过痛苦和悲伤就不懂得生活的乐趣；没有死亡就没有幸福。

如果一切都一帆风顺，那么它势必不会有美好的结局。爱情，作为我们最深的渴望，非常清楚这一点：它是不可能的、特殊的、脆弱的、易受到威胁的。如果把所有这些都从它身上拿走，它很快就会令人感到无聊。被爱当然是一种鼓舞人心的感觉——因为它不能被视为理所当然。

第四节

渡船上的微笑

　　我的妻子伸手去开门。窗外夜幕降临，此时正值周日的傍晚。这是一个云霞灿烂的傍晚。冬日的天空中飘浮着云彩——回家的路上有一种在南极洲的感觉。我的妻子笑意盈盈地问，我们是否要出去吃饭。我没有说话，我应该说些什么呢？

　　对有些人来说，爱情既无法通过任何消费来获得，也无法通过任何沟通策略获得救赎。它不过是一场彻头彻尾的悲剧，是一个永恒的悖论，是永远无法企及的渴望："那是悲伤与爱的甜蜜。在风雨同舟的路上，她向着我莞尔一笑，那是最美的时刻。总是为欲望所臣服却又能自己克制，单单这一点，就是爱情。"1913年10月22日，30岁的弗兰兹·卡夫卡在他的日记中如是写道，彼时他在南方旅行时邂逅了一位年轻的瑞士姑娘。

　　然而，对于另一些人来说，这一切要简单得多。因为，正如他们早就从爱情咨询师那里知道的那样，爱情实际上是唾手可得的：给予你的伴侣更多的认可，更频繁地向他们袒露你的爱意，不要在争论中出言不逊，时不时地换位思考，谨防无差别的攻击，避免使用"总是"和"每次"这两个词，定期一起进行一些小冒险，而且——哦，是的，时不时给你的妻子买些花……还有那些在爱情中不能谈论的事情——你必须对此保持沉默。

参考文献

第一章　黯淡的遗产：爱情与生物学有何相干

［1］《恋爱的猴子》（*Der liebende Affe*），载于《明镜》（*Der Spiegel*），2005年2月28日。

［2］戴维·巴斯（David Buss）：《进化心理学》，第2版，培生教育出版社，2004。

［3］迈克尔·吉塞林（Michael T. Ghiselin）：《达尔文与进化心理学》（*Darwin and Evolutionary Psychology*），载于《科学》，1973年第179期。在这篇文章中他提出了"进化心理学"这一术语。

［4］爱德华·威尔逊（Edward O. Wilson）：《社会生物学：新的综合》（*Sociobiology. The New Synthesis*），哈佛大学出版社，1975。在本书中他提出了"社会生物学"概念。

［5］德斯蒙德·莫里斯（Desmond Morris）：《裸猿》，德罗默·克瑙尔出版社（Droemer Knaur），1968；《人类动物园》，德罗默·克瑙尔出版社（Droemer Knaur），1969。

［6］威廉·奥尔曼（William F. Allman）：《地铁里的猛犸象猎人：进化遗产如何塑造我们的思维和行为》（*Mammutjäger in der Metro. Wie das Erbe der Evolution unser Denken und Verhalten prägt*），光谱出版社（Spektrum），1999。

［7］关于古人类学的局限性请参见其著名的代表作，理查德·利基：《人

类的起源》，C. 贝塔斯曼出版社（C. Bertelsmann），1997。

［8］关于早期的人类社会生物学的观察也可参见德语区国家的以下著作：
赫伯特·弗兰克（Herbert W. Franke）：《人类是从猴子那里进化而来的：动物和人类行为的一致性》（*Der Mensch stammt doch vom Affen ab. Übereinstimmungen im tierischen und menschlichen Verhalten*），金德勒出版社（Kindler），1966；汉斯·哈斯（Hans Hass）：《我们人类：我们行为的秘密》（*Wir Menschen. Das Geheimnis unseres Verhaltens*），莫尔登出版社（Molden），1968；艾里希·冯·霍尔斯特（Erich von Holst）：《论动物和人类的行为生理学》（*Zur Verhaltensphysiologie bei Tieren und Menschen*），卷1、卷2，派珀出版社（Piper），1969；奥托·柯尼希（Otto Koenig）：《文化与行为研究——文化人类学导论》（*Kultur und Verhaltensforschung. Einführung in die Kulturethologie*），口袋书出版社，1970；沃尔夫冈·威克勒（Wolfgang Wickler）：《我们是罪人吗？婚姻的自然法则》（*Sind wir Sünder? Naturgesetze der Ehe*），德罗默·克瑙尔出版社（Droemer Knaur），1969；《十诫生物学》（*Die Biologie der zehn Gebote*），派珀出版社（Piper），1971；《行为与环境》（*Verhalten und Umwelt*），霍夫曼坎普出版社，1972；艾布尔-艾伯斯费尔德（Irenäus Eibl-Eibesfeldt）：《预先编程的人：遗传作为人类行为的决定因素》（*Der vorprogrammierte Mensch. Das Ererbte als bestimmender Faktor im menschlichen Verhalten*），口袋书出版社，1976。

［9］康拉德·劳伦兹：《镜子的另一面：实验人类知识的自然历史》（*Die Rückseite des Spiegels. Versuch einer Naturgeschichte des menschlichen Erkennens*），派珀出版社（Piper），1973。

［10］朱利安・赫胥黎：《我看到了未来的人类：自然与新人文主义》（*Ich sehe den künftigen Menschen. Natur und neuer Humanismus*），李斯特出版社（List），1965。

［11］弗里德里希・恩格斯的引文摘自《家庭、私有制和国家的起源》（*Der Ursprung der Familie, des Privateigentums und des Staats*），载于《卡尔・马克思/弗里德里希・恩格斯作品集》，第21卷，第36—84页，迪茨出版社（Dietz Verlag），1962。

［12］罗伯特・特里弗斯：《互惠利他主义的演变》（*The Evolution of Reciprocal Altruism*），载于《生物学季刊评论》，1971年第17期，第35—57页。"互惠利他主义"这一词语正是在这部作品中被首次提出。

［13］弗朗斯・德瓦尔（Frans de Waal）关于从类人猿的行为中辨别人性的困难的明智评论见于《我们的猴子：为什么我们是我们自己》（*Der Affe in uns. Warum wir sind, wie wir sind*）一书中，汉塞尔出版社（Hanser），2005。

［14］杰罗姆・H. 巴尔科夫（Jerome H. Barkow），约翰・图比（John Tooby），勒达・科斯米德斯（Leda Cosmides）：《适应的心灵：进化心理学和文化的生成》（*The Adapted Mind: Evolutionary Psychology and The Generation of Culture*），牛津大学出版社，1992。

［15］海伦・费舍尔：《我们为何结婚，又为何不忠：性、婚姻和外遇的自然史》（*Anatomie der Liebe. Warum Paare sich finden, binden und auseinandergehen*），德罗默・克瑙尔出版社（Droemer Knaur），1993。

第二章 惠而不费的性行为：为什么基因并不自私

［16］关于论进化论的不可预测性可参见：雅克·莫诺（Jacques Monod）：
　　　《巧合与必然性》（*Zufall und Notwendigkeit*），第2版，口袋书出版
　　　社，1975。

［17］威廉·汉密尔顿（William Hamilton）最重要的著作包括：《自然选择
　　　对衰老的塑造》（*The Moulding of Senescence by Natural Selection*），
　　　载于《理论生物学杂志》（*Journal of Theoretical Biology*），1966年第
　　　12期，第12—45页；《进化模型中的自私和恶意行为》（*Selfish and
　　　Spiteful Behaviour in an Evolutionary Model*），载于《自然》1970年第
　　　228期，第1218—1220页；《自私的群体的几何形状》（*The Geometry
　　　of the Selfish Herd*），载于《理论生物学杂志》，1971年第31期，
　　　第295—311页；《社会性昆虫中的亲缘利他行为》（*Altruism and
　　　Related Phenomena, Mainly in Social Insects*），载于《生态学和系统学
　　　年度评论年报》（*Annual Review of Ecology and Systematics*），1972年
　　　第3期，第193—232页；《有性与无性与寄生虫》（*Sex versus Non-Sex
　　　versus Parasite*），载于*Oikos*，1980年第35期，第282—290页；《基
　　　因王国中的狭窄道路》（*Narrow Roads in Gene Land*），第1卷，牛津
　　　大学出版社，1996；另见第2卷，牛津大学出版社，2002。

［18］理查德·道金斯（Richard Dawkins）的作品包括：《自私的基因》
　　　（*The Selfish Gene*）（1976），光谱出版社（Spektrum），2006；
　　　《盲眼钟表匠》（*The Blind Watchmaker*）（1986），口袋书出版
　　　社，2008；《基因之河》（*River Out of Eden*）（1995），戈德曼
　　　出版社（Goldmann），2000；《攀登不可能的山峰》（*Climbing
　　　Mount Improbable*）（1996），罗沃尔特出版社，2008；《解析彩

虹》（*Unweaving the Rainbow*）（1998），罗沃尔特出版社，2008；《祖先的故事》（*The Ancestor's Tale*）（2004），乌尔斯坦出版社，2008；《上帝的迷思》（*The God Delusion*）（2006），乌尔斯坦出版社，2007。

［19］反对自私基因理论的书籍请参见：理查德·列万廷（Richard Lewontin）：《进化变化的遗传基础》（*The Genetic Basis of Evolutionary Change*），哥伦比亚大学出版社，1974；《人类：遗传，文化和社会相似性》（1982），光谱出版社（Spektrum），1986；《非与生俱来：生物学、意识形态与人性》（*Not In Our Genes: Biology, Ideology, and Human Nature*）（1984）［与史蒂文·罗斯（Steven Rose）和莱昂·J. 卡明（Leon J. Kamin）合著］，贝尔茨出版社（Beltz），1999；《辩证生物学家》（*The Dialectical Biologist*）［与理查德·莱文（Richard Levin）合著］，哈佛大学出版社，1987；《作为意识形态的生物学：关于DNA的学说》（*Biology as Ideology: The Doctrine of DNA*），哈珀出版社，1993；《三重螺旋：基因，有机体和环境》（*The Triple Helix: Gene, Organism, and Environment*）（2000），斯普林格出版社，2002。

［20］在斯蒂芬·杰·古尔德的众多作品中，值得一提的是《熊猫的拇指：关于自然历史的观察》（*The Panda's Thumb: More Reflections in Natural History*）（1980），苏尔坎普出版社，1989；《功能变异：形式科学中缺失的术语》（*Exaptation. A missing Term in the Science of Form*）［与伊丽莎白·弗尔巴（Elisabeth Vrba）合著］，载于《古生物学杂志》（*Paleobiology*），第8期，第1卷，第4—15页；《斑马如何长出它的条纹》（*How the Zebra Comes to Its Stripes*）（1983），第2版，苏尔坎普出版社，2008；《火烈鸟的微笑：自

然史观察》（*The Flamingo's Smile: Reflections in Natural History*）
（1985），第2版，2009；《好极了，雷龙：自然史的纠缠之路》
（*Bully for Brontosaurus: Reflections in Natural History*）（1991），霍
夫曼坎普出版社（Hoffmann&Campe），1994；《干草堆里的恐龙：
漫游自然史》（*Dinosaur in a Haystack: Reflections in Natural History*）
（1995），费舍出版社（Fischer），2002；《幻觉进步：进化的多
种方式》（*Illusion Fortschritt. Die vielfältigen Wege der Evolution*）
（1996），第2版，费舍出版社，2004；《进化理论的结构》（*The
Structure of Evolutionary Theory*），哈佛大学出版社，2002。其中包含
达尔文的主要著作：《物种起源》（1859），科学图书协会出版社，
1992。

[21] 卡尔·马克思关于达尔文的引文引自阿德里安· 德斯蒙德（Adrian
Desmond）和詹姆斯·摩尔（James Moore）主编的图书：《达尔文：
一位饱受折磨的进化论者的一生》（*Darwin: The Life of a Tormented
Evolutionist*），第2版，李斯特出版社（List），1995。

[22] 关于罗伯特·特里弗斯的生物经济学请参见：《社会进化》（*Social
Evolution*），本杰明·卡明斯出版社（Benjamin/Cummings），
1985；《自然选择与社会理论：罗伯特·特里弗斯论文选集（进
化与认知）》［*Natural Selection and Social Theory: Selected Papers
of Robert Trivers（Evolution and Cognition）*］，牛津大学出版社，
2002；与奥斯汀伯特合著的《基因中的冲突：自私遗传因素的生物
学》（*Genes in Conflict: The Biology of Selfish Genetic Elements*），哈
佛大学出版社，2008。

第三章　仓廪丰裕的伯劳鸟，岿然不动的角斗青蛙，女人和男人想要的究竟是什么

[23] 皮奥特尔·特里亚诺夫斯基（Piotr Tryjanowski）和马丁·赫罗马达（Martin Hromada）报告了灰伯劳鸟的实际繁殖行为：《波兰西部大灰伯劳鸟的繁殖生物学》（*Breeding Biology of the Great Grey Shrike Lanius Excubitor in West Poland*），载于《鸟类学学报》（*Acta Ornithologica*），2004年第39期，第9—14页；《研究活动引起了大灰伯劳鸟的巢穴位置的变化》（*Research Activity Induces change in Nest Position of the Great Grey Shrike Lanius excubitor*），载于*Ornis Fennica*，2005年第82期，第20—25页；《更隐蔽的大灰色伯劳鸟的额外成对交配地点》（*More Secluded Places for Extra-Pair Copulations in the Great Grey Shrike Lanius excubitor*），载于《行为》（*Behaviour*），2007年第144期，第23—31页。

[24] 适应理论认为自然界中的一切事物都有其目的，这一学说的主要代表人物是乔治·C. 威廉姆斯（George C. Williams），其主要作品有：《适应与自然选择》（*Adaptation and Natural Selection*），普林斯顿大学出版社，1966；《性与进化论》（*Sex and Evolution*），普林斯顿大学出版社，1975；《自然选择：领域、层次和挑战》（*Natural Selection: Domains, Levels, and Challenges*），牛津大学出版社，1992；《小马鱼的微光：自然中的计划和目的》（*Das Schimmern des Ponyfisches: Plan und Zweck in der Natur*）（1997），光谱出版社（Spektrum），2001；《为什么我们生病》（*Warum wir krank werden*）[和伦道夫·尼斯（Randolph M. Nesse）合著]（1995），C. H. 贝克出版社（C. H. Beck），1997。

［25］除了之前的章节中已经提到的著作，进化心理学著作还包括史蒂文·平克（Steven Pinker）：《思想是如何在头脑中产生的》（*Wie das Denken im Kopf entsteht*）（1999），金德勒出版社（Kindler），2002；《白纸：对人性的现代否定》（*Das unbeschriebene Blatt. Die moderne Leugnung der menschlichen Natur*）（2002），柏林出版社，2003；苏珊·平克（Susan Pinker）：《性悖论：男人，女人和真正的性别差距》（*The Sexual Paradox: Men, Women and the Real Gender Gap*），斯克里布纳出版社（Scribner），2008；从进化心理学和生物化学出发，巴斯·卡斯特（Bas Kast）尝试对爱进行简单的释义：爱和激情如何被诠释》（*Die Liebe und wie sich Leidenschaft erklärt*），费舍出版社，2006。

［26］关于进化心理学的批判，见菲利普·基彻（Philipp Kitcher）：《跳跃的抱负：社会生物学与对人性的探索》（*Vaulting Ambition: Sociobiology and the Quest for Human Nature*），剑桥大学出版社，1985；格拉德·许特（Gerald Hüther）：《爱的进化：达尔文猜到了什么？达尔文主义者又不愿相信什么？》（*Die Evolution der Liebe. Was Darwin bereits ahnte und die Darwinisten nicht wahrhaben wollen*）（1999），第4版，梵登霍克-鲁普雷希特出版社，2007；约翰·杜普雷（John Dupré）：《达尔文的遗产：进化对当代人类的意义》（*Darwins Vermächtnis. Die Bedeutung der Evolution für die Gegenwart des Menschen*）（2003），苏尔坎普出版社，2005；大卫·J. 布勒（David J. Buller）：《适应思维模式：进化心理学与对人性的持续探索》（*Adapting Minds: Evolutionary Psychology and the Persistent Quest for Human Nature*），麻省理工学院出版社，2005。

［27］关于"精子之战"的论文：罗宾·贝克（Robin Baker）：《精子之

战：为什么我们相爱却又受苦，结合却又分离和遭受欺骗》（*Krieg der Spermien. Weshalb wir Lieben und Leiden, uns verbinden, trennen und betrügen*）（1996），莱姆斯出版社，1997；《21世纪的性：原始本能与现代技术》（*Sex im 21. Jahrhundert. Der Urtrieb und die moderne Technik*）（1999），莱姆斯出版社，2000；贾里德·戴蒙德（Jared Diamond）提出的人类性行为动物学原理：《为什么做爱令人愉悦？人类性行为的演变》（*Warum macht Sex Spaß? Die Evolution der menschlichen Sexualität*）（1997），C. 贝塔斯曼出版社（C. Bertelsmann），1998。

[28] 戴维·巴斯研究的结果请参见：《人类伴侣偏好的性别差异：37种文化中的进化假设测试》（*Sex Differences in Human Mate Preferences: Evolutionary Hypothesis Testing in 37 Cultures*），载于《行为科学和脑科学》（*Behavioral and Brain Sciences*），1989年第12期，第1—49页。另一本书中也有相关的详细描述：《欲望的进化：选择伴侣的秘密》（1994），第2版，戈德曼出版社，2000。关于男性的自我理论请参见：本·格林斯坦（Ben Greenstein）：《脆弱的男性，冗余物种的衰落》（*The Fragile Male, The Decline of a Redundant Species*），盒子树出版社，1993。

[29] 维克多·约翰斯顿（Victor Johnston）关于睾酮——面孔吸引力的理论首次出现在：《男性面部吸引力：激素介导的适应性设计的证据》（*Male Facial Attractiveness: Evidence for Hormone-Mediated Adaptive Design*），载于《进化与人类行为》（*Evolution & Human Behavior*），2001年第22期，第417—429页。

[30] 帕梅拉·S. 斯卡布罗（Pamela S. Scarbrough）：《女性面部偏好的个体差异作为数字化和心理旋转能力的函数》（*Individual Differences*

413

in Women's Facial Preferences as a Function of Digitratio and Mental Rotation Ability），载于《进化与人类行为》（Evolution & Human Behavior），2005年第26期，第509—526页。

[31] 琳达·布特罗伊（Lynda Boothroyd）和戴维·佩雷特（David Perrett）反驳了雌雄同体面孔具有更高吸引力的论点：《伴侣特征与男性气概、健康和成熟度相关的男性面孔》（Partner characteristics associated with masculinity, health and maturity in male faces），载于《个性和个体差异》（Personality and Individual Differences），2007年第43期，第1173页。

[32] 有关兰迪·桑希尔（Randy Thornhill）的对称性理论的论文收录在《对称的诱惑力：自然史》（The allure of symmetry. Natural History）一书中，1993年第103期，第30—37页；同上，S. Gangestad：《人类面部美容：匀称，对称和寄生虫抗性》（Human facial beauty: Averageness, symmetry and parasite resistance），载于《人类自然》，1993年第4期，第237—269页；同上，K. Grammer：《人类（智人）面部吸引力和性选择：对称性和平均性的作用》［Human（Homo sapiens）facial attractiveness and sexual selection: The role of symmetry and averageness］，载于《比较心理学杂志》（Journal of Comparative Psychology），1994年第108期，第233—242页；《面部身体吸引力，发育稳定性和波动不对称性》（Facial physical attractiveness, developmental stability and fluctuating asymmetry），载于《行为学和社会生物学》（Ethology and Sociobiology），1994年第15期，第73—85页；P. 沃森（P. Watson）：《波动不对称与性选择》（Fluctuating asymmetry and sexual selection），载于《生态与进化趋势》（Trends in Ecology and Evolution），1994年第9期，第21—24页。

［33］引自2008年4月21日《明镜》周刊第17期的封面故事：《德国人是如何像时钟般嘀嗒作响的？我们为何会是这样》（*Wie ticken die Deutschen? Warum wir so sind, wie wir sind*）；弗拉基米尔·索洛维约夫（Wladimir Solowjew），凯·布赫霍尔茨（Kai Buchholz）（编辑）：《爱情：一本哲学合集》（*Liebe. Ein philosophisches Lesebuch*），戈德曼出版社，2007。

第四章　我看到了你看不到的东西，男女之间真的存在思维差异吗

［34］交际心理学家皮斯·阿伦（Pease Allan）和芭芭拉·阿伦（Baraba Allan）值得一提的书籍有：《为什么男人逃避倾听而女人不会停车：理所当然的解释令人费解的弱点》（*Warum Männer nicht zuhören und Frauen schlecht einparken. Ganz natürliche Erklärungen für eigentlich unerklärliche Schwächen*）（1998），第33版，乌尔斯坦出版社，2007；《为什么男人撒谎成性而女人买鞋上瘾：顺理成章的解释令人费解的关系》（*Why Men Don't Have a Clue and Women Always Need More Shoes: The Ultimate Guide to the Opposite Sex*）（2002），乌尔斯坦出版社，2004。

［35］约翰·格雷（John Gray）的文集中的选本：《男人来自火星，女人来自金星》（*Men Are From Mars, Women Are From Venus*）（1992），第38版，戈德曼出版社，2008。

［36］克劳迪娅·奎瑟-波尔（Claudia Quaiser-Pohl）和克尔斯滕·乔丹（Kirsten Jordan）的文选：《为什么女人认为她们不会停车——而男人也认同她们的观点：漫谈根本不成立的弱点》（*Warum Frauen glauben, sie könnten nicht einparken – und Männer ihnen Recht geben.*

Über Schwächen, die gar keine sind），口袋书出版社，2007，打破了关于神经性别差异决定行为的神话。

［37］关于姆巴提和昆桑文化的论文，请参见马克·S. 莫斯科（Mark S. Mosko）：《森林的符号：姆巴提文化和社会组织的结构分析》（*The Symbols of Forest: A Structural Analysis of Mbuti Culture and Social Organization*），载于《美国人类学家》（*American Anthropologist*），1987年第4期，第89卷，第896—913页；理查德·B. 李（Richard B. Lee）：《昆桑人：在觅食社会中的男人，女人和工作》（*The Kung San: Men, Women and Work in a Foraging Society*），剑桥大学出版社，1979。

［38］约翰·马歇尔（John Marshall），克莱尔·里奇（Claire Ritchie）：《奈奈自然保护区中的朱洪西人和瓦西人如今在何处？1958—1981年间布什曼族社会的变迁》（*Where Are the Ju / Wasii of Nyae Nyae? Changes in a Bushman Society 1958-1981*），幸存者出版社，1984。

［39］关于女性和男性大脑差异的早期著作是：安妮·莫尔（Anne Moir）和大卫·杰塞尔（David Jessel）：《大脑的性别：男人和女人之间的真正区别》（*Brainsex: Der wahre Unterschied zwischen Mann und Frau*）（1989），埃康出版社，1990；更早的相关研究请参见由米歇尔·安德里辛·维蒂希（Michele Andrisin Wittig）和安妮·彼得森（Anne Petersen）主编的选集：《认知功能中的性别相关差异》（*Sex related Differences in Cognitive Functioning*），学术出版社，1979。

［40］保尔·布罗卡（Paul Broca）的头骨测量的相关实验见于他的《人类学回忆录》（*Memoires d'Anthropologie*），卷一，莱因瓦尔德出版社，1871。

［41］卢安·布里曾丹（Louann Brizendine）所撰写的一篇关于女性和男性

大脑之间巨大差异的文章是：《女性大脑：为什么女性与男性有所不同》（*Das weibliche Gehirn: Warum Frauen anders sind als Männer*）（2006），第3版，霍夫曼坎普出版社，2007。

[42] 克里斯蒂娜·德拉科斯特·乌塔姆辛（Christine De-Lacoste-Utamsing）和拉尔夫·L. 霍洛威（Ralph L. Holloway）被严重质疑的关于大脑左右半球之间的大脑纵裂的研究：《人类胼胝体中的性别二态性》（*Sexual Dimorphism in the Human Corpus Callosum*），载于《科学》，1982年第216期。

[43] 历史上罗伯特·贝内特·比恩（Robert Bennett Bean）所作的研究：《黑人大脑的一些种族特殊性》（*Some Racial Peculiarities of the Negro Brain*），载于《美国解剖学杂志》（*American Journal of Anatomy*），1906年第5期，第353—432页。

[44] 此处引用西蒙·拜伦-科恩（Simon Baron-Cohen）的作品：《从第一天起就不同了：女性和男性大脑》（*The Essential Difference: The Truth About The Male And Female Brain*）（2003），海涅出版社，2006。

[45] 多琳·木村（Doreen Kimura）在《性与认知》（*Sex and Cognition*）中描述了男性高睾酮水平和良好空间想象力之间的区别，麻省理工学院出版社，1999。

[46] 关于猴子和类人猿的睾酮，排名和等级行为的复杂关系请参见http：//www.gender.org.uk/about/06encrn/63 aggrs.htm.r.

第五章　性别与性格：我们的第二本能

[47] 奥托·魏宁格的相关书籍可参阅：《性与性格：生物学及心理学考察》，特别版：《原则性调查》（1903），马特斯&塞茨出版社，

1980。关于奥托·魏宁格的相关研究，请参阅：雅克·勒·莱德（Jacques Le Rider）和 海米托·冯·多德勒（Heimito von Doderer）合著的书籍：《奥托·魏宁格的研究案例：反女权主义和反犹太主义的根源》（*Der Fall Otto Weininger: Wurzeln des Antifeminismus und des Antisemitismus*），新版，乐客出版社，1985。

[48] 约尔格·齐特劳（Jörg Zittlau）：《理性与诱惑：奥托·魏宁格的情色虚无主义》（*Vernunft und Verlockung: Otto Weiningers erotischer Nihilismus*），泽农出版社（Zenon），1990；钱达克·森古奥普塔（Chandak Sengoopta）：《奥托·魏宁格：维也纳帝国的性，科学和自我》（*Otto Weininger: Sex, Science, and Self in Imperial Vienna*），芝加哥大学出版社，2000。

[49] 约翰·曼尼（John Money）在《心理学的新发现：肾上腺皮质症中的雌雄同体、性别和早熟》（*Hermaphroditism, gender and precocity in hyperadrenocorticism: Psychologic Findings*）中提出了社会性别"Gender"这一概念。文章载于《约翰斯·霍普金斯医院公报》（*Bulletin of the John Hopkins Hospital*），1955年第96期，第253—264页。

[50] 西蒙娜·德·波伏瓦的经典作品：《第二性》（1949），罗沃赫尔特出版社，2005。

[51] 朱迪思·巴特勒的书籍有：《性别麻烦》，苏尔坎普出版社，1991；也可参阅：《身体之重：论性别的话语界限》（1993），苏尔坎普出版社，1997。

[52] 有关性别问题的更多信息，请参阅：厄苏拉·帕塞罗（Ursula Pasero）和 克里斯蒂娜·温巴赫（Christine Weinbach）主编的系统性理论论文集著：《女性、男性、性别问题》（*Frauen, Männer, Gender Trouble. Systemtheoretische Essays*），苏尔坎普出版社，2003；

克劳迪娅·科佩特（Claudia Koppert）和贝亚特·塞尔德斯（Beate Selders）主编的书籍：《手放在解构的心脏之上：在女性政治理论自我废除时代所作的理解尝试》（*Hand aufs dekonstruierte Herz. Verständigungsversuche in Zeiten der politisch-theoretischen Selbstabschaffung von Frauen*），乌尔里克·赫尔默（Ulrike Helmer），2003。

[53] 马利斯·海林格（Marlis Hellinger）和哈杜莫德·布森曼（Hadumod Bußmann）主编的书籍：《跨语言的性别：女性和男性的语言代表》（*Gender Across Languages, The Linguistic Representation of Women and Men*），本杰明出版社，2003；哈杜莫德·布森曼（Hadumod Bußmann）和雷纳特·霍夫（Renate Hof）主编的书籍：《文化和社会科学中的性别研究》（*Genus–Geschlechterforschung/Gender Studies in den Kultur und Sozialwissenschaften*），克勒纳出版社，2005。

[54] 此处包含玛格丽特·米德关于萨摩亚的书：《原始社会中的青年和性》，卷一《萨摩亚的童年和青年》，口袋书出版社，1987。她的主要代表作为：《两性之间：变迁世界中的性研究》，乌尔斯坦出版社，1992。

[55] 德里克·弗里曼对此提出的反驳见于：《玛格丽特·米德与萨摩亚——一个人类学神话的形成与破灭》，金德勒出版社，1983。另见：《玛格丽特·米德的命运恶作剧：她的萨摩亚研究的历史分析》，西景出版社，1998。

第六章 达尔文的顾虑：是什么使爱与性分离

[56] 关于海马的性角色和育雏护理工作之间的不匹配，请参阅：A. B. 威尔索纳（A. B. Wilson）、A. 文森特（A. Vincent）、I. 阿恩斯约亚（I.

Ahnesjö）、A. 梅耶（A. Meyer）：《海马和尖嘴鱼的雄性妊娠（海龙科家族）：从分子系统发育推断的父系育儿袋形态的快速多样化》［*Male Pregnancy in Seahorses and Pipefishes（Familiy Syngnathidae）: Rapid Diversification of Paternal Brood Pouch Morphology Inferred from a Molecular Phylogeny*］，载于《遗传杂志》（*Journal of Heredity*），2020年第92期，第159—166页；另见：《尖嘴鱼和海马（海龙科家族）中雄性育雏、交配模式和性别角色的动态》［*The Dynamic of Male Brooding, Mating Patterns and Sex-Roles in Pipefishs and Seahorses（Familiy Syngnathidae）*］，载于《进化》，2003年第57期，第1374—1386页。

［57］阿克塞尔·梅耶（Axel Meyer）的引文摘自：《科学的谱系》，2003年第12期，第78页。

［58］关于"纠结银行"假说（*Tangled Bank Hypothese*），见罗伯特·特里弗斯（Robert Trivers）：《父母投资和性选择》（*Parental Investment and Sexual Selection*），载于B. Campbell主编的《性选择与人类的后代》（*Sexual Selection and the Descent of Man*）（1871—1971），阿尔丁出版社，第136—179页。乔治·C. 威廉姆斯：《性和进化》（*Sex and Evolution*）（1975），普林斯顿大学出版社。

［59］关于"红皇后"假说，请参见威廉·汉密尔顿：《非凡性别比例》（*Extraordinary Sex Ratios*），载于《科学》，1967年第156期，第477—488页；利·范·瓦伦（Leigh Van Valen）：《一种新的进化规律》（*A New Evolutionary Law*），载于《进化理论》（*Evolutionary Theory*），1973年第1期，第1—30页。

［60］理查德·E. 米科德（Richard E. Michod）对此提供了概述：《性爱之神与进化：性的自然哲学》（*Eros and Evolution: a Natural Philosophy of Sex*），艾迪生-卫斯理出版社，1995。

［61］此处引文引自阿图尔·叔本华《作为意志的表象世界》。

［62］此处引用的达尔文传记，为阿德里安·德斯蒙德（Adrian Desmond）
和詹姆斯·摩尔（James Moore）所著：《达尔文传》，李斯特出版
社，1995；对于亚当·斯密（Adam Smith）引文也可在上述作品中找
到：《伦理感受理论》（1759），梅纳出版社，2004；米歇尔·T.
吉塞林（Michael T. Ghiselin）的自私理论参见同上：《自然经济和性
进化》（*The Economy of Nature and the Evolution of Sex*），加州大学
出版社，1974。

［63］弗洛和弗林特的故事摘自珍妮·古道尔：《黑猩猩的心：我在贡贝河
的30年》（1990），罗沃尔特出版社，1991，第220—235页。

［64］科斯加德（Korsgaard）对吉塞林自私理论的批评载于法朗斯·德
瓦尔（Frans de Waal）：《灵长类动物和哲学家》（*Primaten und
Philosophen*）（2006），汉泽出版社，2008，第116—138页。

［65］稀树草原上配偶关系的起源在海伦·费舍尔的第一本书《性契约：人
类行为的演化》中就已成为探讨的主题，威廉莫罗出版公司，1982；
对这一主题更全面而广泛的探讨另见于：《爱的解剖——为什么伴
侣们会相遇，结合和分离》（1990），德罗默·克瑙尔出版社，
1993；艾布尔-艾伯斯费尔德（Eibl-Eibesfeldt, Irenäus）认为，爱并不
是源于性：《爱与恨：论基本行为的自然史》（*Liebe und Hass. Zur
Naturgeschichte elementarer Verhaltensweisen*），派珀出版社，1970。

［66］在治疗师迈克尔·马利（Michael Mary）抨击进化心理学的众多书籍
中，值得一提的是：《爱情与婚姻的五大谎言》（*5 Lügen die Liebe
betreffend*），巴斯泰吕贝出版社，2001；《他们相处得很好：关于爱
的10个新谎言》（*Und sie verstehen sich doch. 10 neue Lügen die Liebe*

betreffend），巴斯泰吕贝出版社，2006。

[67] 以上作品也包含斯图尔特·尚克（Steward Shanker）对幼儿学习的思
考，而它同时也见于斯坦利·格林斯潘（Stanley Greenspan）：《第
一个思想：童年早期的交流与人类思维的演变》（*Der erste Gedanke:
Frühkind-liche Kommunikation und die Evolution menschlichen Denkens*）
（2006），贝尔茨出版社，2007 。

[68] 理查德·列万廷（Richard Lewontin）和斯蒂芬·杰·古尔德
（Stephan Jay Gould）将"拱肩"这个源自建筑的词引入进化的语境
中，可参阅：《圣马可拱肩和潘格罗斯范式：对适应主义纲领的批
判》（*The Spandrels of San Marco and the Panglossian Paradigm: a
Critique of the Adaptationist Programme*），载于《英国皇家学会学
报》（*Proceedings of the Royal Society*），1979年第25卷，第581—
598页。

第七章　一个复杂的想法：为什么爱是没有情绪的

[69] 关于海伦·费舍尔（Helen Fisher）尝试使用磁共振成像让大脑中的爱
情变得肉眼可见的故事可参阅她的著作《情种起源》，帕特莫斯出版
社，2005；另见：《欲望、吸引力和联系——人类爱情的生物学和
进化》，收录于海因里希·迈尔（Heinrich Meier）和边哈德·诺伊曼
（Gerhard Neumann）主编的书籍：《关于爱—— 一个专题讨论会》
（*Über die Liebe. Ein Symposion*），派珀出版社，2001。

[70] 在最新的关于"爱情化学"的书中，值得一提的是，特蕾莎·L. 克
伦肖（Theresa L. Crenshaw）：《爱与情欲的炼金术——荷尔蒙控制
我们的爱情生活》（*Die Alchemie von Liebe und Lust. Hormone steuern*

unser Liebesleben），口袋书出版社，2003；加布里尔（Gabriele）和罗尔夫·弗罗博斯（Rolf Froböse）：《情欲与爱——一切都是化学》（*Lust und Liebe—alles nur Chemie*），德国化学出版社，2004；马可·劳兰（Marco Rauland）：《荷尔蒙的烟火——为什么爱情使人盲目，情伤必然痛苦》（*Feuerwerk der Hormone. Warum Liebe blind macht und Schmerzen weh tun müssen*），赫泽尔出版社，2007；《爱，光和口红："约翰·埃姆斯利的最佳"》（*Liebe, Licht und Lippenstift: "Das Beste von John Emsley"*），德国化学出版社，2007；克劳斯·奥伯贝尔（Klaus Oberbeil）：《情色智力的秘密：荷尔蒙和生物物质如何唤醒感情和加强关系》（*Das Geheimnis der erotischen Intelligenz: Wie Hormone und Biostoffe Gefühle wecken und Beziehungen festigen*），赫比希出版社，2007。

［71］拉里·杨（Larry Young）、王祖兴（Zuxin Wang）、托马斯·R. 艾斯兰特（Thomas R. Island）研究了催产素在草原田鼠中的重要性：《一夫一妻制的神经内分泌基础》（*Neuroendocrine Bases of Monogamy*），载于《神经科学的趋势》（*Trends in Neuroscience*），1998年第21期，第71—75页。

［72］拉里·杨（Larry Young）、罗杰·尼尔森（Roger Nilsen）、卡特里娜·G. 威迈尔（Katrina · G. Waymire）、格兰特·R. 麦格雷戈（Grant R. MacGregor）和托马斯·R. 艾斯兰特（Thomas R. Island）：《表达来自一夫一妻制田鼠的 V1a 受体的小鼠对垂体后叶荷尔蒙的亲和反应增加》（*Increased Affiliative Response to Vasopressin in Mice Expressing the V1a Receptor from a Monogamous Vole*），载于《自然》1999年第40期，第766—776页。

［73］拉里·杨（Larry Young）、M. M. 利姆（M. M. Lim）、B. 金里奇（B.

Gingrich）：《社会依恋的细胞机制》（*Cellular Mechanisms of Social Attachment*），载于《激素和行为》（*Hormones and Behavior*），2001年第40期，第133—138页；拉里·杨（Larry Young）、王祖兴（Zuxin Wang）：《配对结合的神经生物学》（*The Neurobiology of Pair Bonding*），载于《自然神经科学》（*Nature Neuroscience*），2004年第7期，第1048—1054页。

［74］对此提出的批评请参阅萨宾·芬克（Sabine Fink）、洛朗埃克·艾斯弗耶（Laurent Excoffier）、杰拉尔德·赫克尔（Gerald Heckel）：《哺乳动物一夫一妻制不受单一基因控制》（*Mammalian Monogamy is Not Controlled by a Single Gene*），载于《美国国家科学院院刊》（*Proceedings of the National Academy of Sciences of the United States*），2006年第7期；吉恩·罗宾逊（Gene E. Robinson）、罗素·费纳尔德（Russell D. Fernald）、大卫·F. 克莱顿：《基因与社会行为》（*Genes and Social Behavior*），载于《科学》，2008年第322期，第896—900页。

［75］马歇尔·卢森堡（Marshall Rosenberg）的故事摘自《无暴力交流——生命的语言》（*Gewaltfreie Kommunikation. Eine Sprache des Lebens*），第6版，容费曼出版社，2007。

［76］关于情绪和感觉的理论，请参阅：威廉·莱昂（William Lyon）：《情感》（*Emotion*），剑桥大学出版社，1980；罗纳德·德·索萨（Ronald de Sousa）：《情感的合理性》（*The Rationality of Emotion*），麻省理工学院出版社，1987；保罗·格里菲思（Paul Griffiths）：《情感到底是什么——心理类别的问题》（*What Emotions Really Are. The Problem of Psychological Categories*），芝加哥大学出版社，1997；安东尼奥·达马西奥（Antonio Damasio）：

《对所发生的事物的感觉：意识形成中的身体和情感》（*The Feeling of what Happens: Body and Emotion in the Making of Consciousness*），哈考特·布雷斯出版公司，1999；曼努埃拉·伦曾（Manuela Lenzen）《笛卡尔的错误——感觉，思考和人类大脑》（*Descartes' Irrtum. Fühlen, Denken und das mensch-liche Gehirn*），李斯特出版社，1994；安东尼奥·达马西奥（Antonio Damasio）《斯宾诺莎效应——情感如何决定我们的生活》（*Der Spinoza-Effekt. Wie Gefühle unser Leben bestimmen*），李斯特出版社，2003；阿希姆·斯蒂芬（Achim Stephan）和亨利克·沃尔特（Henrik Walter）主编的书籍：《情感的本质与理论》（*Natur und Theorie der Emotion*），门蒂斯出版社，2003；马丁·哈特曼（Martin Hartmann）：《情绪——科学如何解释它们》（*Gefühle. Wie die Wissenschaften sie erklären*），校园出版社，2005；海纳·哈斯泰特（Heiner Hastedt）：《感情的哲学性评论》（*Gefühle. Philosophische Bemerkungen*），口袋书出版社，2005；威廉·詹姆斯（William James）的代表作：《心理学原则》（*The Principles of Psychology*），亨利霍尔特出版公司，1890。

［77］吉尔伯特·赖尔（Gilbert Ryle）的主要作品为：《心的概念》（*Der Begriff des Geistes*），口袋书出版社，1986。

第八章　我的中脑和我：我有能力爱我所爱之人吗

［78］阿诺德·盖伦（Arnold Gehlen）在《人类的本性和他在世界上的地位》（*Der Mensch. Seine Natur und seine Stellung in der Welt*）一书中将人定义为"文化存在"（Kulturwesen），容克和顿豪普特出版社，1940。

［79］让-保罗·萨特（Jean-Paul Sartre）的《自我的超越》（*L a Transcendance de l'égo*）和《情绪理论纲要》（*Esquisse d'une théorie des émotions*）请详见《自我的超越——哲学随笔1931—1939》，罗沃赫尔特出版社，1997。

［80］弗里兹·李曼（Fritz Riemann）的引文摘自《爱的能力》（*Die Fähigkeit zu lieben*），第8版，莱因哈特出版社，2008。

［81］恩斯特·杨德尔（Ernst Jandl）的诗载于克劳斯·西布列夫斯基（Klaus Siblewski）主编的诗集：《恩斯特·杨德尔诗歌作品集》（*Ernst Jandl Poetische Werke*），第8卷，鲁赫特汉德文学出版社，1997。

［82］贾科莫·里佐拉蒂（Giacomo Rizzolatti）对"镜像神经元"的研究总结在与科拉多·西尼加利亚（Corrado Sinigaglia）合著的书籍：《移情和镜像神经元：同情的生物基础》（*Empathie und Spiegelneurone: Die biologische Basis des Mitgefühls*），苏尔坎普出版社，2008。

［83］约翰·曼尼在《爱与爱的疾病：关于性、性别差异和夫妻结合的科学》（*Love and Love Sickness: the Science of Sex, Gender Difference and Pair-Bonding*）一书种创造了"爱情地图"（Lovemap）一词，约翰斯霍普金斯大学出版社，1980；另见：《爱情地图：儿童期、青春期和成熟期的性/性色情健康和病理学、性欲纤毛和性别转变的临床概念》（*Lovemaps: Clinical Concepts of Sexual/Erotic Health and Pathology, Paraphilia, and Gender Transposition in Childhood, Adolescence, and Maturity*），欧文顿出版社，1986；《被破坏的爱情地图：儿科性学7例病例的倒错结果研究》（*Vandalized Lovemaps: Paraphilic Outcome of 7 Cases in Pediatric Sexology*），普罗米修斯出版社，1989；《爱情地图指南：一个明确的声明》（*The Lovemap*

Guidebook: A Defi nitive Statement），康蒂姆出版社，1999。

［84］更多关于爱情卡片（Liebeskarte）这一概念的书籍请参阅阿亚拉·马拉赫·皮娜（Ayala Malakh Pine）：《坠入爱河：我们为什么选择了我们所选择的情人》（*Falling in Love: Why We Choose the Lovers we Choose*），泰勒弗兰西斯出版社，2005。

［85］关于亚瑟·阿隆（Arthur Aron）和唐纳德·达顿（Donald Dutton）的桥梁实验的描述参见：《在高度焦虑的情况下性吸引力增加的一些证据》（*Some Evidence for Heightened Sexual Attraction Under Conditions of High Anxiety*），载于《人格与社会心理学杂志》（*Journal of Personality and Social Psychology*），1974年第30期，第510—517页。

［86］斯坦利·沙赫特（Stanley Schachter）的情感理论最早和杰罗姆·辛格（Jerome Singer）在以下文章中提出：《情绪状态的认知，社会和生理决定因素》（*Cognitive, Social, and Physiological Determinants of Emotional State*），载于《心理学评论》（*Psychological Review*）1962年第69期，第379—399页。另见：《情绪状态的认知和生理决定因素的相互作用》（*The Interaction of Cognitive and Physiological Determinants of Emotional State*），载于伦纳德·伯科维茨（Leonard Berkowitz）主编的书籍《实验社会心理学进展》（*Advances in Experimental Social Psychology*），学术出版社，第49—79页。

［87］威廉·高德曼《公主新娘》中的引文摘自：《公主新娘》，第3版，柯莱特蔻塔出版社，2004。

［88］马克斯·霍克海默（Max Horkheimer）的引文摘自由凯·布赫霍尔茨主编的书籍：《爱情——一本哲学读物》，戈德曼出版社，2007。

第九章 命运之轮的旋转：爱情是一门艺术吗

[89] 艾里希·弗洛姆（Erich Fromm）的经典著作可参阅：《爱的艺术》（*Die Kunst des Liebens*），第 66 版，乌尔斯坦出版社，2007；有关弗洛姆的传记，请参见雷纳·芬克（Rainer Funk）：《艾里希·弗洛姆》（*Erich Fromm*），罗沃赫尔特出版社，1980；赫尔穆特·维尔（*Helmut Wehr*）：《艾里希·弗洛姆概览》（*Erich Fromm Eine Einführung*），朱尼厄斯出版社，1990。

[90] 让-雅克·卢梭（Jean-Jacques Rousseaus）的经典著作：《论人类不平等的起源和基础》（*Abhandlung über den Ursprung und die Grundlagen der Ungleichheit unter den Menschen*）（1755），口袋书出版社，1998。

[91] 阿多诺（Theodor Adorno）对被侵害生命的反思可参阅：《最低限度的道德》（*Minima Moralia*），苏尔坎普出版社，2004。

[92] 此处引用的彼得·劳斯特（Peter Lauster）的著作为：《爱情：一种现象的心理学》（*Die Liebe. Psychologie eines Phänomens*），罗沃赫尔特出版社，1982。

[93] 关于"无条件的爱"（unconditional love）的英文著作可参阅：格雷格·贝尔（Greg Baer）：《真爱：关于寻找无条件的爱和实现关系的真相》（*Real Love: The Truth about Finding Un-conditional Love and Fulfilling Relationships*），哥谭出版社，2004。

[94] 此处所提及的爱情指南可参阅：约翰·莫迪凯·戈特曼（John Mordechai Gottman）：《幸福婚姻的7个秘诀》（*Die 7 Geheimnisse der glücklichen Ehe*），乌尔斯坦出版社，2002；盖瑞·查普曼（Grey Chapmann）：《爱的五种语言——创造完美的两性沟通》（*Die fünf Sprachen der Liebe. Wie Kommunikation in der Ehe gelingt*），弗

428

兰克出版社，2003；汉斯·杰卢舍克（Hans Jellouscheck）：《伴侣关系如何成功——爱情游戏规则：关系危机带来发展的新机遇》（*Wie Partnerschaft gelingt–Spielregeln der Liebe: Beziehungskrisen sind Entwicklungschancen*），赫尔德出版社，2005；阿里尔·凯恩（Ariel Kane）和希亚·凯恩（Shya Kane）：《美妙关系的秘诀：即时转型》（*Das Geheimnis wundervoller Beziehungen: Durch unmit-telbare Transformation*），温普费尔出版社，2005。

[95] 大卫·施纳奇（David Schnarch）将自爱艺术视为恋爱的前提的著作可参阅：《性激情心理学》（*Die Psychologie sexueller Leidenschaft*）（1997），第6版，2008；另见：《激情婚姻：爱情在夫妻情感疗愈中的角色》，载于尤尔格·威利（Jürg Willi）和伯恩哈德·利马赫（Bernhard Limacher）主编的书籍《当爱消退时：夫妻情感疗愈中的可能性和局限性》（*Wenn die Liebe schwindet. Möglichkeiten und Grenzen der Paartherapie*），第2版，柯莱特蔻塔出版社，2007。

第十章　完全正常的不可能性：爱与期望有什么关系

[96] 米歇尔·福柯关于性与真理的著作可参阅：《性史第一卷：认知的意志》，苏尔坎普出版社，1983；《性史第二卷：快感的享用》，苏尔坎普出版社，1989；《性史第三卷：自我的关心》，苏尔坎普出版社，1989。

[97] 此处提及一本出色的福柯传记：迪迪埃·埃里邦（Didier Eribon）：《米歇尔·福柯》（1989），苏尔坎普出版社，1991。

[98] 丹尼斯·德·鲁日蒙（Denis de Rougemont）撰写的经典著作《爱情与西方世界》（*Die Liebe und das Abendland*），时代出版社，2007。

［99］约阿希姆·布姆克（Joachim Bumke）关于中世纪文学史和社会史的基本著作可参阅：《宫廷文化：中世纪盛期的文学与社会》（*Höfische Kultur. Literatur und Gesellschaft im hohen Mittelalter*），口袋书出版社，1986。

［100］诺贝特·埃利亚斯（Norbert Elias）对我们文化发展的经典研究可参阅：《文明的进程》，第2卷，第19版，苏尔坎普出版社，1995。

［101］多次被引用的翁贝托·加林贝蒂（Umberto Galimberti）的书籍：《爱的问题——哲学手册》（2004），贝克出版社，2007。

［102］君特·杜克斯（Günter Dux）笔下与浪漫的爱情这一主题相关的故事见于《性别与社会：为什么我们相爱——遗失整个世界后的浪漫爱情》（*Geschlecht und Gesellschaft. Warum wir lieben. Die romantische Liebe nach dem Verlust der Welt*）一书，苏尔坎普出版社，1994。

［103］关于浪漫主义对自我和世界的理解，另见鲁道夫·祖尔·利普（Rudolf zur Lippe）：《资产阶级主体性：自治与自我毁灭》（*Bürgerliche Subjektivität: Autonomie und Selbstzerstörung*），苏尔坎普出版社，1975；卡尔·黑泽尔·博雷尔（Karl Heinz Bohrer）：《浪漫的信件：审美主体性的出现》（*Der romantische Brief. Die Entstehung ästhetischer Subjektivität*），苏尔坎普出版社，1989；《浪漫主义批判》，苏尔坎普出版社，1989。

［104］雪莱的相关引文摘自H.霍恩主编的书籍：《珀西·比希·雪莱精选作品集：诗歌和散文》，岛屿出版社，1985。

［105］关于爱情的精神分析参见马丁· S.伯格曼（Martin. S. Bergmann）：《一个关于爱情的故事——人们如何处理一种神秘的感觉》（*Eine Geschichte der Liebe. Vom Umgang des Menschen mit einem rätselhaften Gefühl*），费舍出版社，1999；库尔特·赫费尔德（Kurt

Höhfeld）和安妮玛丽·洛克（Annemarie lock）：《爱的精神分析》（*Psychoanalyse der Liebe*），第 3 版，心理社会出版社，2001；塞巴斯蒂安·克鲁岑比希勒（Sebastian Krutzenbichler）和汉斯·埃塞尔（Hans Esser）：《爱情是一种原罪吗？关于移情和反移情的爱的精神分析》（*Muss denn Liebe Sünde sein? Zur Psychoanalyse der Übertragungs-und Gegenübertragungsliebe*），心理社会出版社，2006。

［106］威廉·扬科维亚克（William Jankowiak）和爱德华·费舍尔（Edward Fisher）的研究请参见《浪漫激情：一种普世体验吗？》（*Romantic Passion: A Universal Experience*），哥伦比亚大学出版社，1995。

［107］关于爱情的作品可参见尼克拉斯·卢曼（Niklas Luhmann）：《作为激情的爱情：关于亲密性编码》（*Liebe als Passion*），第5版，1999；另见其最近刚出版的基础性研究：《爱情——一种练习》（*Liebe. Eine Übung*），苏尔坎普出版社，2008。

第十一章　爱上爱情：为什么我们总是在寻爱，但爱却越发无迹可寻

［108］哈里·法兰克福（Harry Frankfurt）：《爱之理由》（*Gründe der Liebe*），苏尔坎普出版社，2005。

［109］卡尔· 奥托·洪德里希（Karl Otto Hondrich）在《世界社会时代中的爱情时代》（*Liebe in den Zeiten der Weltgesellschaft*）中提出了"重建依恋关系"（Rückbindung）一词，苏尔坎普出版社，2004。

［110］让-克洛德·考夫曼（Jean-Claude Kaufmann）研究了伴侣关系中的结合效应和契约策略：《脏衣服：普通夫妻关系的不寻常观点》（*Schmutzige Wäsche: Ein ungewöhnlicher Blick auf gewöhnliche Paarbeziehungen*），Uvk出版社，2005；另见：《相爱令人紧张》

（*Was sich liebt, das nervt sich*），Uvk出版社，2008。

[111] 关于新型的单身主义，请参阅萨沙·卡根（Sasha Cagen）：《乐单族：不妥协浪漫主义的宣言》（*Quirkyalone: A Manifesto for Uncompromising Romantics*），哈珀出版社，2004。

[112] 当下关于爱情的最好的畅销书之一是：克里斯蒂安·舒尔特（Christian Schuldt）：《心灵的密码》（*Der Code des HerzenS - Liebe und Sex in den Zeiten maximaler Möglichkeite*），艾希伯恩出版社，2004。

[113] 孤独研究者罗伯特·韦斯（Robert Weiss）的研究可以参考《孤独：一种情感体验和社会孤立》（*Loneliness. The Experience of Emotional and Social Isolation*），麻省理工学院出版社，1975。

[114] 从精神分析的角度研究现代社会中的爱情与孤独，参见：保罗·沃黑赫（Paul Verhaeghe）：《孤独时代的爱情》（*Liebe in Zeiten der Einsamkeit*），图里亚和康德出版社，2003。

[115] 乌尔里希·贝克（Ulrich Beck）和伊丽莎白·贝克-格恩塞姆（Elisabeth Beck-Gernsheim）的书：《爱情的正常性混乱》（*Das ganz normale Chaos der Liebe*），新版，苏尔坎普出版社，2005。

[116] 关于个性化可参阅安东尼·吉登斯（Anthony Gidden）：《亲密关系的变革——现代社会中的性，爱和爱欲》（*Wandel der Intimität — Sexualität, Liebe und Erotik in modernen Gesellschaf-ten*），S.费舍出版社（S. Fischer），1993；伯恩·哈德舒尔茨（Bernhard Schulze）：《经验社会——当代文化社会学》（*Die Erlebnisgesellschaft — Kultursoziologie der Gegenwart*），第2版，校园出版社，2005；诺伯特·博尔兹（Norbert Bolz）：《消费主义宣言》（*Das konsumistische Manifest*），芬克出版社，2002。

第十二章 爱情买卖：当浪漫成为一种商品

[117] 伊娃·伊卢兹（Eva Illouz）：从批判意识形态的角度研究了经济对浪漫爱情的侵蚀：《消费浪漫乌托邦：爱情和资本主义文化的矛盾》（*Der Konsum der Romantik. Liebe und die kulturellen Widersprüche des Kapitalismus*），苏尔坎普出版社，2007 。另见：《资本主义的情怀》（*Gefühle in Zeiten des Kapitalismus*），苏尔坎普出版社，2007。

[118] 史蒂文·塞德曼（Steven Seidman）《对浪漫的渴望：1830—1980的美国爱情故事》（*Romantic longings: Love in America 1830 – 1980*）从历史的角度对美国爱情的道德和商业化进行了回顾，劳特利奇出版社，1991。

[119] "追寻的幸福"（happiness of pursuit）这一表述出自阿尔伯特·赫希曼（Albert Hirschmann）：《改弦易辙：个人私利与公共行动》（*Shifting In-volvements: Private Interest and Public Attention*），第20版，普林斯顿大学出版社，2002。

[120] "爱情脚本"的概念见于罗伯特·斯滕伯格（Robert. Sternberg）的《爱情是一个故事——斯滕伯格爱情新论》（*Love is a Story. A New Theory of Relationships*），牛津大学出版社，1998。另见：《爱情心理学》（*The Psychology of Love*），耶鲁大学出版社，1988；《新爱情心理学》（*The New Psychology of Love*），耶鲁大学出版社，2006。

[121] 福尔克马·西古希（Volkmar Sigusch）解释了当今的各种性行为：《新性欲：关于爱与变态的文化变迁》（*Neosexualitäten: Über den kulturellen Wandel von Liebe und Perversion*），校园出版社，2005；

另见：《性世界：性研究者的感叹》（*Sexuelle Welten: Zwischenrufe eines Sexualforschers*），心理社会出版社，2005。

［122］关于这个主题另见君特·施密特：《性关系——论性道德的消失》（*Sexuelle Verhältnisse. Über das Verschwin-den der Sexualmoral*），罗沃赫尔特出版社，1998；另见：《新你我他——论性的现代化》（*Das neue Der Die Das. Über die Modernisierung des Sexuellen*），心理社会出版社，2004；西尔·贾马蒂森（Silja Matthiesen）、阿恩·德克（Arne Dekker）、库尔特斯塔克（Kurt Starke）：《晚期现代关系世界：关于三代人的伴侣关系和性行为的报告》（*Spätmoderne Beziehungswelten: Report über Partnerschaft und Sexualität in drei Generationen*），社会科学出版社，2006。

［123］克里斯蒂安·洛尔（Christiane Löll）针对新的快乐方式的发展撰写了论著：《颅内狂欢》（*Die Lust im Kopf*），载于《时代周报》，2002年第3期。

［124］迪特马尔·坎贝尔2001年发表的文章*Corpus absconditus*可于以下网址查阅：www.heise.de/tp im Internet.

［125］关于我们这个时代的爱，特别是网恋，可参阅克里斯蒂安·舒尔特（Christian Schuldt）：《心灵的密码——最大可能性时代的爱与性》（*Der Code des HerzenS. Liebe und Sex in den Zeiten maximaler Möglichkeiten*），艾希伯恩出版社，2004。

［126］TNS Infratest民意调查研究所最新的数字生活报告可在www.tns-infratest.com上查阅；Kissnofrog的问卷调查可在www.kissnofrog.com上查阅。

第十三章 充满爱意的家庭：保存和改变了什么

［127］冈特·施米特（Gunter Schmidt）的数据来自：《性与晚期现代性》（*Sexualität und spätmoderne*），心理社会出版社，2002。关于性道德、伴侣关系和家庭之间的联系可参阅：《性关系——关于性道德的消失》（*Sexuelle Verhältnisse—Über das Verschwinden der Sexualmoral*），罗沃赫尔特出版社，1998；《新的那个那个那个——论性现代化》（*Das neue Der Die Das—Über die Modernisierung des Sexuellen*），心理社会出版社，2004；《晚期现代关系世界——关于三代人的伙伴关系和性的报告》［与西利亚·马蒂森（Silja Matthiesen）、安妮·德克尔（Anne Decker）、库尔特·斯塔克（Kurt Starke）合著］，社会科学出版社，2006。

［128］关于家族的历史，见杰克·古迪（Jack Goody）：《家族历史》（*Geschichte der Familie*），C.H.贝克出版社，2002。A. 布尔基耶尔（A. Burguière）、C. 克拉皮施祖伯（C. Klapisch-Zuber）、M. 塞格伦（M. Segalen）、F. 佐纳班德（F. Zonabend）主编：《家庭史（全四卷）》，校园出版社，1997；克里斯蒂安（Christian）和尼娜·冯·齐默尔曼（Nina von Zimmermann）主编：《18世纪以来的家庭故事，传记和家族背景》（*Familiengeschichten. Biographie und familiärer Kontext seit dem 18. Jahrhundert*），校园出版社，2008。

［129］恩格斯对家庭的看法载于弗里德里希·恩格斯：《家庭、私有制和国家的起源》，参见：《卡尔·马克思/弗里德里希·恩格斯作品集》，第21卷，迪茨出版社，1962，第36—84页。

［130］关于现代家庭的社会学可参阅保罗·希尔（Paul B. Hill）、约翰内斯·科普（Johannes Kopp）：《家庭社会学——基础和理论观点》

（*Familiensoziologie. Grundlagen und theoretische Perspektiven*），社会科学出版社，2005；罗伯特·赫特拉奇（Robert Hettlage）：《家庭报告——一种正在发生变化的生活方式》（*Familienreport–Eine Lebensform im Umbruch*），C. H. 贝克出版社（C. H. Beck），1998；吕迪格·皮克特（Rüdiger Peuckert）：《社会变革中的家庭形式》（*Familienformen im sozialen Wandel*），社会科学出版社，2004；比尔吉特·科尔哈斯（Birgit Kohlhase）：《家庭是有意义的》（*Familie macht Sinn*），乌拉赫豪斯出版社，2004。

[131] 范·德维尔德（Van der Velde）的作品：《完美的婚姻——对其生理学和技术的研究》（*Die vollkommene Ehe. Eine Studie über ihre Physiologie und Technik*），蒙塔纳出版社，1926；《婚姻中的厌恶——关于它们的形成和对抗的研究》（*Die Abneigung in der Ehe. Eine Studie über ihre Entstehung und Bekämpfung*），本诺·科内根出版社（Benno Konegen Verlag），1928；《婚姻中的情色——它的决定性意义》（*Die Erotik in der Ehe. Ihre ausschlaggebende Bedeutung*），本诺·科内根出版社，1928；《婚姻中的生育及其对愿望的影响》（*Die Fruchtbarkeit in der Ehe und ihre wunschgemäße Beeinflussung*），蒙塔纳出版社，1929；《完美的妻子》（*Die vollwertige Gattin*），卡尔·赖斯纳出版社，1933。

[132]《焦点》的封面文章是：《母性化——当女性成为母亲并像男性一样遭受痛苦时》（*Die Muttierung. Wenn aus Frauen Mütter werden und wie Männer darunter leiden*），参见：《焦点》，2005年第21期。

[133] 丹尼尔·卡尼曼（Daniel Kahneman）和艾伦·克鲁格（Alan Krueger）关于幸福评估的研究可参阅：《表征日常生活经验的调查方法：日重建法》（*A Survey Method for Characterizing Daily*

Life Experience: The Day Reconstruction Method），载于：《科学》
2004年第306期，第1776—1780页；《主观幸福感测量的发展》
（*Developments in the Measurement of Subjective Well-Being*），载于：
《经济视角杂志》（*Journal of Economic Perspectives*），2006年第20
期第1卷，第3—24页。

第十四章　现实意义与可能性意义：为什么爱情对我们如此重要

［134］赫伯特·斯宾塞（Herbert Spencer）的《合成哲学系统》（*System der
　　　　Synthetischen Philosophie）于1875—1895年在施韦茨巴特申出版社书
　　　　店（Schweizerbartschen Verlagsbuchhandlung）以德文出版（11卷）。
　　　　引自《社会学原理》（*Principien der Soziologie*），第1卷，1877。

［135］格奥尔格·卢卡奇（Georg Lukács）的引文载于《灵魂和形式》
　　　　（*Die Seele und die Formen*），引自凯·布赫霍尔茨（Kai Buchholz）
　　　　主编的书籍：《爱情：一个哲学读本》（*Liebe. Ein philosophisches
　　　　Lesebuch*），戈德曼出版社，2007。

［136］弗兰兹·卡夫卡的引文摘自《日记1910—1923》，新版，费舍出版
　　　　社，1997。

名称索引目录

42. Weininger 魏宁格

43. Money 曼尼

44. Mead 米德

45. Hüther 许特

46. Meyer 梅耶

47. Darwin 达尔文

48. Arthur Schopenhauer
阿图尔·叔本华

49. Desmond/Moore 德斯蒙德/摩尔

50. Adam smith 亚当·斯密

51. Darwin 达尔文

52. Darwin 达尔文

53. Darwin 达尔文

54. Buss 巴斯

55. Buss 巴斯

56. Ghiselin 吉塞林

57. Goodall 古道尔

58. Korsgaard 科斯加德

59. Fisher 费舍尔

60. Eibl-Eibesfeldt：
Liebe und Hass 艾布尔-艾伯
斯费尔德：爱与恨

61. Mary 马利

62. Fisher 费舍尔

63. Froböse 弗罗博斯

64. Fisher 费舍尔

65. Kast 卡斯特

66. Heckel 赫克尔

67. Fisher 费舍尔

68. Damasio 达马西奥

69. Sartre 萨特

70. Sartre 萨特

71. Riemann 李曼

72. Money 曼尼

73. Goldman 高德曼

74. Horkheimer 霍克海默

75. Luhmann 卢曼

76. Lauster 劳斯特

77. Mary 马利

78. Riemann 李曼

79. Mary 马利

80. Schnarch 施纳奇

81. Schnarch 施纳奇

82. Schnarch 施纳奇

83. Foucault：Histoire de la
sexualité 福柯：性史

84. Buss 巴斯

85. Rougemont 鲁日蒙

86. Bumke 布姆克

87. Bumke 布姆克

88. Galimberti 加林贝蒂

89. Dux 杜克斯

90. Dux 杜克斯

91. Dux 杜克斯

92. Shelley 雪莱

93. Luhmann 卢曼

94. Luhmann 卢曼

95. Luhmann 卢曼

96. Luhmann 卢曼

97. Luhmann 卢曼

98. Luhmann 卢曼

99. Galimberti 加林贝蒂

100. Galimberti 加林贝蒂

101. Frankfurt 法兰克福

102. Frankfurt 法兰克福

103. Frankfurt 法兰克福

104. Galimberti 加林贝蒂

105. Beck 贝克

106. Beck 贝克

107. Beck 贝克

108. Beck 贝克

109. Iser 伊瑟尔

110. Beck 贝克

111. Ortega y Gasset 奥特加·伊·加塞特

112. Illouz 伊卢兹

113. Illouz 伊卢兹

114. Kamper 坎贝尔

115. Galimberti 加林贝蒂

116. Schuldt 舒尔特

117. Schuldt 舒尔特

118. Illouz 伊卢兹

119. Engels 恩格斯

120. Van der velde 范·德维尔德

121. Illouz 伊卢兹

122. Schuldt 舒尔特

123. Hondrich 洪德里希

124. Hondrich 洪德里希

126. Lukács 卢卡斯

127. De Waal 德瓦尔

128. Illouz 伊卢兹

129. Galimberti 加林贝蒂

130. Galimberti 加林贝蒂

131. Kafka 卡夫卡

人名对照

Adorno, Theodor　西奥多・W. 阿多诺

Aischylos　埃斯库罗斯

Allen, Woody　伍迪・艾伦

Allman, William　威廉・奥尔曼

Aristophanes　阿里斯托芬

Aristoteles　亚里士多德

Aron, Arthur　亚瑟・阿隆

Baron-Cohen, Sacha　萨沙・拜伦-科恩

Baron-Cohen, Simon　西蒙・拜伦-科恩

Barthes, Roland　罗兰・巴特

Bean, Robert Bennett　罗伯特・贝内特・比恩

Beck, Elisabeth　伊丽莎白・贝克

Beck, Ulrich　乌尔里希・贝克

Beethoven, Ludwig van　路德维希・凡・贝多芬

Benjamin, Walter　瓦尔特・本雅明

Bergson, Henri　亨利・柏格森

Boas, Franz　弗朗兹・博厄斯

Bonhoeffer, Dietrich　迪特里希・朋霍费尔

Boothroyd, Lynda　琳达・布特罗伊

Brizendine, Louann　卢安・布里曾丹

Broca, Paul　保尔・布罗卡

Buber, Martin　马丁・布伯

Buffon, George-Louis　布封

Bumke, Joachim　约阿希姆・布姆克

Bush, George　乔治・W. 布什

Buss, David　戴维・巴斯

Butler, Judith　朱迪思・巴特勒

Bysshe Shelley, Percy　珀西・比希・雪莱

Cagen, Sasha　萨沙・卡根

Carroll, Lewis　刘易斯・卡罗尔

Connor, Sarah　莎拉・寇娜

Cosmides, Leda　勒达・科斯米德斯

Crick, Francis　弗朗西斯・克里克

Cuvier　居维叶

Damasio, Antonio　安东尼奥・达马西奥

Darwin, Charles　查尔斯・达尔文

Dawkins, Richard　理查德・道金斯

de Rougemont, Denis　丹尼斯・德・鲁日蒙

de Waal, Frans　弗朗斯・德瓦尔

De-Lacoste-Utamsing, Christine　克里斯蒂娜・德拉科斯特-乌塔姆辛

Desmond, Adrian　阿德里安・德斯蒙德

Devaux, Emil　埃米尔・德沃

Diamond, Jared　贾里德・戴蒙德

Dupré, John　约翰・杜普雷

Dutton, Donald　唐纳德・达顿

441

442

Reichmann, Frieda　弗里达·赖希曼

Reimer, David (Brenda)　大卫·雷默
（布兰达）

Riemann, Fritz　弗里兹·李曼

Rizzolatti, Giacomo　贾科莫·里佐拉蒂

Rosenberg, Marshall　马歇尔·卢森堡

Rousseaus, Jean-Jacques　让-雅克·卢梭

Ryle, Gilbert　吉尔伯特·赖尔

Sappho　萨福

Sartre, Jean-Paul　让-保罗·萨特

Schachter, Stanley　斯坦利·沙赫特

Schelsky, Helmut　薛尔斯基

Schlegel, Freidrich　弗里德里希·施莱
格尔

Schmidt, Gunter　冈特·施米特

Schmitt, Carl　卡尔·施米特

Schnarch, David　大卫·施纳奇

Schopenhauer, Arthur　阿图尔·叔本华

Schuldt, Christian　克里斯蒂安·舒尔特

Shanker, Steward　斯图尔特·尚克

Sherrington, Charles Scott　查尔斯·斯
科特·谢灵顿

Sigusch, Volkmar　福尔克马·西古希

Simon, Paul　保罗·西蒙

Simonyi, Charles　查尔斯·西蒙尼

Smith, Adam　亚当·斯密

Solowjew, Wladimir　弗拉基米尔·索洛
维约夫

Sophokles　索福克勒斯

Spencer, Herbert　赫伯特·斯宾塞

Sternberg, Robert　罗伯特·斯滕伯格

Strindberg, August　奥古斯特·斯特林堡

Thornhill, Randy　兰迪·桑希尔

Tinbergen, Nikolaas　尼古拉斯·廷伯根

Tooby, John　约翰·图比

Trivers, Robert　罗伯特·特里弗斯

Tryjanowski, Piotr　皮奥特尔·特里亚
诺夫斯基

Tucholsky, Kurt　库尔特·图霍夫斯基

Van der Velde, Theodoor Hendrik　西奥
多·亨德里克·范·德维尔德

Van Valen, Leigh　利·范·瓦伦

Wader, Hannes　汉尼斯·瓦德

Wagner, Richard　理查德·瓦格纳

Wallace, Alfred Russel　阿尔弗雷德·拉
塞尔·华莱士

Watson, James　詹姆斯·沃森

Weininger, Otto　奥托·魏宁格

Weismann, August　奥古斯特·魏斯曼

Weiss, Robert　罗伯特·维斯

Wilde, Oscar　奥斯卡·王尔德

Williams, George C.　乔治·C. 威廉姆斯

Wilson, Edward　爱德华·威尔逊

Wittgenstein, Ludwig　路德维希·维特
根斯坦

Wundt, William　威廉·冯特

Zweig, Stefan　斯蒂芬·茨威格

© 民主与建设出版社，2024

图书在版编目（CIP）数据

爱的哲学 /（德）理查德·大卫·普莱希特著；赵
昭译 . -- 北京：民主与建设出版社，2024.9
　　ISBN 978-7-5139-4513-4

　　Ⅰ.①爱… Ⅱ.①理… ②赵… Ⅲ.①爱的理论
Ⅳ.① B82

　　中国国家版本馆 CIP 数据核字（2024）第 045506 号

Original title: Liebe - Ein unordentliches Gefühl

by Richard David Precht

© 2009 by Wilhelm Goldmann Verlag

a division of Penguin Random House Verlagsgruppe GmbH, München, Germany.

著作权合同登记号　图字：01-2024-2082

爱的哲学

AI DE ZHEXUE

著　　者	［德］理查德·大卫·普莱希特
译　　者	赵　昭
责任编辑	郭丽芳　周　艺
封面设计	✕ TT Studio
出版发行	民主与建设出版社有限责任公司
电　　话	（010）59417749　59419778
社　　址	北京市朝阳区宏泰东街远洋万和南区伍号公馆 4 层
邮　　编	100102
印　　刷	三河市中晟雅豪印务有限公司
版　　次	2024 年 9 月第 1 版
印　　次	2024 年 11 月第 1 次印刷
开　　本	880 毫米 × 1230 毫米　　1/32
印　　张	14.5
字　　数	285 千字
书　　号	ISBN 978-7-5139-4513-4
定　　价	58.00 元

注：如有印、装质量问题，请与出版社联系。